Gunter Meier

Prozessintegration des Target Costings in der Fertigungsindustrie am Beispiel Sondermaschinenbau

**Reihe Informationsmanagement im Engineering Karlsruhe
Band 2 – 2011**

Herausgeber
Karlsruher Institut für Technologie
Institut für Informationsmanagement im Ingenieurwesen (IMI)
o. Prof. Dr. Dr.-Ing. Dr. h.c. Jivka Ovtcharova

Eine Übersicht über alle bisher in dieser Schriftenreihe erschienenen Bände
finden Sie am Ende des Buchs.

Prozessintegration des Target Costings in der Fertigungsindustrie am Beispiel Sondermaschinenbau

von
Gunter Meier

Dissertation, Karlsruher Institut für Technologie,
Fakultät für Maschinenbau
Tag der mündlichen Prüfung: 11.02.2011
Referenten: Prof. Dr.-Ing. Carsten Proppe
            Prof. Dr. Dr.-Ing. Dr. h.c. Jivka Ovtcharova
            Prof. Dr.-Ing. Michael Abramovici

Impressum

Karlsruher Institut für Technologie (KIT)
KIT Scientific Publishing
Straße am Forum 2
D-76131 Karlsruhe
www.ksp.kit.edu

KIT – Universität des Landes Baden-Württemberg und nationales
Forschungszentrum in der Helmholtz-Gemeinschaft

KIT Scientific Publishing 2011
Print on Demand

ISSN: 1860-5990
ISBN: 978-3-86644-679-3

Vorwort

Der Autor dieser Arbeit kennt die Produktentstehung intensiv aus eigener Erfahrung, da er als Projektleiter eingesetzt war und ist, um PLM-Prozesse und -Systeme sowie ein System zur Unterstützung des Multiprojektmanagements einzuführen. Damit basiert die Arbeit auch auf den praktischen Erfahrungen, die der Autor während der letzten 20 Jahre in der Produktentstehung eines Herstellers komplexer Industrieprodukte, nämlich dem Druckmaschinenbau, sammeln konnte. Aufgrund der starken Relevanz und Aktualität des Themas flossen diese praktischen Erfahrungen in die Vorlesung „PLM in der Fertigungsindustrie ein", die der Autor seit einigen Jahren am KIT hält.

Die Arbeit liefert einen Beitrag dazu, die im betrieblichen Alltag immer noch häufig nebeneinander arbeitenden Fraktionen Wirtschaft und Technik, näher zusammen zu bringen. Dazu ist es erforderlich, die wirtschaftlichen Aspekte des Target Costings in den Produktentstehungsprozess zu integrieren. Genau das ist Inhalt der vorliegenden Arbeit.

Bei allen Vorschlägen für die Verbesserung von Prozessen und Systemen dürfen zwei Dinge nicht vergessen werden:

Insbesondere im Produktentstehungsprozess sind Entscheidungen von Unsicherheiten geprägt, denn getroffene Entscheidungen münden in Produkte, die oft erst in einigen Jahren wirtschaftlichen Erfolg erzielen sollen. Nicht alle diese Unsicherheiten können durch Methoden, Prozesse oder Systeme eliminiert werden. Manchmal ist es wichtig, Entscheidungen ohne vollständige Sicherheit zu treffen; das bedeutet, mit Bauchgefühl unternehmerisch zu agieren. Dann können auch jene Produktentwicklungen gelingen und zu erfolgreichen Produkten führen, die bei den ersten Wirtschaftlichkeitsbetrachtungen unattraktiv erscheinen. Situationen wie die im Herbst 2008 begonnene Finanzkrise zeigen, dass Voraussagungen bezüglich des wirtschaftlichen Erfolgs von Produkten oft weniger von den Produkten selbst als vom wirtschaftlichen Umfeld abhängen, in dem diese Produkte produziert und ausgeliefert werden.

Der zweite Aspekt ist der Folgende: Produkte werden von Menschen entwickelt, produziert und verkauft. Je motivierter und engagierter diese Menschen sind, desto besser und wirtschaftlicher werden die Produkte. Deshalb ist es wichtig, durch gute Aus- und Weiterbildung und durch ein positives Umfeld im Unternehmen die Leistungsfähigkeit und die Begeisterung der Menschen zu steigern. Die Verbesserung von Prozessen und Systemen kann dazu ein Baustein sein, aber auch die besten Prozesse und Systeme garantieren keine erfolgreichen Produkte.

Danksagung

Zunächst möchte ich mich bei Frau Prof. Dr. Dr.-Ing. Dr. h. c. Ovtcharova bedanken. Es ist begrüßenswert, dass eine Hochschulprofessorin einem Praktiker aus einem Maschinenbauunternehmen die Möglichkeit gibt, an ihrem Lehrstuhl eine Dissertation zu erstellen. Frau Ovtcharova hat dies getan und mich bei der Erstellung der Dissertation durch viele gute Hinweise unterstützt. Bedanken möchte ich mich auch bei Herrn Prof. Dr.-Ing. Abramovici, der meine Arbeit als externer Korreferent mitgetragen hat.

Natürlich möchte ich mich vor allem bei meiner Familie bedanken. Einen 46-jährigen Familienvater zu ertragen, der neben seiner eigentlichen Arbeit eine Dissertation erstellt, war bestimmt nicht immer einfach.
Vielen Dank an Bettina, Felix und Kathrin.

Wenngleich mein Studium mehr als 20 Jahre zurückliegt, war dieses Studium eine wesentliche Voraussetzung für die Dissertation. Ermöglicht haben mir das Studium meine Eltern, denen ich hiermit herzlich danke.

Außer meiner Familie gab es nicht sehr viele Personen, die wussten, dass ich eine Dissertation erstelle. Insbesondere mein Arbeitskollege Ekkehard Hoffmann machte mir immer wieder Mut, nicht nachzulassen.
Vielen Dank dafür, Ekke.

Inhaltsverzeichnis

Abbildungsverzeichnis

Tabellenverzeichnis

Formelverzeichnis und Werte in Formeln

Folgende Tabelle erläutert die Werte in den Formeln. In der rechten Spalte steht, in welchen Formeln die jeweiligen Werte verwendet werden:

Wert	Erläuterung	Verwendung in Formel
# ArtNr	Gesamtanzahl Artikel im Sortiment	3-1
# entf.Komp.	Gesamtanzahl der entfallenden Komponenten	5-5
# Komp.	Gesamtanzahl der Komponenten	5-5
# Komp.(Stufe)	Gesamtanzahl der Komponenten in Stufe	4-1, 5-7
# S	Gesamtanzahl der Segmente	5-2
$a(s)$	Auslastungsgrad in Kundensegment s	5-1
$A(n)$	Auszahlungen in Periode n [€]	3-2, 5-3
ArtNr	Artikelnummer	3-1
$b_a(s)$	Betriebsstunden p.a. in Kundensegment s [h]	5-1
$b_d(s)$	Betriebstage pro Woche in Kundensegment s [h]	5-1
d	Durchschnittliche Auftragsdauer [min]	5-1
DB	Deckungsbeitrag	3-1
eing.drift.costs	eingetragene drifting costs	4-1
entf.Komp.	Entfallende Komponente	5-5
$E(n)$	Einzahlungen in Periode n [€]	3-2, 5-3
G	Periodengewinn	3-1
$GesK(s)$	Gesamtkosten durch den Betrieb des Produkts in Kundensegment s [€]	5-1
i	Leistende Ressource, z.B. jeweilige Kostenstelle, die die Kosten verursacht	3-2
j	Anzahl aller Kostenstellen, die für das Produkt leisten	3-2
k	Kostensatz einer Ressource [€ / PT]	3-2

$k(i;n)$	Kostensatz einer Ressource i in Periode n [€ / PT]	3-2
k_p	Variable Selbstkosten	3-1
$k(s)$	Kosteneinsparung durch Rüstzeitverkürzung in Kundensegment s [€]	5-1
K_F	Fixkosten pro Periode	3-1
Komp.	Komponente	4-1, 5-5, 5-7
Komp.(Stufe-1)	Komponente, in die die Komponente Komp. Eingeht	4-1, 5-7
$m(n)$	Absatzmenge in Periode n [Stück]	3-2, 5-3
ma	Durchschnittlicher Maschinenstundensatz [€ / h]	5-1
Menge	Menge der Komponente Komp. in übergeordneter Komponente	4-1, 5-7
n	Periode, in der die jeweilige Einzahlung oder Auszahlung erfolgt	3-2, 5-3
p	Verkaufspreis	3-1
$p(n)$	Preis in Periode n [€]	3-2, 5-3
pr	Prozentuale Auftragsverkürzung bei Einsatz des Moduls	5-1
$PK(n)$	Produktentstehungskosten in Periode n [€]	3-2, 5-3
$PT(i;n)$	Summe Personentage von Ressource i in Periode n	3-2
r	kalkulatorischer Zinssatz [%]	3-2, 5-3
res.drift.costs	resultierende drifting costs	4-1, 5-7
rü	Rüstzeitverkürzung vor jedem Auftrag [min]	5-1
s	Kundensegment, d.h. Einordnung aller potenziellen Kunden nach einem oder mehreren Kriterien	5-1
$SK(n)$	Selbstkosten in Periode n [€]	3-2
$sk(n)$	Selbstkosten eines Produktexemplars in Periode n [€]	3-2, 5-3
w_a	Arbeitswochen p.a.	5-1
x_A	Absatzmenge	3-1

Verzeichnis allgemeiner Abkürzungen

AE	Änderungseinheit
BSC	Balanced Scorecard
Bsp.	Beispiel
bzw.	Beziehungsweise
CAA	Computer Aided Assembly (= Montageplanung basierend auf 3D-CAD)
CAD	Computer Aided Design
CAPP	Computer Aided Production Planning
CIO	Chief Information Officer
DTC bzw. DFC	Design To Cost bzw. Design For Cost
DIS	Dokumentinfosatz (= SAP-Terminologie für Metadaten von Dokumenten)
CRM	Customer Relationship Management
DB	Deckungsbeitrag
DIN	Deutsches Institut für Normung
DMU	Digital Mockup
EDV	Elektronische Datenverarbeitung
EBIT	Earnings before interests, taxes
EDM	Engineering Data Management
ERP	Enterprise Resource Planning
F&E	Forschung und Entwicklung
FTE	Full Time Equivalent (= Anzahl umgerechneter Vollzeit-Personen)
ggf.	gegebenenfalls
i.d.R.	in der Regel
IT	Informationstechnologie
ISO	International Standardization Organization
KVP	Kontinuierlicher Verbesserungsprozess
LCC	Life Cycle Costing
MPM	Multiprojektmanagement
NC	Numeric Control
NPV	Net Present Value (deutsch: Kapitalwert)
NPD	New Product Development
o.g.	oben genannt
OEM	Original Equipment Manufacturer
p.a.	pro Jahr
PDM	Product Data Management
PLM	Product Lifecycle Management
PMO	Project Management Office
PPS	Produktionsplanung und –steuerung
PT(s)	Personentag(e)
QFD	Quality Function Deployment
QG(s)	Quality Gate(s)

RD	Research & Development
RD&E	Research, Development & Engineering
ROCE	Return on capital employed
RTEC	Research & Technology Executive Council
S.	Seite
s.u.	siehe unten
SAP	Eingetragenes Warenzeichen
SCM	Supply Chain Management
STEP	Standard for Exchange of Product Data: STEP = internationale Norm zur Beschreibung und zum Austausch von Produktinformationen. STEP wird in der ISO-Normenreihe 10303 beschrieben.
TQM	Total Quality Management
VDMA	Verband Deutscher Maschinen- und Anlagenbauer
VDI	Verein Deutscher Ingenieure
u.a.	unter anderem
usw.	und so weiter
u.v.m.	und vieles mehr
UML	Unified Modelling Language
Wdh.	Wiederholung
z.B.	zum Beispiel

Normen und Richtlinien

DIN 199-1

Technische Produktdokumentation. CAD-Modelle, Zeichnungen und Stücklisten. Teil 1: Begriffe.

DIN 199-4

Begriffe im Zeichnungs- und Stücklistenwesen. Änderungen.

DIN 4000-1

Sachmerkmal-Leisten. Begriffe und Grundsätze.

DIN EN 82045-1

Dokumentenmanagement – Teil 1: Prinzipien und Methoden.

DIN EN 82045-2

Dokumentenmanagement – Teil 2: Metadaten und Informationsreferenzmodelle.

DIN EN ISO 9000

Qualitätsmanagementsysteme – Grundlagen und Begriffe.

DIN ISO 10007

Qualitätsmanagement – Leitfaden für Konfigurationsmanagement.

DIN EN ISO 10303-225 (Entwurf)

Industrielle Automatisierungssysteme und Integration. Produktdarstellung und -austausch. Teil 225: Anwendungsprotokoll: Gebäudeelemente unter expliziter Darstellung der Bauteilgeometrie.

VDI-Richtlinie VDI 2206

Entwicklungsmethodik für mechatronische Systeme.

VDI-Richtlinie VDI 2800 (Entwurf)

Wertanalyse.

1 Motivation, Ziele und Inhalte der Arbeit

1.1 Ausgangssituation

Mehr denn je ist es für Fertigungsunternehmen von entscheidender Bedeutung, wirtschaftliche Produkte zu entwickeln, herzustellen und zu verkaufen. „Es ist die Zeit der Leute, die fest daran glauben, dass „wir noch mindestens 30 Prozent aus unseren eigenen Prozessen herausholen können", wie Yasuhiro Takahashi, ein Werksleiter der Firma Toyota, bemerkte [FrKr-08]. Das Handelsblatt schreibt mitten in der Finanz- und Wirtschaftskrise: „Den Unternehmen bleibt nur die Flucht nach vorn. In Krisenzeiten schauen die Kunden noch mehr aufs Geld und kaufen Maschinen allenfalls, wenn sie einen Wettbewerbsvorteil durch geringere Kosten und bessere Qualität liefern. Nur wer jetzt Innovationen im Köcher hat, wird bestehen können. Mut ist gefragt, Verzweiflung keine Alternative" [Hand-09]. Im selben Zeitraum äußert ein Vertreter der Maschinenbauindustrie: „(Es) hat sich aber auch gezeigt, dass Kunden heute sehr genau prüfen und vergleichen, bevor sie sich für eine Investition entscheiden. Dies muss in wirtschaftlich schwierigen Zeiten wie jetzt unser Handeln noch stärker bestimmen" [Neug-09]. [GiWe-03] formulieren, dass der wirtschaftliche Erfolg von Firmen davon abhängt, die Anforderungen ihrer Kunden zu identifizieren und die Produkte zu entwickeln, die diese Anforderungen bei niedrigen Kosten erfüllen. Dies sei weder allein ein Marketingproblem, noch sei dies einzig ein Entwicklungs- oder Produktionsproblem; „it is a product development problem involving all of these aspects" [GiWe-03], S. 1.

Folgende Beiträge verdeutlichen die hohe Bedeutung des Themas Kosten für die Unternehmen des produzierenden Gewerbes:

Kosten als kritischer Erfolgsfaktor:

[GrGe-97], S. 210 leiten bereits 1997 aus den Ergebnissen der von ihnen befragten Konstruktionsleiter ab, dass beim „Erkennen und Verfolgen von Produkteigenschaften" ein „äußerst bedeutender" Bedarf an Methoden und Werkzeugen zur Kostenbeurteilung bestehe. Dabei heben [GrGe-97] insbesondere die folgenden Einzelpunkte hervor:

- Betrachtung von Produktgesamtkosten

- Aufbereitung der Kosteninformationen für die Konstruktion

- Unterstützung des Konstrukteurs beim Erreichen von Kostenzielvorgaben

[GaLi-00], S. 107ff befragten im Rahmen der Untersuchung „Vordringliche Aktion Kooperatives Produktengineering" 65 deutsche Industrieunternehmen über die Erfolgsfaktoren ihres Geschäfts im Vergleich zu den Wettbewerbern

der befragten Unternehmen. Die Erfolgsfaktoren der befragten Unternehmen wurden dabei gemäß der folgenden Tabelle 1-1 klassifiziert:

Erfolgsfaktor	Bedeutung Erfolgsfaktor	Position eigenes Unternehmen
„Kritisch"	hoch	schwach
„Strategisch"	hoch	stark
„Ausgeglichen"	gering	schwach
„Überbewertet"	gering	stark

Tabelle 1-1: Klassifizierung der Erfolgsfaktoren des Wettbewerbs (Quelle [GaLi-00])

Die Befragung erbrachte drei wesentliche Erkenntnisse, siehe Bild 1-1:

- Die fünf wichtigsten Erfolgsfaktoren des Wettbewerbs sind: Produktqualität, Ausfallsicherheit, Problemlösungsimage gegenüber dem Kunden, Liefertreue und Preis.

- Die vier erstgenannten Erfolgsfaktoren sehen die befragten Unternehmen als „strategisch"; die Unternehmen sehen sich bezüglich dieser Erfolgsfaktoren im Vergleich zum Wettbewerb stark aufgestellt.

- Den Preis ihrer Produkte als fünften Erfolgsfaktor betrachten die Unternehmen als Schwäche des eigenen Unternehmens, sie sehen darin also einen „kritischen" Erfolgsfaktor.

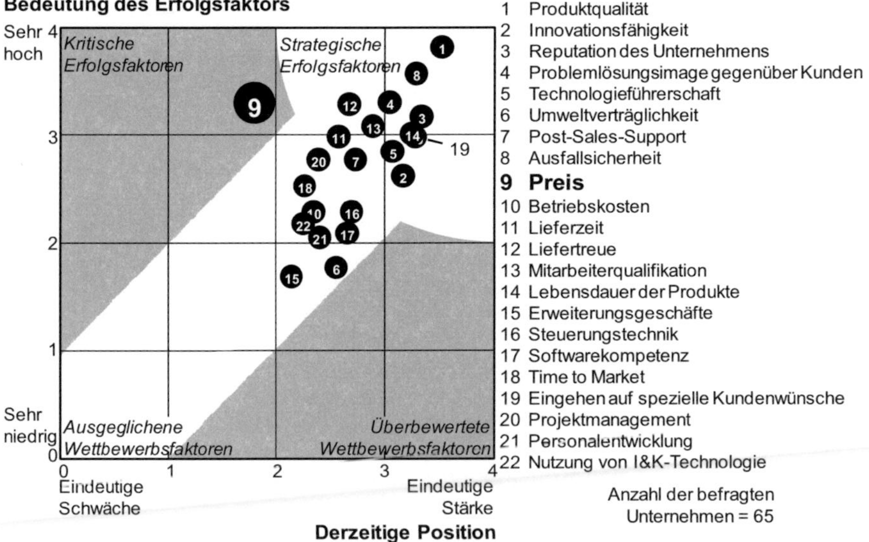

Bild 1-1: Erfolgsfaktoren des Wettbewerbs (Quelle [GaLi-00])

Was folgt nun daraus? Wie im Verlauf der Arbeit gezeigt wird, korreliert der Preis eines Produkts mit dessen erlaubten Selbstkosten. Aus Sicht der befragten Unternehmen besteht also eine Notwendigkeit, die Selbstkosten ihrer Produkte zu reduzieren.

Die von [GrGe-97] und [GaLi-00] beschriebenen Anforderungen bestehen nach wie vor.

Kennzahlen der Unternehmen im Maschinen- und Anlagenbau:

Die folgende Ableitung zeigt, dass sich der volks- bzw. betriebswirtschaftliche Druck auf die Kosten in den Unternehmen des Maschinenbaus in den letzten Jahren sogar noch erhöht hat. Um dies quantitativ zu verdeutlichen, wird im Folgenden die Lohn- und Gehaltsentwicklung im Maschinenbau der Preisentwicklung gegenüber gestellt.

Lohn und Gehalt je geleisteter Beschäftigungsstunde im Maschinenbau betrug

- im Jahr 2005: 25,76 €

- und im Jahr 2008: 27,31 €.

Damit erhöhten sich in diesem Zeitraum **Lohn und Gehalt** um insgesamt 6,02 %; das sind durchschnittlich **1,97 % p.a.** Im selben Zeitraum stiegen die erzielten Preise in den beiden Zweigen des Sondermaschinenbaus

- **Druckmaschinenbau** um 2,6 %; das sind durchschnittlich etwa **0,86 % p.a.**

- und **Textilmaschinenbau** um 4,5 %, das sind durchschnittlich etwa **1,48 % p.a.**

D.h. die erzielbaren Preise für die Erzeugnisse im Druck- und Textilmaschinenbau ließen sich im betrachteten Zeitraum weniger erhöhen als die Löhne und Gehälter. Diese Entwicklung zwingt die jeweiligen Unternehmen dazu, Anstrengungen zu unternehmen, um ihre Kosten zu verringern. Zu den Entwicklungen bei Lohn / Gehalt und Preisen siehe [VDMA-10], S. 109 und S. 119.

Innovative Produkte müssen den Kunden Kostenvorteile bieten, um wirtschaftlich erfolgreich zu sein. Die Produktentwicklung in der Fertigungsindustrie hat zum Ziel, dem jeweiligen Unternehmen den zukünftigen Ertrag zu sichern. Produktentwicklung ist Investition in die Zukunft eines Unternehmens. Das Ziel dabei ist, möglichst kostengünstige Produkte mit entsprechenden Ausstattungen und Funktionen dem Markt zum geeigneten Zeitpunkt – d.h. meistens so früh wie möglich – in optimaler Qualität zur Verfügung stellen. Laut [Kohl-07] „(stellt) die Produktentwicklung (..) das wichtigste Glied in der Wertschöpfungskette eines jeden Unternehmens dar, denn ihr kommt aufgrund der ständig wachsenden Produktvielfalt eine immer höhere Bedeutung zu". Aufgrund schnell sich entwickelnder Märkte und damit wachsender Produkt- und Leistungsanforderungen sind Unternehmen gezwungen, Produktneueinführungen rasch vorantreiben. Projektentwicklungszeiten sind zu verkürzen. „Marktfenster", also Zeiten, in denen sich Einführungen neuer Produkte wirtschaftlich umsetzen lassen, verringern sich. Neue Produkte müssen also pünktlich eingeführt werden (Time To Market.) [Hirz-01], S. 19. Die Produktentwicklung muss letztlich das Optimum von drei Zielen erfüllen: Jedes neue Produkt muss

- in bestmöglicher Qualität,

- bei möglichst geringen Kosten,

- in schnellstmöglicher Zeit entwickelt, produziert und vertrieben werden.

Grundsätzlich sind diese drei genannten Ziele gleichbedeutend; kein Ziel dominiert eines der anderen Ziele. Dennoch können für bestimmte Unternehmen oder für bestimmte Produkte eines Unternehmens ein oder zwei dieser Ziele wichtiger sein als andere. In zunehmend enger werdenden Märkten mit Produkten, die immer vergleichbarer werden, scheinen derzeit die Ziele Kosten und Zeit immer wichtiger zu werden. Dies ist deshalb so, weil das Ziel Qualität bei den Kunden oft als selbstverständlich vorausgesetzt wird. So beschreibt [Mond-99], S. 3, dass die amerikanischen Automobilhersteller bis etwa zum Jahr 1992 den technologischen Rückstand gegenüber den japanischen Automobilherstellern aufholten, den sie zuvor hatten. Die Strategie japanischer Automobilhersteller bestand laut [Mond-99] seither darin, Preiserhöhungen zu vermeiden, indem Produktionskosten systematisch gesenkt wurden.

Kunden erwarten bei Produkten zunehmend, dass die Funktionserfüllung und damit das Ziel „Qualität" eines Produktes gegeben sind. Nur mit immer innovativeren Produkten ist eine Differenzierung vom Wettbewerb möglich. Doch auch diese Differenzierung hat ihre Grenzen: Dem Kunden ist kaum glaubhaft zu vermitteln, dass ein Produkt mit wenigen zusätzlichen Leistungsmerkmalen einen wesentlich höheren Preis zur Folge hat. Zudem sind die etwaigen Leistungsmerkmale eines Produkts für manche Kunden überhaupt nicht erforderlich. So werden beispielsweise viele zusätzliche Funktionen in Software-Produkten von vielen gelegentlichen Anwendern dieser Software nicht genutzt, da häufig diese Funktionen nicht bekannt sind oder für gelegentliche Anwendung nicht benötigt werden. Nun könnte man argumentieren, dass bei reinen Softwareprodukten ein zu großes Angebot den gelegentlichen Anwender nicht stört und dem professionellen Anwender sogar hilft. Da die Produktkosten von Software im Wesentlichen aus Entwicklungskosten bestehen, wäre ein zu großes Angebot an Funktionen auch für gelegentliche Anwender „nicht so schlimm". Auf jeden Fall anders verhält es sich bei Produkten, deren Produktkosten sich zu einem großen Anteil aus den Kosten physischer Bauteile zusammensetzen. Bei diesen Produkten sind in zunehmend transparenter werdenden Märkten, in denen Produkte einem globalen Vergleich ausgesetzt sind, folgende Schritte immer wichtiger:

- Die Produktkosten, die den Kunden entstehen, müssen diesen Kunden erklärt werden können. Den Kosten für die Kunden muss ein nachweisbarer Kundennutzen gegenüber stehen. Im Falle von Investitionsgütern verlangen Kunden Wirtschaftlichkeitsrechnungen von den Herstellern der Produkte, die den Nachweis erbringen müssen, dass die Produkte des Fertigungsunternehmens gegenüber den Produkten von Konkurrenzunternehmen gesamthaft wirtschaftlicher sind.

- Um diesen Nachweis erbringen zu können, müssen dem Fertigungsunternehmen alle monetären Parameter zeitnah vorliegen, die erforderlich sind, um die Wirtschaftlichkeit des jeweiligen Produktentwicklungsprojekts beurteilen zu können. Es ist also zu ermitteln, wie hoch die zu erwartenden Kosten des Produktentwicklungsprojektes, die Produktkosten, die Absatzmenge und der erzielbare Preis sind.

- Die o.g. Parameter der Wirtschaftlichkeitsbetrachtung sind während des Produktentstehungsprozesses und auch nach der Serieneinführung eines Produkts permanenten Änderungen unterworfen. Beispielsweise können sich Parameter des Marktes ändern, so dass der erwartete Preis oder die erwartete Absatzmenge schwanken. Zudem können sich die Projektkosten oder die zu erwartenden Produktkosten ändern. Wichtig ist, dass Änderungen rasch nachvollzogen werden können. Nur wenn es gelingt, Entscheidungen zeitnah den sich ändernden Parametern anzupassen, können Unternehmen der Fertigungsindustrie wirtschaftlich agieren.

Es kommt in Märkten, deren Produkte für potenzielle Kunden immer transparenter werden, darauf an, Produkte so schnell wie möglich zu einem günstigen Preis anzubieten. Die Produktkosten sind neben dem Verkaufspreis und der Absatzmenge eines Produkts der entscheidende Faktor für den Gewinn, der mit einem Produkt erzielt wird.

1.2 Ziele und Inhalt der Arbeit

Bild 1-2 zeigt die Ausgangssituation, die Problembeschreibung, die Vorgehensweise, die Ziele und das Ergebnis der Arbeit. Dieses Bild beschreibt die Vorgehensweise und den Inhalt der Kapitel im ersten Teil der Arbeit – den Grundlagen.

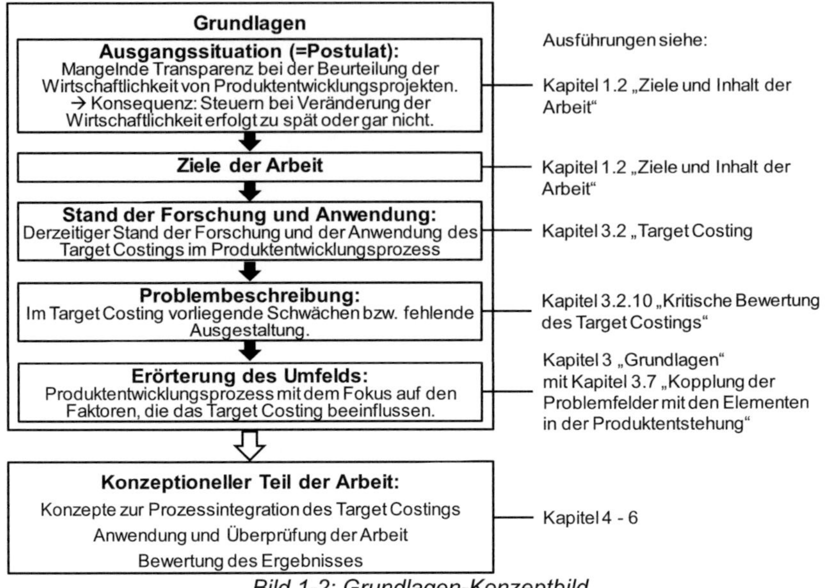

Bild 1-2: Grundlagen-Konzeptbild

Erläuterungen zu Bild 1-2:

Ausgangssituation:

- Im vorigen Abschnitt wurde nachgewiesen, dass das Thema Kosten eine sehr hohe Bedeutung für die Unternehmen im Maschinenbau besitzt.

- [ScKü-08], S. 328 gehen davon aus, dass während der Produktentwicklungsphase „70% der Herstellkosten bzw. bis zu 90% der Lebenszykluskosten des Produkts festgelegt" werden.

- Jede Verbesserung der Herstellkosten bewirkt, dass die zu entwickelnden Produkte wirtschaftlicher produziert werden können.

- Die mangelnde Transparenz während des Produktentstehungsprozesses in Bezug auf die Wirtschaftlichkeit von Produkten führt dazu, dass Entscheidungen zu spät oder falsch getroffen werden. Ein wesentliches Problem, das in Fertigungsunternehmen nicht zufriedenstellend gelöst ist, besteht darin, zu möglichst frühen Zeitpunkten mit einem möglichst geringen Aufwand und dabei möglichst hoher Genauigkeit alle erforderlichen monetären Parameter zu ermitteln.

  ⇨ Konsequenz (Postulat): Aufgrund der vorliegenden Schwächen liegt im Target Costing noch erhebliches Verbesserungspotenzial vor. Dieses Postulat wird im Rahmen der Arbeit erläutert und Konzepte für Verbesserungen werden erarbeitet.

Stand der Forschung und Anwendung: Der derzeitige Stand des Target Costings im Produktentstehungsprozess wird dargestellt. In den Stand des Target Costings fließen aktuelle Erkenntnisse der Forschung ein: Kapitel 1 „Grundlagen".

Problembeschreibung: Die Problembeschreibung wird anhand konkreter Schwächen bzw. fehlender Ausgestaltung im Target Costing vorgenommen. Diese Beschreibung ist Teil der kritischen Würdigung des Target Costing Verfahrens und wird in Kapitel 3.2.10 „Kritische Bewertung des Target Costings" vorgestellt.

Erörterung des Umfeldes: Die Arbeit beschreibt die Elemente des Produktentstehungsprozesses, die das Target Costing maßgeblich beeinflussen. Dabei zeigt Kapitel 3.7 „Kopplung der Problemfelder mit den Elementen in der Produktentstehung", in welchem Zusammenhang die definierten Probleme mit den Elementen des Produktentstehungsprozesses stehen.

Ziele der Arbeit: Das Ziel der Arbeit ist die Prozessintegration des Target Costings. Unter dem Begriff Prozessintegration wird dabei verstanden:

Definition Prozessintegration (in Anlehnung an [Endi-01], S. 49):

Das Ziel der Prozessintegration ist die effiziente Unterstützung und Koordinierung des Einsatzes von Werkzeugen und Dokumenten im Rahmen der auszuführenden Prozesse.

Die Arbeit konzipiert Methoden und Prozessverbesserungen und wendet diese in der praktischen Umsetzung an, mit deren Hilfe die Wirtschaftlichkeit von Produktentwicklungsprojekten erhöht wird. Die konkreten Ziele der Arbeit sind:

- Ziel 1: Es sind Methoden vorzustellen, die das Target Costing erweitern und unterstützen.

- Ziel 2: Es ist zu zeigen, mit welchen Lebenszyklusobjekten das Target Costing im Produktentstehungsprozess zu verankern ist.

- Ziel 3: Die Methoden sind in den Produktentstehungsprozess zu integrieren; der Prozess ist mit dem Schwerpunkt der Integration des Target Costings zu beschreiben.

- Ziel 4: Es ist zu zeigen, welche Anforderungen an die IT-technische Umsetzung bestehen und wie das Target Costing in die IT-Landschaft eines Fertigungsunternehmens integriert werden kann.

- Ziel 5: Das Konzept ist anhand geeigneter Anwendungsfälle zu überprüfen.

Konzeptionelle Vorgehensweise: Zu Beginn von Kapitel 4 „Methoden zur Unterstützung des Target Costings" wird das zweite Konzeptbild vorgestellt, das die Vorgehensweise des konzeptionellen Teils der Arbeit erläutert.

Die Arbeit insgesamt ist wie folgt strukturiert (Bild 1-3):

- Kapitel 1 zeigt die Ausgangssituation, benennt Aufgabenstellung und Ziele und beschreibt die Vorgehensweise der Arbeit. Die Inhalte der Arbeit werden eingeordnet und thematisch abgegrenzt.

- Kapitel 2 stellt die Maschinenbauindustrie mit dem Schwerpunkt Sondermaschinenbau als Gegenstand der Betrachtung der Arbeit vor.

- Kapitel 3 legt die Grundlagen für den konzeptionellen Teil der Arbeit. Die wichtigsten Komponenten des Produktentstehungsprozesses, die das Target Costing beeinflussen, werden eingeführt. Neben dem eigentlichen Target Costing Prozess werden die Themenfelder Strategie, Einzel- und Multiprojektmanagement, PLM und Aufbauorganisation beleuchtet. Die in den Grundlagen beschriebenen Elemente werden anschließend verwendet, um Methoden und Prozessverbesserungen für die Integration des Target Costings in der Produktentstehung zu beschreiben. Das Target Costing wird kritisch gewürdigt, wobei Schwachpunkte und mangelnde Prozessdetaillierungen aufgezeigt werden.

Der zweite Teil der Arbeit – Konzept und Anwendung – baut auf den Grundlagen ein Konzept und dessen konkrete Anwendung auf:

- Kapitel 4 stellt das mechatronische Modul vor, auf das das Konzept angewendet wird. Das Target Costing Sheet als Träger der Target Costing Information wird eingeführt und beschrieben. Die Arbeit schlägt eine Vorgehensweise und einen Algorithmus vor, um mit unsicheren Informationen während des Produktentstehungsprozesses umzugehen. Im Datenmodell werden die Lebenszyklusobjekte mit den Target Costing Objekten verknüpft und so die Grundlage für die IT-Integration gelegt.

- Kapitel 5 zeigt die Anwendung aller Elemente in den Produktentstehungsprozess. Der Produktentstehungsprozess wird im Hinblick auf die Integration des Target Costings beschrieben. Dabei werden Prozessverbesserungen vorgeschlagen. Die Anwendung und die Überprüfung des Prozesses finden auf Basis des vorgestellten mechatronischen Moduls statt.

- Kapitel 6 zeigt auf, was die Vorteile in der Produktentwicklung durch die Methoden und Prozessverbesserungen sind. Es wird überprüft, inwieweit die Ziele der Arbeit erreicht wurden. Die Arbeit endet mit einem Ausblick.

<table>
<tr><td>

Kapitel 1: Motivation, Ziele und Inhalte der Arbeit

</td></tr>
<tr><td>

Kapitel 2: Untersuchungsgegenstand

</td></tr>
<tr><td>

Kapitel 3: Grundlagen
· Target Costing
· Strategie, Schwerpunkt Produktstrategie
· Einzel- und Multiprojektmanagement
· Product Lifecycle Management (PLM)
· Aufbauorganisation im Produktentstehungsprozess
· Kopplung der Problemfelder mit den Elementen in der Produktentstehung

</td></tr>
<tr><td>

Konzept und Anwendung

Kapitel 4: Methoden zur Unterstützung des Target Costings
· Mechatronisches Modul zur Veranschaulichung des Target Costings
· Target Costing Sheet
· Integration in die IT-Umgebung
· Algorithmen bei unvollständigen Informationen

Kapitel 5: Target Costings Integration mit praktischer
Anwendung auf ein mechatronisches Modul

Kapitel 6: Bewertung des Ergebnisses und Zusammenfassung
· Vorteile durch die Methoden und Prozessverbesserungen
· Überprüfung der Zielerreichung der Arbeit
· Ausblick

</td></tr>
</table>

Bild 1-3: Aufbau und Struktur der Arbeit

Wer sind nun die Adressaten, an die sich die Arbeit richtet? Zum einen sind dies die Anwendungsunternehmen der Fertigungsindustrie, deren Ziel es ist, ihren Produktentstehungsprozess neu auszurichten, anzupassen oder weiterzuentwickeln. Weitere Adressaten sind Systemhersteller, deren Bestreben es ist, Systeme so zu gestalten, dass Anwendungsunternehmen möglichst effizient damit arbeiten können. Auch Beratungsunternehmen, deren Fokus es ist, Unternehmen der Fertigungsindustrie und dabei insbesondere deren Produktentstehungsprozess zu beraten, werden in der Arbeit Hilfestellung finden. Die in der Arbeit vorgestellten Überlegungen lassen Raum für weitere Betrachtungen und somit möchte der Autor dazu einladen, dass die Ergebnisse der Arbeit sowohl in der Forschung als auch in der Lehre Anwendung finden.

1.3 Einordnung und thematische Abgrenzung

Die Methoden und Prozessverbesserungen der Arbeit sind für den Einsatz während des Produktentstehungsprozesses bestimmt. (Zum Begriff der Produktentstehung siehe die Ausführungen in Kapitel 3.5.1 „Die Begriffe Produktentwicklung und Produktentstehung".) In der Phase der Produktplanung liegt der Schwerpunkt der Arbeit auf der Projektauswahl, da in der Literatur bislang Instrumente fehlen, um im Rahmen der Projektauswahl geeignete Vorgaben für das Target Costing – insbesondere für die Selbstkosten und die Produktentstehungskosten – abzuleiten. Ein wesentlicher Betrachtungsschwerpunkt der Arbeit ist die Produktkonstruktion, wobei hier Methoden und Prozessverbesserungen bei der Zielkostenverfolgung – dem systematischen Vergleich der erlaubten Kosten mit den erzielten Kosten – entwickelt und konzipiert werden. Es werden damit Konzepte vorgestellt, um die, laut [Scho-98], S. 20f methodisch bislang kaum beachtete, entwicklungsbegleitende Zielkostenverfolgung zu unterstützen. [Scho-98] bemängelt zudem, dass sich die Literatur in einer Aufzählung bekannter Instrumente mit kostensenkender Wirkung, wie z. B. Simultaneous Engineering erschöpfe, ohne Hinweise zu bringen, wie die Hilfsmittel in einen durchgängigen Prozess integriert werden könnten.

Die Arbeit bezieht die gesamte Phase der Produktkonstruktion ebenso wie einige Aspekte der Phase Produktherstellung in die Betrachtung ein. Im Unterschied zu [Zirk-10] legt die Arbeit keinen besonderen Schwerpunkt auf die frühe Phase der Produktentwicklung.

Um die Integration des Konzepts in die IT-Landschaft zu beleuchten, werden die Anforderungen an deren Einbettung beschrieben. Zudem wird ein Datenmodell mit den relevanten Lebenszyklus-Objekten und den Target Costing Objekten erstellt. Es wird kein Implementierungskonzept erstellt, da dies eine eigene, unternehmensspezifisch unterschiedliche Arbeit erforderte. Die Arbeit reißt in einem Exkurs den Zusammenhang zwischen Produktstruktur und Aufbauorganisation an und benennt die Idee eines Target Costing Office; damit verbunden ist allerdings kein Konzept für eine dem Target Costing verpflichtete Unternehmensorganisation.

Im Folgenden werden wesentliche wissenschaftliche Arbeiten skizziert, die sich mit dem Thema Prozessintegration des Target Costings oder verwandten Themen beschäftigen. Die Beschreibung dieser Arbeiten dient dazu, die vorliegende Arbeit abzugrenzen und die Inhalte der vorliegenden Arbeit zu benennen, die über den bislang bekannten Stand hinausgehen:

„Modell zur Integration der Zielkostenverfolgung in den Produktentwicklungsprozess“, [Nißl-06]:

Diese Arbeit hat zum Ziel, die „Zielkostenverfolgung bei der Entwicklung wettbewerbsfähiger Produkte“ zu unterstützen“ [Nißl-06], S. 5f. Dabei wird ein Werkzeug vorgestellt, das im abteilungsübergreifenden Einsatz die in der Produktentwicklung beteiligten Unternehmensbereiche integriert, um während der Phase der Zielkostenverfolgung die vorgegebenen Zielkosten zu erreichen. Der Schwerpunkt liegt darauf, den Produktentwickler zu befähigen, „die späteren Produktkosten hinreichend genau zu prognostizieren und auf dieser Grundlage die zur Erreichung des Kostenziels erforderlichen Maßnahmen abzuleiten und durchzuführen.“ Die Modellierung erfolgt ebenso wie bei der vorliegenden Arbeit anhand eines zu entwickelnden Moduls.

Keine der in der vorliegenden Arbeit vorgeschlagenen Methoden und Prozessverbesserungen werden von [Nißl-06] angesprochen. Insbesondere beleuchtet [Nißl-06] folgende Aspekte nicht:

- Gesamtwirtschaftliche Betrachtung mit der Herleitung der erlaubten Kosten.

- Target Costing Sheet mit allen Informationen, die für gesamtwirtschaftliche Aussagen notwendig sind.

- Konzept für die Einbindung der drifting costs in die Produktstruktur bei vorhandenen Unsicherheiten. Algorithmus bei unvollständigen Informationen.

- Nachträgliche Integration von Montagekosten in die Produktstruktur.

„Transdisziplinäres Zielkostenmanagement komplexer mechatronischer Produkte", [Zirk-10]:

Die Arbeit von [Zirk-10] entwickelt und konzipiert einen Leitfaden mit integrierten Methoden und Hilfsmittel für den entwicklungsbegleitenden Einsatz während der frühen Phasen der Produktentwicklung. Die Arbeit beinhaltet eine fragebogenbasierte Studie mit abschließendem Ergebnisworkshop. [Zirk-10], S. 3: „Der Fokus liegt auf der Analyse und Optimierung von direkten und indirekten Fertigungskosten. Entwicklungskosten werden nur am Rande behandelt. Im Unterschied zur vorliegenden Arbeit liegt der Schwerpunkt bei [Zirk-10] auf Anpassungskonstruktion und nicht auf Neuentwicklung. Ebenso wie bei [Nißl-06] liegt auch bei [Zirk-10] der Schwerpunkt darauf, die Kommunikation der in der Produktentwicklung beteiligten Unternehmensbereiche zu verbessern, um die Kosten zu optimieren. Bei [Zirk-10] werden keine Kosten aus dem erzielbaren Marktpreis abgeleitet. Ebenso wenig wird beleuchtet, wie unsichere Information in die Produktstruktur integriert werden können.

„Die strategische Planung des Produktportfolios bei Automobilherstellern", [Schn-06]:

Die Arbeit von [Schn-06] konzipiert und entwickelt ein praxistaugliches Instrument zur Unterstützung der Produktportfolioplanung in der Automobilindustrie. Der Fokus liegt dabei ausschließlich auf dem Portfoliomanagement, also einer frühen Phase im Produktentstehungsprozess. Spätere Phasen, insbesondere die Umsetzung eines Produktentwicklungsprojekts, betrachtet die Arbeit nicht. Zur Bewertung des Produktportfolios verwendet [Schn-06] den Kapitalwert, wie dies auch im Rahmen der vorliegenden Arbeit vorgeschlagen wird.

„Steuerung der frühen Phasen des Innovationsprozesses unter Verwendung des Werttreiberansatzes in der Nutzfahrzeugindustrie", [Rahm-07]:

[Rahm-07] entwickelt ein Konzept für die Auswahl der vermeintlich richtigen Projekte. Dabei betrachtet er die strategische Ebene, die Programmebene und die Ebene des einzelnen Vorhabens. Die Arbeit ist ausgerichtet auf die Nutzfahrzeugindustrie. Ein Konzept zur IT-Implementierung wird vorgestellt. Anhand von Fallbeispielen wird die Anwendbarkeit gezeigt. Die Arbeit zeigt keine Integration des Target Costings in einem Produktentwicklungsprojekt.

2 Untersuchungsgegenstand: (Sonder-)Maschinenbau

Die Arbeit ist auf das Target Costing im Produktentstehungsprozess von Maschinenbauunternehmen ausgerichtet. Welche Konsequenzen hat dies?

- Der Maschinenbau ist laut [KiSo-07], S. 572 der „Kern der deutschen Investitionsgüterindustrie und für die deutsche Volkswirtschaft in höchstem Maße relevant". Schon diese Feststellung, die im vorliegenden Kapitel begründet wird, reicht aus, um eine Arbeit über das Target Costing im Produktentstehungsprozess auf den Maschinenbau auszurichten.

- Es ist festzustellen, dass sich viele Arbeiten zu den Themen Produktentstehung und Target Costing an der Automobilindustrie orientieren. Dies wird im Rahmen der Arbeit v.a. daran deutlich, dass viele Quellen, die sich mit dem Target Costing auseinandersetzen, aus Betrachtungen der Automobilindustrie stammen (z.B. [Rahm-07], [Schn-06], [Zirk-10]). Bei der enormen Bedeutung des Maschinenbaus ist es also notwendig, einer Arbeit zum Thema Target Costing im Produktentstehungsprozess eine andere als die gewohnte Ausrichtung zu geben.

- Die Ergebnisse der Arbeit sind grundsätzlich auf andere Unternehmen der Fertigungsindustrie anwendbar; die Arbeit beschränkt sich also nicht auf den Maschinenbau. Dennoch ist es sinnvoll, Schwerpunkte des Anwendungsgegenstandes zu setzen, um die Aussagen nicht zu allgemeingültig und damit beliebig werden zu lassen.

Gemessen an Beschäftigtenzahl und Umsatz ist der Maschinenbau laut [KoGl-08], S. 16f einer der wesentlichen Pfeiler des verarbeitenden Gewerbes in Deutschland (Tabelle 2-1):

Wirtschaftsgruppe	Unternehmen (2005)	Beschäftigte (2006)	Umsatz (2006 in Mrd. €)
Maschinenbau	5.856	873.000	167
Elektrotechnik	3.512	785.000	165
Straßenfahrzeugbau	1.007	750.000	240
Chemische Industrie	1.397	418.000	120

Tabelle 2-1: Die größten Industriezweige 2006 (Quelle [KoGl-08])

Neben den direkten Kriterien in obiger Tabelle betonen [KiSo-07] die Bedeutung des Maschinenbaus als „Lieferant von Produktivität" und damit der Sicherung der internationalen Wettbewerbsfähigkeit. [Fran-08], S. 4 betont, dass umgesetzte Produktentwicklungsprojekte einen wichtigen Beitrag zum wirtschaftlichen Erfolg der Maschinenbauunternehmen liefern: „Maschinenbauunternehmen mit einer hohen Umsatzrendite zeigen deutlich höhere Umsatzanteile mit Marktneuheiten (..) Der wirtschaftliche Erfolg im Maschinenbau wird also stark vom Innovationserfolg bestimmt." Zugleich formulieren [KoGl-08], S.

25, dass während der Produktentwicklung Kosten zu spät berücksichtigt werden, „was einer der Gründe für die Gewinnschwäche des Sektors ist." Typische Produkte und damit Produktentstehungsprozesse, auf die diese Charakterisierung zutrifft, sind beispielsweise Druck-, Textil- oder Werkzeugmaschinen.

Es existiert keine allgemeingültige Definition des Begriffs Sondermaschinenbau. In Ermangelung einer Definition wird der Sondermaschinenbau anhand des Druckmaschinenbaus charakterisiert, aus dem viele Beispiele der vorliegenden Arbeit stammen. Bild 2-1 zeigt eine solche Bogenoffsetmaschine. Charakterisierung der Bogenoffsetmaschine:

- Die dargestellte Maschine ist eine Bogenoffsetmaschine. Der Offsetdruck ist ein so genanntes „Flachdruckverfahren", da sich die druckenden und die nichtdruckenden Partien der Druckform in einer Ebene befinden. In Bild 2-1 ist eine Maschine abgebildet, die 7 Farben in einem Durchgang auf einen Papierbogen drucken kann – jede Farbe in einem der „Höcker", den so genannten Druckwerken. Das Prinzip des Offsetdrucks erläutert [Kipp-00], S. 214ff. Die abgebildete Maschine bedruckt bis zu 18.000 Druckbogen pro Stunde.

- Die Maschine ist eine stark variantenbehaftete Serienmaschine. D.h., dass Kunden über eine breite Auswahl unterschiedlicher Varianten ihre individuelle Maschine zusammenstellen können. Zudem werden für die Kunden über einen Customizing-Prozess weitere individuelle Ausstattungsmerkmale zur Verfügung gestellt.

- Die dargestellte Maschine enthält in ihrer Maximalausprägung bis zu 150.000 Teile pro Maschine, davon weit über 10.000 unterschiedliche Teile.

- Eine Druckmaschine ist ein komplexes mechatronisches Produkt, zu dessen Betrieb mechanische und elektromechanische Teile ebenso wie Software für die Steuerung und Bedienung aufeinander abgestimmt sein müssen.

Bild 2-1: Bogenoffsetmaschine (Quelle [Heid-09b])

Ein entscheidender Indikator, um auszudrücken, inwieweit die Ergebnisse der Arbeit gelten, wird über den Begriff der **Komplexität** gebildet. Es findet sich in der Wissenschaft keine allgemein gültige und anerkannte Definition des Begriffs Komplexität. Die für die Arbeit am besten geeignete Definition lehnt sich an [Weig-08] an.

Definition Komplexität (in Anlehnung an [Weig-08]):

Komplexität ist die Eigenschaft eines Systems, deren Ausprägung aus der Art und Anzahl der Elemente und der Art und Anzahl der Relationen des Systems resultiert. Die Komplexität ist dann hoch, wenn eine hohe Anzahl unterschiedlicher Elemente in hohem Maße und unterschiedlich miteinander verknüpft sind.

Grafisch veranschaulicht lässt sich nach [FrLi-07], S. 3 die Komplexität gemäß Bild 2-2 gliedern:

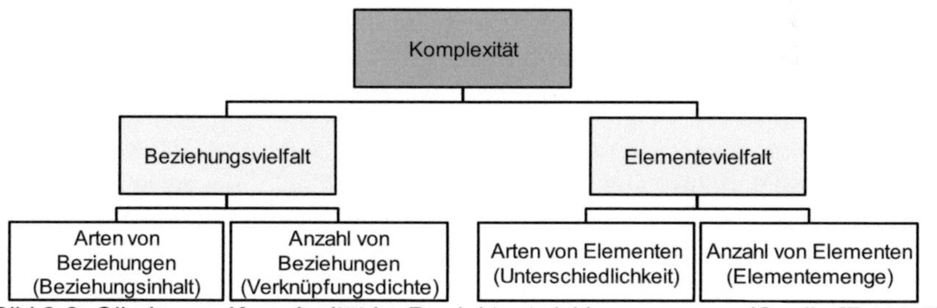

Bild 2-2: Gliederung Komplexität im Produktentwicklungsprozess (Quelle [FrLi-07])

[ArDe-05], S. 17f machen die Komplexität im Produktentwicklungsprozess an den Themen Produkte und Prozesse fest. Auch [Wild-06b], S. 53 benennt die Themen Produktkomplexität und Prozesskomplexität als Ausprägungen der Komplexität; er verweist im Übrigen darauf, dass steigende Kundenanforderungen zu einer höheren Komplexität und damit oftmals zu höheren Kosten führen. Genauer formuliert den Begriff „Komplexität in der Produktentwicklung" [Ovtc-06] durch die Einteilung in die Bereiche Produkt- und Prozesskomplexität:

- Produktkomplexität: Vielfalt von Modellen und Varianten, Flexibilität und Vielseitigkeit, Lebenszyklusorientierung und Integration von Produkt und Dienstleistung.

- Prozesskomplexität: Kurze Innovationszyklen, vernetzte Arbeitsabläufe, unternehmensübergreifende Kollaborationen, multikulturelle Partnerschaften, Anzahl Mitarbeiter.

Die folgende Auflistung stellt die unterschiedlichen Ausprägungen der Produktkomplexität dar, wie sie in der Arbeit verwendet werden:

- Produkte, die aus sehr **vielen unterschiedlichen Teilen** bestehen. Diese Erläuterung für den Begriff Produktkomplexität verwendet [Ehrl-07], S. 36f. Er klassifiziert technische Systeme nach ihrer Komplexität und benennt dabei 10 unterschiedliche Kategorien. Die folgende Auflistung greift auf diese Art der Komplexitätsbeschreibung zurück und verwendet vier der 10 von [Ehrl-07] benannten Systeme: Punkt (z.B. Nadelspitze) →… → Bauteil (z.B. Innenring, Schraube) → … → Maschinen (z.B. Kopierer) → … → Technische Anlagen (z.B. Flugzeug, Schiff). Dieser letzten, von [Ehrl-07] und auch von [UlEp-08], S. 19 genannten Kategorie, sind auch Druckmaschinen zuzuordnen, bei denen bestimmte Typreihen ebenfalls aus über 100.000 Teilen bestehen können. Die Aussagen der vorliegenden Arbeit beziehen sich im Sinne von [Ehrl-07] somit auf komplexe Produkte.

- Produkte, die ein **mechatronisches System** darstellen. Das Gesamtprodukt besteht aus mechanischen, elektromechanischen und elektronischen Bauteilen sowie aus Software. Das Zusammenspiel aller Komponenten macht die Gesamtfunktionalität des Produkts aus. [GaKr-07] beschreiben Mechatronik als das „symbiotische Zusammenwirken von Maschinenbau, Elektrotechnik/Elektronik, Regelungstechnik und Informationstechnik". Der Begriff Mechatronik oder englisch Mechatronics setzt sich zusammen aus Mechanics und Electronics. [GaKr-07] lehnen sich dabei in ihrer Definition an die VDI-Richtlinie VDI 2206 an. Laut der VDI-Richtlinie VDI 2206, S. 10 ist eine allgemein akzeptierte, einheitliche Definition des Begriffs „Mechatronik" nicht erkennbar. [Lyne-08], S. 34 formuliert Mechatronik ebenfalls als „das Zusammenwirken von Maschinenbau, Elektrotechnik und Informationstechnik bei industriellen Erzeugnissen". Diese Erläuterung umschreibt den Begriff Mechatronik hinreichend und wird im Rahmen der Arbeit verwendet.

- **Langlebige Produkte:** Die Produkte haben eine Lebensdauer von vielen Jahren oder sogar von einigen Jahrzehnten. Häufig werden solche Produkte intensiv, d.h. an vielen Stunden nahezu täglich genutzt. Damit ist es erforderlich, dass die Produkte entsprechend robust hergestellt werden, aber auch, dass die Produkte nach ihrer Auslieferung repariert und präventiv gewartet werden können. Vielfach garantieren die Hersteller dieser Produkte, dass sowohl die Ersatzteilversorgung als auch die erforderlichen Serviceeinsätze 10 bis 20 Jahre nach Auslieferung der Produkte erbracht werden können.

- **Serienprodukte** oder seriennahe Produkte: Der Produktentwicklungsprozess und der Produktionsprozess sind darauf ausgerichtet, dass i.d.R. mehr als ein Exemplar einer Produktreihe produziert und ausgeliefert wird. Die Entwicklung der Produkte wird damit unabhängig von Kundenaufträgen – also kundenauftragsneutral – durchgeführt. Die Untersuchung von [KoGl-08], S. 67 zeigt, dass nahezu alle von ihnen befragten Unternehmen Serienprodukte herstellen. Allerdings ist im Maschinenbau wie in anderen Industrien zu beobachten, dass über die letzten Jahren eine starke Individualisierung der Produkte Einzug gehalten hat, die von Maschinenbauunternehmen durch kundenspezifische Erweiterungen befriedigt wird, siehe [KoGl-08], S. 97. Beispielsweise differenzieren sich die Kunden – im Fall von Druckmaschinenfirmen sind dies Druckereien – durch spezielle Leistungen von ihren Konkurrenten. Beispiele: Veredelung wie Glanzeffekte bei Verpackungen und Etiketten oder besondere Prägungen.

- **Anzahl verkaufter Produkte**: Mit der Anzahl verkaufter Produkte einer Baureihe erhöht sich neben der Komplexität des Produktentwicklungsprozesses auch die Komplexität der Produktionsprozesse. Hohe Stückzahlen erfordern zur wirtschaftlichen Produktion einen hohen Automatisierungsgrad.

- Hohe **Variantenvielfalt**: Die verkauften Produktexemplare sind nicht identisch, sondern unterscheiden sich in ihren jeweiligen Ausprägungen. Diese Ausprägungen werden von den Kunden über deren Aufträge an die Hersteller festgelegt und von den Herstellern in den jeweiligen Maschinenkonfigurationen produziert und geliefert.

- Hohe **Änderungsdynamik**: Im Rahmen der Produktentwicklung werden die Produkte in die Serie eingeführt. Nach der Serieneinführung werden an den Produkten Verbesserungen und kontinuierliche Weiterentwicklungen durchgeführt. Diese Weiterentwicklungen münden in neue Produktexemplare, können jedoch teilweise auch in bereits ausgelieferten Produkten nachgerüstet werden.

- Verstärkte Anforderungen an die **Integration von Lieferanten**: In der Fertigungsindustrie und hier besonders in der Fahrzeugindustrie ist zu beobachten, dass ein immer größerer Anteil an der Wertschöpfung eines Produkts auf Lieferanten verlagert wird. Lieferanten sind dabei in unterschiedliche so genannte Ebenen eingeteilt. Beispielsweise fertigen Lieferanten der ersten Ebene Module und Komponenten, die zu einem Automobil zusammengefügt werden. Lieferanten der zweiten und dritten Ebene stellen den Lieferanten der ersten bzw. zweiten Ebene Bauteile, Rohmaterial oder Grunderzeugnisse zur Verfügung. Im Maschinenbau ist diese Entwicklung nicht so stark ausgeprägt wie in der Fahrzeugindustrie, findet aber ebenfalls statt. Es ist davon auszugehen, dass diese Art der Lieferantenintegration und der Ebenenbildung im Produktentstehungsprozess zunehmend wichtiger wird, siehe [Wood-04].

Dabei sind komplexe Produkte durch einige, aber nicht notwendigerweise durch alle genannten Ausprägungen gekennzeichnet. Je mehr Ausprägungen zutreffen, umso komplexer ist die Gesamt-Produktkomplexität. Häufig bedingen sich manche der Kriterien gegenseitig. So impliziert eine hohe Anzahl von Teilen vielfach die Variantenvielfalt. Bild 2-3 zeigt

- die Ausprägungen der Produktkomplexitätskriterien „Anzahl von Teilen", „Langlebigkeit des Produkts", „Variantenvielfalt" und „Verkaufte Produkte",

- bei drei ausgewählten Produkten, die jeweils einer der drei Branchen Elektrotechnik, Automobilindustrie und Maschinenbau zugeordnet sind.

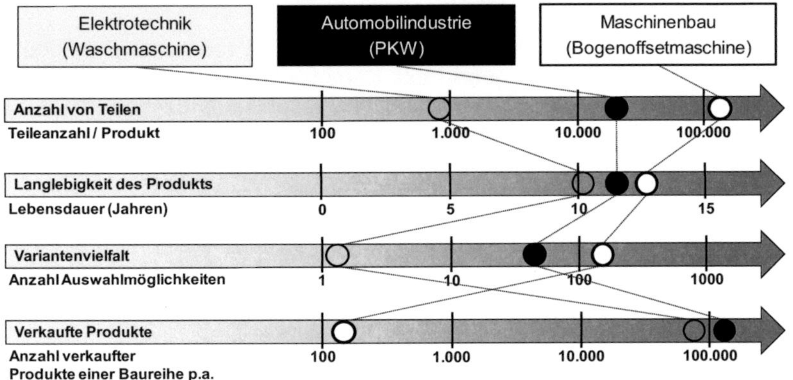

Bild 2-3: Faktoren der Produktkomplexität in Bezug auf Industrieunternehmen

Generelle Anmerkung zu den quantifizierten Faktoren der Produktkomplexität in Bild 2-3:

- Die Angaben sind häufig den unten genannten Quellen nicht direkt entnehmbar, sondern mussten abgeleitet oder abgeschätzt werden.

- Insbesondere in den Branchen Elektrotechnik und Maschinenbau ist das Spektrum der Produkte sehr breit. Für die Darstellung wurde jeweils ein Produkt ausgewählt. Damit wird in der Darstellung nicht die ganze Branche abgedeckt, sondern lediglich eine exemplarische Auswahl getroffen. Auf die Problematik der Produktvielfalt im Maschinenbau und damit der Konsequenz, dass nicht die ganze Branche in ihrer Studie betrachtet werden kann, weisen auch [KoGl-08], S. 47 hin.

- Die Darstellung spiegelt somit einen Ausschnitt wider. Eine vollständige Untersuchung zur Komplexität in unterschiedlichen Branchen ist nicht Ziel der Arbeit. Dies erforderte eine eigenständige Arbeit.

Inhaltliche Erläuterungen:

- **Waschmaschine:** Mangels anderer Informationsmöglichkeiten wurden die Aussagen zu diesem Produkt öffentlich zugänglichen Informationen des Unternehmens BSH (= Bosch Siemens Hausgeräte) entnommen bzw. daraus abgeleitet.

- **PKW:** Die Aussagen beziehen sich auf das Produkt E-Klasse des Unternehmens Daimler AG. Die Angaben zu diesem Produkt sind aus Informationen des Unternehmens entnommen bzw. daraus abgeleitet. Die durchschnittliche Abmeldung und damit die Lebensdauer von PKWs erfolgt laut dem Kraftfahrtbundesamt nach etwa 12 Jahren.

- **Bogenoffsetmaschine:** Die Aussagen zu diesem Produkt sind entnommen bzw. abgeleitet aus [Heid-09c].

- **Skalen:** Bei den Komplexitätskriterien „Anzahl von Teilen", „Variantenvielfalt" und „Verkaufte Produkte" wurde jeweils eine logarithmische Skala zugrunde gelegt, während die Skala „Langlebigkeit des Produkts" linear ist.

- **Anzahl von Teilen:** Gemeint ist die Anzahl physischer Teile des jeweiligen Produkts. Dabei werden diejenigen Teile, die mehrfach in einem der Produkte vorkommen, auch mehrfach gezählt. Die Anzahl unterschiedlicher Teile in den Produkten ist somit geringer.

- **Langlebigkeit des Produkts:** Die Angaben sind Durchschnittswerte. Die tatsächlichen Werte von Produktexemplaren können in Einzelfällen deutlich abweichen.

- **Variantenvielfalt:** Die Angaben beziehen sich auf die Auswahlmöglichkeiten, die einem Kunden bei der Produktkonfiguration zur Verfügung stehen. Nicht gemeint ist hier die Anzahl unterschiedlicher Möglichkeiten der jeweiligen Produktstrukturen. Die unterschiedlichen Möglichkeiten der Produktstruktur sind nur mit sehr tiefen Kenntnissen der jeweiligen Produktstrukturen ermittelbar und konnten somit nicht als Vergleichsmaßstab verwendet werden – siehe hierzu die Ausführungen in Kapitel 3.5.4 „Variante". Dass das Thema „Variantenvielfalt" ein Kernthema im Maschinenbau ist, zeigt die Untersuchung von [KiSo-07], S. 573, wonach 84% aller Maschinenbauunternehmen individuelle Sonderwünsche bzw. durch Variantenkonfiguration anpassbare Produkte entwickeln und produzieren.

- **Verkaufte Produkte:** Absatz E-Klasse (incl. CLS-Klasse) in 2008: 172.900 Fahrzeuge. Bei BSH wurden die Zahlen abgeschätzt durch folgende Berechnung: „Umsatz, den das jeweilige Unternehmen mit dem Produkt erzielt" geteilt durch „Kaufpreis für ein Produktexemplar". BSH-Umsatz in 2008: 8,8 Mrd. €; 10 Produktgattungen (geschätzt); 10 Baureihen pro Gattung (geschätzt); Kaufpreis: 1.000,- € / Waschmaschine. Daraus folgt: 88.000 Produkte / Baureihe.

Konsequenzen:

Grundsätzlich gelten die in der Arbeit gewonnenen Erkenntnisse und Vorschläge für alle Industrien, die zum Ziel haben, diskrete Produkte mit hinreichender Komplexität in Serienproduktion herzustellen. Der besondere Schwerpunkt wird hier auf den **Maschinenbau** *gelegt, wobei die Aussagen auch auf andere Bereiche der Fertigungsindustrie übertragen werden können. Eine vergleichbare Vorgehensweise wählt auch [Hein-95], S. 244.*

Zum Thema Kennzahlen im Maschinenbau siehe auch die Ausführungen im Anhang, Abschnitt 7.3 „Ergänzung Strategie: Kennzahlen".

3 Grundlagen

3.1 Einführung

Im vorliegenden Kapitel werden die Grundlagen für die Integration des Target Costings im Produktentstehungsprozess gelegt. Wie zu zeigen sein wird, bestehen diese Grundlagen nicht nur aus der Methode des Target Costings selbst, sondern aus weiteren Elementen des Produktentstehungsprozesses. Die in den Grundlagen beschriebenen Elemente werden anschließend verwendet, um Methoden und Prozessverbesserungen für die Integration des Target Costings in der Produktentstehung zu beschreiben.

Im weiteren Verlauf der Arbeit werden an unterschiedlichen Stellen die Begriffe „Effizienz" und „Effektivität" verwendet. In Ermangelung einer allgemeingültigen Definition werden die Begriffe in Anlehnung an [Nißl-06], S. 26 wie folgt verwendet:

Definition Effektivität:

Effektivität ist die Prüfung der korrekten Auswahl einer Aktion. Mit der Effektivität verbunden ist die Frage des „Was soll gemacht werden?"

Definition Effizienz:

Effizienz ist die Prüfung der korrekten Durchführung der gewählten Aktion. Die Effizienz impliziert die Frage „Wie soll es gemacht werden?"

Im Produktentstehungsprozess werden zwei entscheidende Fragen behandelt, siehe [Wild-06b], S. 54f:

- **„Was** soll getan werden?" Damit sind beispielsweise folgende Fragen impliziert: Wo will das Fertigungsunternehmen in einem oder in fünf Jahren stehen? Welche Produkte sollen zu welchen Zeitpunkten verfügbar sein? Welche Produkte sollen entwickelt werden? Welche Funktionen sollen in diesen Produkten umgesetzt werden?
  Wenn zu einem möglichst frühen Zeitpunkt klar ist, in welche Richtung die Produktentwicklung zielt, welche Ergebnisse angestrebt werden und natürlich auch, was nicht getan werden soll, dann wird Aufwand bereits im Vorfeld zielgerichtet eingesetzt oder vermieden. Diese Frage ist immer zu Beginn des Produktentstehungsprozesses zu stellen. Verbunden mit der Frage des „Was" ist die Frage des „Wann". Eine Produktentwicklung darf nicht zu spät in ein Produkt münden, sonst ist der Markt möglicherweise nicht mehr vorhanden. Ein entscheidender Parameter jeder Produktentwicklung ist der Zeitpunkt der Markteinführung eines neuen Produkts. Zusammenfassend „Effektivität in der Produktentstehung": Welche Produkte sollen zu welchem Zeitpunkt marktreif sein?

- Die zweite Frage lautet: „**Wie** soll es getan werden?" Nachdem klar ist, was bis wann zu tun ist, geht es darum zu entscheiden, wie es umgesetzt werden soll. Verbunden mit dieser Frage ist, wie die Markteinführungszeit verkürzt werden kann, indem Prozesse beschleunigt und parallelisiert werden: [Wild-06b] verwendet die Begriffe „Simultaneous Engineering" oder „Concurrent Engineering". Mit welchen Methoden, Prozessen und Werkzeugen dies unterstützt wird, ist Teil dieser Arbeit. Allerdings kann auch eine hohe Effizienz keine Fehler ausbügeln, die im Vorfeld, also bei der Auswahl der Produktentwicklungsprojekte gemacht werden. Es ist also zunächst wichtig, die richtigen Produktentwicklungsprojekte zum richtigen Zeitpunkt auszuwählen und zu starten, um sie anschließend so effizient wie möglich umzusetzen. Die Effizienz beantwortet die Frage, mit welchen Ressourcen zu welchen Zeiten gearbeitet wird. Die Effizienz beinhaltet natürlich auch die Frage der technischen Umsetzung – z.B. werden elektrische Antriebe für die Kraftübertragung benutzt oder erfolgt die Kraftübertragung durch Zahnräder? Zusammenfassend „Effizienz im Produktentstehungsprozesses": Wer arbeitet wann und in welcher Art und Weise an den festgelegten Projekten und wie sieht die technische Umsetzung aus?

Wie sehen nun die konkret zu betrachtenden Elemente des Produktentstehungsprozesses aus, die die Integration des Target Costings beeinflussen und die damit im Rahmen der Arbeit zu berücksichtigen sind?

[Sche-06], S. 20ff unterscheidet die Betrachtungsebenen Strategie, Projekt und Tagesgeschäft im Produktentstehungsprozess. Für die vorliegende Arbeit sind diese Betrachtungsebenen zu erweitern. Die Strategieebene von [Sche-06] wird konkretisiert in die Produktstrategie; die Projektebene gliedert sich auf in die Einzel- und die Multiprojektbetrachtung. Die Ebene „Tagesgeschäft" wird ersetzt durch die Ebene PLM. Eine der wenigen Arbeiten, die sich mit einem Aspekt der Integration im Produktentstehungsprozess auseinandersetzt, liefert [Glas-06]. Er betrachtet in seiner Arbeit die Verknüpfung zwischen Strategieprozess und Multiprojektmanagement. Sein Fokus ist nicht der Produktentstehungsprozess und beinhaltet somit keine Aussagen zu PLM.

[Hach-06] nennt in seiner Arbeit etliche Einflussgrößen der Zielkostenerreichung, wobei er keine systematische Bewertung der Einflussgrößen auf die Zielkostenerreichung durchführt. Zudem fehlen wichtige, das Target Costing beeinflussende Faktoren, wie z.B. zentrale Komponenten des Product Lifecycle Managements oder der Produktstrategie. [Mach-07], S. 253 meint, dass die Produktentwicklung „eine zentrale Rolle im Target Costing Prozess" spielt. Umgekehrt kann auch formuliert werden, dass das Target Costing ein elementarer Bestandteil des Produktentstehungsprozesses ist. Im Rahmen der Arbeit wird gezeigt, dass viele Faktoren den Produktentstehungsprozess beeinflussen und ihn in erfolgreiche oder weniger erfolgreiche Produkte münden lassen.

Auf Basis der bisherigen Ausführungen werden zunächst diejenigen Aspekte angerissen, die das Target Costing im Produktentstehungsprozess ausmachen. Dabei wird auf die Methode des Mindmappings zurückgegriffen. Zur Methode des Mindmappings: [Hugl-95], S. 181: „Mindmapping ist ein Denkmuster, mit dessen Hilfe ein abgeschlossener Themenkreis klarer definiert, Inhaltliches übersichtlich zu Papier gebracht werden kann." [Herz-07], S. 14 betont bei der Methode die „grafische Darstellung, die Beziehungen zwischen verschiedenen Begriffen aufzeigt." Für [Wild-06a], S. 198 steht bei Mindmapping darüber hinaus im Vordergrund, dass die Methode Lösungen für jedes Problem entwickelt, dabei „grenzenlos und unendlich flexibel" und „methodisch einfach und folgerichtig" ist.

Die Mindmap in Bild 3-1 gliedert die Aspekte des Target Costings im Produktentstehungsprozess Folgendermaßen:

- Der wichtigste Aspekt der Arbeit ist das durch das Symbol ⬆ gekennzeichnete Target Costing selbst. Die Methode sowie die Schwächen und erforderlichen Detaillierungen zeigt Kapitel 3.2 „Target Costing".

- Diejenigen Grundlagen, die durch das Symbol ↗ gekennzeichnet sind, werden in den Kapiteln 3.3 bis 3.6 vorgestellt. Die Ausführungen des konzeptionellen Teils der Arbeit basieren damit auf den folgenden Elementen:

    o Unternehmensstrategie mit dem Schwerpunkt Produktstrategie,

    o (Multi-)Projektmanagement,

    o Product Lifecycle Management (PLM),

    o Unternehmensorganisation,

    o IT-Systemarchitektur.

- Die Einflussfaktoren, die mit ➔ gekennzeichnet sind, werden in der Arbeit allenfalls am Rande behandelt, da sie keine zentralen Aspekte für das Target Costing im Produktentstehungsprozess sind:

    o Sourcing, mit dem Schwerpunkt der Integration von Systemlieferanten in den PLM-Prozess.

    o Mitarbeiter: siehe Bemerkungen zu Beginn dieses Abschnitts.

    o Konkurrenten: Die Konkurrenzsituation ist u.a. von Bedeutung, um einen adäquaten Marktpreis zu bilden. Dieser Aspekt wird in Kapitel 5.2.3 „Schritt A6 Target Costing: Zielkostenermittlung" berücksichtigt.

o Interkulturelle Zusammenarbeit ist bedeutsam für den Produktentstehungsprozess in einem globalisierten Umfeld, kann jedoch nur
im Rahmen einer darauf ausgerichteten, soziologischen Arbeit
adäquat untersucht werden.

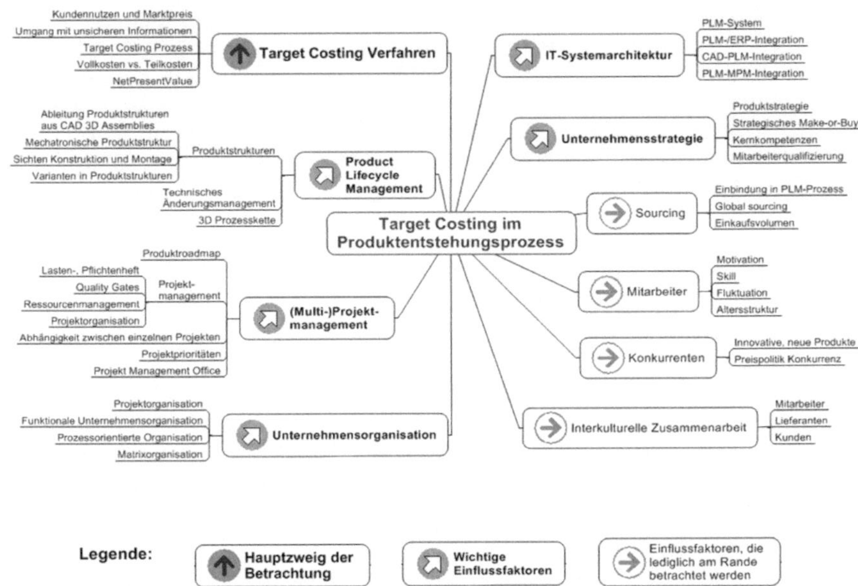

Bild 3-1: Mindmap mit den Einflussfaktoren des Target Costings

Bild 3-2 veranschaulicht, dass die genannten Einflussfaktoren des Target Costings dazu verwendet werden, um das Konzept und dessen Anwendung abzuleiten.

Hinweise vor Erläuterung der Einflussfaktoren (siehe nachfolgende Kapitel):

- *Es ist nicht beabsichtigt, die Einflussfaktoren umfassend in allen Facetten darzustellen. Diejenigen Aspekte werden erläutert, die für das Verständnis der Arbeit erforderlich sind.*

- *Die Einflussfaktoren werden an den Stellen, an denen dies sinnvoll ist, auch anhand praktischer Beispiele dargestellt. Die Beispiele ergänzen die Erläuterungen, ohne sie zu ersetzen. Die Beispiele beziehen sich häufig auf Umsetzungen der Heidelberger Druckmaschinen AG und sind als solche gekennzeichnet.*

Bild 3-2: Einflussfaktoren auf das Target Costing – Überblick

3.2 Target Costing

3.2.1 Vorgehensweise und Definition

Das Kapitel stellt Folgendes vor:

- Zunächst schlägt der vorliegende Abschnitt eine umfassende Definition des Target Costings vor, die im konzeptionellen Teil der Arbeit verwendet wird.

- Diejenigen Grundlagen der Kostenrechnung werden gelegt, die im konzeptionellen Teil der Arbeit benötigt werden: Voll- und Teilkostenbetrachtung sowie differenzierende Zuschlagskalkulation.

- Anschließend werden die bekannten Verfahren der Kostenverfolgung im Produktentstehungsprozess erläutert. Dabei wird gezeigt, warum das Target Costing dazu prädestiniert ist, die Kostenplanung und -verfolgung von Produktentwicklungsprojekten durchzuführen.

- Die Elemente und der Prozess des Target Costings werden besprochen.

- Da das Target Costing lediglich die Kostenseite abdeckt, die aber bei Produktentwicklungsprojekten ebenso wichtige Erlösseite unberücksichtigt lässt, wird im konzeptionellen Teil der Arbeit das Target Costing um das Verfahren der Investitionsrechnung „Net Present Value" ergänzt. Dieses Verfahren wird damit ebenfalls im vorliegenden Kapitel besprochen.

- Die Verfahren zur Kostenplanung und -verfolgung – insbesondere das Target Costing – werden einer kritischen Würdigung unterzogen. Dabei werden die Schwächen und die fehlenden Ausgestaltungen des Target Costings benannt, die im konzeptionellen Teil der Arbeit aufgegriffen und gelöst werden.

Eine allgemeingültige Definition des Target Costings ist nicht gegeben. Für die vorliegende Arbeit ist es allerdings wichtig, eine Grundlage zu definieren, auf deren Basis die entsprechenden Aussagen getroffen werden können. Somit wird eine Definition vorgeschlagen, die sich aus den weiteren Ausführungen sowie den Erläuterungen in der Literatur ergeben, siehe [Hans-02], S. 301f, [Seur-01], S. 77ff, [Mach-07], S. 251-254, [Ende-00], S. 3.

Definition Target Costing:

Target Costing ist ein Prozess, der die Selbstkosten eines Produkts zu Beginn des Produktentstehungsprozesses plant, während des Produktentstehungsprozesses überwacht und bei Abweichungen geeignete Maßnahmen ergreift, um die Selbstkosten zu steuern. Dabei

- *ermittelt das Target Costing zunächst die vom Markt akzeptierten Selbstkosten („allowable costs") und bezieht diese Selbstkosten auf die Ausprägungen des Produkts;*

- *stellt das Target Costing den vom Markt akzeptierten Selbstkosten die im Produktentstehungsprozess zu erwartenden Selbstkosten („drifting costs") gegenüber;*

- *signalisiert das Target Costing Abweichungen der allowable costs und der drifting costs zu jedem Zeitpunkt des Produktentstehungsprozesses und*

- *ergreift das Target Costing entsprechende Maßnahmen, um die allowable costs und die drifting costs des Produkts in Einklang zu bringen.*

Der Target Costing Prozess bildet eine Regelschleife, mit dem Ziel, dass bis zum Auslauf des Produkts die Selbstkosten des Produkts ebenso hoch oder niedriger sind, als dies vom Markt akzeptiert wird.

3.2.2 Selbstkosten eines Produkts – Vollkostenbetrachtung

Target Costing gilt – seit japanische Großunternehmen in den 1980er Jahren „die konsequente Ausrichtung aller produktbezogenen Funktionen (..) an den Anforderungen des Marktes" vorgenommen haben – als das betriebswirtschaftliche Konzept zur monetären Bewertung von Kosten und Leistungen im Produktentstehungsprozess [Horv-93], Vorwort. In diesem Kapitel wird es darum gehen, das Target Costing als die geeignete Methode vorzustellen, um die Kosten eines Produkts während des Produktentstehungsprozesses zu verfolgen.

Bevor das Target Costing als Werkzeug eingeführt wird, ist es erforderlich, das dem Target Costing zugrunde liegende Kalkulationsschema vorzustellen. Im Kalkulationsschema sind die **Selbstkosten** des Unternehmens abgebildet. Die Selbstkosten sind alle Kosten, die in einem Unternehmen zur Erzeugung eines Produkts entstehen. Laut [Mach-07], S. 138ff beinhalten die Selbstkosten die Herstellkosten eines Produkts und dessen Verwaltungsgemeinkosten sowie die Vertriebseinzel- und Gemeinkosten. Bild 3-3 verdeutlicht, wie sich die Selbstkosten zusammen setzen, siehe [Mach-07], S. 43, S. 52 und S. 137 – 139:

- Die Materialeinzelkosten entsprechen dem in „Geld bewerteten Güterverzehr an Rohstoffen, Hilfs- und Betriebsstoffen und Wareneinsatz" ([Mach-07], S. 43).

- Die Materialgemeinkosten sind der auf Basis der Materialeinzelkosten ermittelte Zuschlag auf die Materialeinzelkosten.

- Die Materialkosten sind die Summe von Materialeinzel- und Materialgemeinkosten.

- Die Fertigungslöhne sind die anfallenden Kosten bei der Fertigung eines Produkts. Dabei ist zu beachten, dass in der Kostenrechnung üblicherweise nicht zwischen Fertigung und Montage unterschieden wird und somit die Fertigungslöhne für Fertigungs- und Montagetätigkeiten gleichermaßen verwendet werden.

- Die Sondereinzelkosten der Fertigung sind die Kosten für die Maschinen, die in der Fertigung und in der Montage eingesetzt werden.

- Die Fertigungsgemeinkosten sind der Zuschlag, der auf Basis der Fertigungslöhne ermittelt wird.

- Die Fertigungskosten sind die Summe der Fertigungslöhne, der Sondereinzelkosten der Fertigung und der Fertigungsgemeinkosten.

- Damit sind die Herstellkosten die Summe der Material- und der Fertigungskosten.

- Die Vertriebseinzelkosten sind Sondereinzelkosten des Vertriebs wie Verpackung, Fracht oder Vertriebsprovisionen.

- Die Verwaltungsgemeinkosten und die Vertriebsgemeinkosten schließlich sind die Zuschläge, die für Verwaltung und Vertrieb den Herstellkosten zugeschlagen werden, um die Selbstkosten eines Kostenträgers zu berechnen.

- Die Selbstkosten sind die Summe der Herstellkosten, der Verwaltungsgemeinkosten, der Vertriebseinzelkosten und der Vertriebsgemeinkosten.

	+	+ Materialeinzelkosten + Materialgemeinkosten = Materialkosten
		+	+ Fertigungslöhne + Sondereinzelkosten der Fertigung 1 + Fertigungsgemeinkosten 1 = Fertigungskosten 1
		+	...
		+	+ Fertigungslöhne + Sondereinzelkosten der Fertigung n + Fertigungsgemeinkosten n = Fertigungskosten n
	+	= Fertigungskosten
+	**= Herstellkosten**
+	Verwaltungsgemeinkosten
+	Vertriebseinzelkosten
+	Vertriebsgemeinkosten
= Selbstkosten	

Bild 3-3: Differenzierende Zuschlagskalkulation (Quelle [Mach-07])

Die hier dargestellte Methode der Ermittlung der Selbstkosten basiert auf der differenzierenden **Zuschlagskalkulation**. Bei der Zuschlagskalkulation werden zunächst diejenigen Kostenbestandteile dem Produkt zugerechnet, bei denen dies möglich ist. Alle anderen Kostenbestandteile werden über Zuschlagssätze, also einem prozentualen Anteil eines bestimmten Kostenanteils, den Gesamtkosten eines Produkts zugerechnet. Damit erhalten Produkte mit hohen Herstellkosten hohe Zuschlagsätze, obwohl deren tatsächliche Kosten möglicherweise geringer sind. Trotz diesem Nachteil gilt die Zuschlagskalkulation immer noch als die wesentliche Kalkulationsmethode mit der größten Verbreitung. Die **differenzierende** Zuschlagskalkulation geht davon aus, dass unterschiedliche Bereiche oder Kostenstellen des Unternehmens mit unterschiedlichen Zuschlagssätzen beaufschlagt werden. Mit dieser Differenzierung sind die Unterschiede von Fertigungslöhnen, Maschinenstundensätzen und aller anderen zu differenzierenden Kostensätze zu berücksichtigen ([Mach-07], S. 137).

Die **Produktentwicklungskosten,** als wichtigen Bestandteil der Selbstkosten, nennt [Mach-07] nicht explizit, anstatt dessen scheinen die Produktentwicklungskosten bei ihm Bestandteil der Gemeinkosten zu sein, wobei unklar bleibt, welchem Gemeinkostenanteil er die Produktentwicklungskosten zuordnet, oder ob er davon ausgeht, dass keine Neu- bzw. Weiterentwicklung des Produkts vorgenommen wird. Die Arbeit schlägt eine erweiterte Methode vor, mit der die Selbstkosten im Rahmen des Target Costings erfasst und verfolgt werden. Der Grundgedanke ist, die Produktentwicklungskosten als separaten

Anteil der Selbstkosten zu benennen und diese über die Target Costing Methode zu verfolgen. Die Begründung hierfür liefert Kapitel 3.2.7 „Elemente des Target Costings".

3.2.3 Teilkostenrechnung

Der vorherige Abschnitt ging davon aus, dass alle Kostenbestandteile bei der Berechnung der Selbstkosten zu berücksichtigen sind. Dieses Verfahren basiert somit auf der **Vollkostenmethode**. Grundsätzlich ist das Verfahren sinnvoll, es hat allerdings einige Nachteile, die im Folgenden benannt werden:

- Produkte, die geringe Herstellkosten verursachen, erhalten gemäß dem Vollkostenansatz auch nur geringe Zuschläge für Verwaltungs- und Vertriebskosten. Damit sind materialintensive Produkte mit hohen Fertigungs- und Montageanteilen in ihrer Gesamtkostenbeurteilung gegenüber Produkten mit geringen Herstellkosten benachteiligt. Besonders deutlich wird dieses Problem am Beispiel der Softwareanteile eines Produkts. Die Softwarebestandteile verursachen praktisch keine Herstellkosten und erhielten beim Vollkostenansatz somit keinen Zuschlag für Verwaltung und Vertrieb. Siehe hierzu auch die Ausführungen in Kapitel 3.2.7 „Elemente des Target Costings".

- Durch die zu beobachtende Tendenz, dass die Herstellkosten einen zunehmend geringeren Anteil an den gesamten Selbstkosten eines Produkts ausmachen, erreichen Zuschlagssätze bei der Vollkostenmethode oft mehrere hundert Prozent. Damit (…) „führen Ermittlungsfehler in der Zuschlagbasis zu groben Abweichungen in der Gemeinkostenverrechnung." [Mach-07], S. 163.

- Der Tatsache, dass unterschiedliche Produkte die Kostenstellen unterschiedlich stark beanspruchen, wird beim Vollkostenansatz nicht Rechnung getragen, da die Zuschlagssätze bei unterschiedlichen Produkten dieselben sind. [Mach-07], S. 163.

Aus diesen Gründen wird gemeinhin vorgeschlagen, dass bei der Selbstkostenermittlung nicht alle Kosten auf die jeweiligen Produkte bzw. Kostenträger verrechnet werden sondern ausschließlich jene Kosten, die den Kostenträgern auch tatsächlich zurechenbar sind, also die variablen Kosten. Anders als bei der Vollkostenrechnung entsprechen bei dieser so genannten **Teilkostenrechnung** die Selbstkosten nicht der Summe aller Kosten, die vom Produkt verursacht werden, sondern nur noch den tatsächlich verrechenbaren Kosten. Die Selbstkosten bei der Teilkostenrechnung sind somit geringer als die Selbstkosten der Vollkostenrechnung. Die Differenz zwischen den Marktpreisen und den Selbstkosten ist bei der Teilkostenrechnung nicht der Gewinn sondern der **Deckungsbeitrag** eines Produkts (Formel 3-1). Nach [Hans-02], S. 60, ist der Deckungsbeitrag die „Differenz zwischen Erlösen und variablen Kosten" und damit der „Beitrag jedes Produkts zur Fixkostendeckung und damit zur Gewinnerzielung". Somit ergibt sich:

Prinzipielle Gewinnermittlung für zu entwickelnde Produkte:

$$Gewinn = Umsatzerlöse - (Produktentwicklungskosten + Selbstkosten)$$

Wobei gilt:

$$Umsatzerlöse = \sum_{ArtNr=1}^{\#ArtNr} Absatzmenge(ArtNr) * Marktpreis(ArtNr)$$

$$Selbstkosten = \sum_{ArtNr=1}^{\#ArtNr} Absatzmenge(ArtNr) * Selbstkosten(ArtNr)$$

$$Produktentwicklungskosten$$
$$= \sum_{i=1}^{m} Kostensatz\ Ressource\ i * Aufwand\ Ressource\ i$$

Und in Anlehnung an [Hans-02], S. 60:

$$G = \sum_{ArtNr=1}^{\#ArtNr} \left(p_{ArtNr} - k_{p,Art} \right) * x_{A,ArtNr} - K_F$$

Die einzelnen Bestandteile der Formel sind:

$$StückDB = p_{ArtNr} - k_{p,ArtNr}$$

$$ErzeugnisDB = \left(p_{ArtNr} - k_{p,Art} \right) * x_{A,ArtNr}$$

$$GesamtDB = \sum_{ArtNr=1}^{\#ArtNr} \left(p_{ArtNr} - k_{p,ArtNr} \right) * x_{A,ArtNr}$$

Dabei sind:

G	=	Periodengewinn
ArtNr	=	Artikelnummer
# ArtNr	=	Gesamtanzahl Artikel im Sortiment
p	=	Verkaufspreis
k_p	=	Variable Selbstkosten
x_A	=	Absatzmenge
K_F	=	Fixkosten pro Periode
DB	=	Deckungsbeitrag

Formel 3-1: Grundlagen Produktgewinnermittlung und Deckungsbeitragsrechnung

Bild 3-4 verdeutlicht den Unterschied zwischen Voll- und Teilkostenrechnung:

Die Fertigungslöhne als Bestandteil der Herstellkosten fließen bei beiden Methoden vollständig in die Herstellkosten des Produkts ein. Dagegen werden die Sondereinzelkosten der Fertigung und die Fertigungsgemeinkosten bei der Vollkostenmethode vollständig angesetzt, wohingegen sie bei der Teilkostenmethode höchstens teilweise zum Ansatz gebracht werden, da sie gemäß dieser Methode dem zu fertigenden Produkt nicht direkt zugeordnet werden können. Die Konsequenz lautet damit: Gewinn < Deckungsbeitrag.

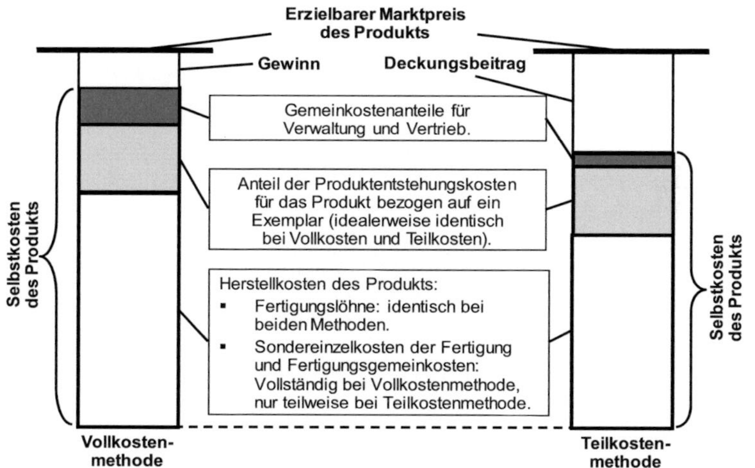

Bild 3-4: Unterschiede von Voll- und Teilkostenrechnung (Quelle [Hans-02])

3.2.4 Verfahren zur Kostenplanung und -verfolgung

Folgende Verfahren der Kostenverfolgung im Produktentstehungsprozess werden in der Literatur benannt. Die erste Gruppe der Verfahren zielt explizit darauf ab, die Selbstkosten eines Produkts bei der Produktentwicklung abzuleiten und zu verfolgen:

- **Design To Cost (DTC)** – auch als **Design For Cost (DFC)** – bezeichnet: Ursprünglich wurde DTC vom Verteidigungsministerium der USA angewandt, um Kostenziele der US-Armee mit Vertragspartnern festzulegen. Bei DTC werden bereits zu Beginn des Produktentwicklungsprojekts realistische Kostenziele vereinbart, [AnGa-05]. Kosten werden als aktiver und nicht als resultierender Faktor während des Produktentstehungsprozesses betrachtet, wobei [Nißl-06], S. 22 anmerkt, dass vor allem „die Aspekte einer engen Verzahnung des Konstruktionsprozesses mit anderen Fachabteilungen sowie die interdisziplinäre und zeitparallele Produktentwicklung häufig nur am Rande berücksichtigt werden." Vom Markt erlaubte Preise werden nicht in die Betrachtung einbezogen.

[BaMe-07] und [UlEp-08] verwenden den allgemeineren Begriff des **Design for X**. [BaMe-07] teilt „X" in „characteristics", „properties" und „objectives" ein. „Characteristics" beschreiben das Produkt direkt und können vom Entwickler bestimmt werden, wie z.B. die Geometrie des Produkts oder das Material, aus dem das Produkt gefertigt wird. „Properties" beschreiben das Verhalten des Produkts, z.B. das Gewicht oder die Montageeigenschaften. „Objectives" sind allgemeine Eigenschaften, wie Kosten, Qualität und Umwelteinflüsse. Mit dem von [BaMe-07] vorgestellten Werkzeug können Abhängigkeiten von stark oder geringer präferierten Produkteigenschaften bewertet und visualisiert werden. Das Werkzeug unterstützt dabei, Entscheidungen im Produktentwicklungsprozess zu treffen – auch bezüglich dessen anzustrebender Kosten.

- **Life Cycle Costing (LCC):** [GüUl-06], [EhKi-07]. Nach [EhKi-07], S. 125 umfassen die Life-Cycle-Costs alle Kosten aufgrund des Kaufs und während der Nutzungszeit eines Produkts. Dabei werden alle, während der Produktnutzung entstehenden Kosten, in die Betrachtung einbezogen: F&E, Produktion, Nutzung und Verwertung am Ende des Lebenszyklus, siehe [Geis-09], S. 17. Allerdings greifen die Ansätze des LCC für die Bewertung und die Kostensteuerung von Produktentwicklungsprojekten zu kurz, da diese ausschließlich die Kostenseite und nicht die Erlösseite betrachten, siehe [GüUl-06], S. 57.

- **Target Costing:** Target Costing betrachtet sowohl die erlaubten als auch die zu erwartenden Kosten eines Produkts. Dieses Verfahren bildet den Schwerpunkt der Arbeit und wird in den folgenden Abschnitten erläutert.

- **Kostenevaluierung von Konzeptvarianten:** [GiWe-03] schlagen einen Prozess für die Kostenevaluierung von Konzeptvarianten vor, bei der in der frühen Produktentwicklungsphase die relativen drifting costs eines Produkts abgeschätzt werden können. Das Konzept „relative Kosten" deshalb, weil der Prozess insbesondere die kostenseitige Bewertung von Alternativen unterstützt. Bei dem Prozessvorschlag von [GiWe-03] ist die Einbettung der Wirtschaftlichkeitsbewertung in den Gesamtprozess nicht Gegenstand der Betrachtung.

- **Wertanalyse:** Ähnlich wie beim Target Costing werden auch bei der Wertanalyse die erlaubten Gesamtkosten eines Produkts oder einer Baugruppe in die einzelnen Komponenten aufgespalten, entsprechend ihrer Bedeutung für das Produkt oder die Baugruppe [DeSt-05]. Die Wertanalyse stellt gemäß der VDI-Richtlinie 2800 „ein planmäßiges Verfahren zur Minimierung der Kosten unter Einfluss umfassender Gesichtspunkte dar", [Fisc-08], S. 85. Die Wertanalyse leistet einen wichtigen Beitrag zur Verbesserung der Produktgestaltung, da das Verfahren einen weiten Raum für die Ermittlung technischer Lösungen liefert. Das Verfahren betrachtet weder die vom Markt erlaubten Preise noch die daraus abgeleiteten Zielkosten einer Neuentwicklung.

Die folgenden Verfahren beinhalten zwar auch die Reduktion von Selbstkosten bei der Produktentwicklung, haben jedoch andere Ziele:

- **Net Present Value (NPV):** Diese Methode entstammt der Investitionsrechnung. Das Ziel der Methode ist zu ermitteln, welchen Profit ein Unternehmen mit einer Investition erzielt. Dabei werden alle relevanten Kosten- und Erlösbestandteile der Investition in die Rechnung einbezogen [Pons-08], [Jaco-06], [ScKü-08]. Da dieses Verfahren ein entscheidender Aspekt der Arbeit ist, wird es in Abschnitt 3.2.9 „Net Present Value (NPV)" vorgestellt.

- **Simultaneous Engineering** oder **Concurrent Engineering**: Dieses Verfahren zielt darauf ab, Entwicklungszeiten zu reduzieren. [Nißl-06] weist darauf hin, dass aufgrund verkürzter Entwicklungszeiten die Entwicklungskosten – und damit die Selbstkosten des Produkts – reduziert werden können. Simultaneous Engineering beschäftigt sich dagegen nicht damit, alle Selbstkostenbestandteile oder gar die Erlösseite zu optimieren.

- **Qualitätsmanagement-Methoden** wie Total Quality Management (TQM), Quality Function Deployment (QFD) oder andere Verfahren beeinflussen „die Kosten im günstigen Sinne, denn im Produktentwicklungsprozess sind Qualität, Zeit und Kosten eng miteinander verknüpft", [EhKi-07], S. 118. Diese Methoden zielen allerdings nicht explizit darauf ab, die Selbstkosten eines Produkts zu verfolgen.

- **Kosten-Benchmarking:** [EhKi-07], S. 367: Unter Kosten-Benchmarking „versteht man den Vergleich von Leistungsmerkmalen (Prozesse und Produkte) mit den weltweit Besten." Das Benchmarking kann ein wirkungsvolles Verfahren sein, um Kosten und Zeiten zu senken oder auch, um Qualität zu erhöhen. Benchmarking ist dagegen kein Verfahren, um anzustrebende Kosten zu ermitteln und diese während eines Produktentwicklungsprojekts nachzuverfolgen.

- **Kano-Modell**: Diese, von Prof. Kano in der 1980er Jahren entwickelte, Methode zielt darauf ab, die Erwartungen der Kunden an neue Produkte oder Produkteigenschaften zu bewerten. Das Kano-Modell unterstützt dabei, die Relevanz von Produkteigenschaften aus Kundensicht vorauszusagen und ist damit auch eine Methode, die dabei unterstützt, den zu erwartenden Marktpreis abzuschätzen [DeSt-05], S. 3f.

Die Methode Target Costing ist am besten geeignet, die Kosten im Produktentstehungsprozess zu planen und zu verfolgen, da sowohl die vom Markt erlaubten als auch die tatsächlich erwarteten Kosten betrachtet und während der Produktentwicklung verfolgt werden. In den folgenden Abschnitten wird das Verfahren vorgestellt und kritisch bewertet.

3.2.5 Grundsätzliche Vorgehensweise des Target Costings

„In zentralverwaltungswirtschaftlich organisierten Verwaltungssystemen war die Festlegung der Verkaufspreise aufgrund der vorherberechneten oder nachkalkulatorisch ermittelten Selbstkosten der Produkte üblich, d.h. die Verkaufspreise setzten sich aus den Selbstkosten und einem meist prozentualen Gewinnzuschlag zusammen. Diese Form der Preisbildung hat in marktwirtschaftlichen Wirtschaftssystemen gravierende Nachteile; hier bilden sich die Verkaufspreise durch das Zusammentreffen von Angebot und Nachfrage." [Hans-02], S. 301.

Der Hauptnachteil der vorherberechneten Selbstkosten von Produkten besteht darin, dass bei der Preisbildung die Nachfrageseite unberücksichtigt bleibt oder zumindest stark vernachlässigt wird. Der Fokus besteht darin, zu berechnen, welche Selbstkosten ein Produkt verursachen wird und schließlich tatsächlich verursacht. Die jeweiligen Produktpreise setzen sich zusammen aus den Produktkosten und den vom Fertigungsunternehmen angestrebten Gewinnzuschlägen. Da bei der Methode der vorherberechneten bzw. nachkalkulatorisch ermittelten Selbstkosten dem Fertigungsunternehmen nicht klar ist, welche Preise die Kunden bereit sind, für das Produkt auszugeben, können zwei gegengesetzte Effekte eintreten:

- Im ersten Fall werden die ermittelten oder errechneten Produktpreise zu niedrig angesetzt. Damit entgeht dem Fertigungsunternehmen der Gewinn, der daraus resultiert, dass die Kunden bereit wären, höhere Preise für die Produkte zu bezahlen.

- Im anderen Fall werden die ermittelten oder errechneten Produktpreise zu hoch angesetzt. Die Kunden sind nicht bereit, die Produktpreise zu bezahlen. Die mögliche Absatzmenge und der damit mögliche Umsatz und demzufolge der angestrebte Gewinn können vom Fertigungsunternehmen nicht erzielt werden.

Die optimale Vorgehensweise der Preisermittlung besteht also darin, eine Methode bereitzustellen, die die Angebotsseite und die Nachfrageseite ausgewogen berücksichtigt. Die Grundidee dieser Methode wird mit dem **Target Costing** („Zielkostenmanagement") erreicht. [UlEp-08], S. 94 sehen Target Costing als „the reverse of the cost-plus approach to pricing". Der cost-plus approach geht von den Selbstkosten des Fertigungsunternehmens aus, addiert die angestrebte Profitrate und erhält somit den angestrebten Preis. Target Costing kehrt den Prozess um: Zu Beginn eines Produktentwicklungsprojekts werden die Zielkosten für das zu entwickelnde Produkt ermittelt; diese Zielkosten werden während des Produktentstehungsprozesses für das Produkt angestrebt und schließlich erreicht. Mit dieser Umkehrung impliziert das Target Costing einen Nachfragermarkt, im Unterschied zur traditionellen Kostenrechnung, die einen Anbietermarkt unterstellt. [ScKü-08], S. 703. Nach [AnGa-05] ist Target Costing „a response to difficult market conditions".

[WaRe-05], S. 1006 charakterisieren die Methode des Target Costings Folgendermaßen: „A method that combines market-based pricing with a cost reduction emphasis (..). Under Target Costing, a future selling price is anticipated, using the demand-based methods."

Zusammen mit dem Prozesskostenmanagement oder der Lebenszyklusrechnung gilt das Target Costing als Instrument des Kostenmanagements. Im Unterschied zur traditionellen Kostenrechnung, deren Hauptziel es ist, die kurzfristige Kontrolle von Kostenstellen zu ermöglichen, zielen die Instrumente des Kostenmanagements darauf ab, Kosten- und Erlösstrukturen für die „taktische und strategische Planung" bereitzustellen. [ScKü-08], S. 38f.

[ScKü-08], S. 701 beschreiben die **Grundfrage**, die mit Hilfe des Target Costings beantwortet werden, soll Folgendermaßen: „Wie hoch dürfen die Kosten eines Produkts unter gegebenen wirtschaftlichen und technischen Bedingungen sein, wenn ein gewünschter Gewinn (..) realisiert werden soll?" Noch prägnanter drücken [EhKi-07], S. 50 die Kernfrage des Target Costings aus: Anstatt der bei Vorliegen eines Verkäufermarkts üblichen Frage „Wie viel wird dieses Produkt kosten?" sei die Kernfrage des Target Costings:

„Wie viel darf dieses Produkt kosten?"

Nach [Hans-02] werden für den Target Costing Prozess sowohl **allowable costs** als auch **drifting costs** benötigt.

Definitionen (Anlehnung an [Hans-02]):

- *Allowable Costs sind diejenigen Selbstkosten des Produkts, die der Markt vorgibt, die also durch die Nachfrageseite indiziert sind.*

- *Drifting costs sind die Selbstkosten, die im Produktentstehungsprozess tatsächlich zu erwarten sind und schließlich erreicht werden.*

Während des Produktentstehungsprozesses müssen die allowable costs mit den drifting costs abgeglichen werden, mit dem Ziel, die Target Costs zu erreichen oder zu unterschreiten. Mehrere Gründe zeigen (siehe Kapitel 3.2.6 „Kostenschwankungen während des Produktentstehungsprozesses"), dass dies keine einmalige Aktion sondern ein permanenter Prozess ist. In der Realität sind während des Produktentstehungsprozesses zahlreiche Anpassungen vorzunehmen. Diese Anpassungen sind sowohl durch externe als auch durch interne Einflüsse indiziert. Zu unterscheiden sind zudem Faktoren, die die allowable costs beeinflussen als auch Faktoren, die die drifting costs beeinflussen.

Idealerweise verringern sich die Schwankungen der allowable costs und der drifting costs während des Produktentstehungsprozesses. Ebenso ideal ist es, wenn die drifting costs bei der Markteinführung unterhalb oder auf derselben

Höhe wie die allowable costs liegen. Es ist davon auszugehen, dass nicht nur die allowable costs und die drifting costs Schwankungen während des Produktentstehungsprozesses unterworfen sind sondern auch der angestrebte Marktpreis. Da die allowable costs vom angestrebten Marktpreis abgeleitet werden, bleibt der damit implizit ebenfalls abgeleitete angestrebte Deckungsbeitrag während des Produktentstehungsprozesses konstant.

Bild 3-5 zeigt somit einen guten Verlauf der allowable costs und der drifting costs. Die Güte der Aussagen zu den Selbstkosten nimmt während des Produktentstehungsprozesses zu, da der Korridor der drifting costs mit zunehmendem Fortschritt des Produktentstehungsprozesses schmaler wird. Der untere Bereich der Grafik zeigt die Hauptprozesse der Produktentstehung. Dieser Bereich wird in Kapitel 5 „Target Costing Integration mit Anwendung auf ein mechatronisches Modul erläutert und vertieft.

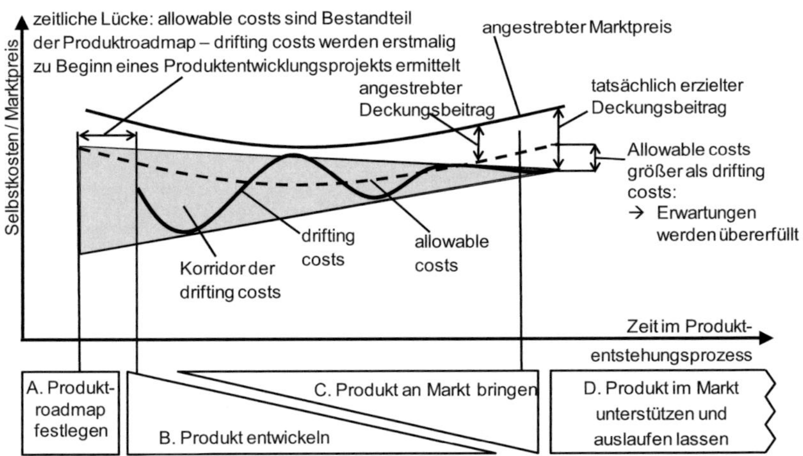

Bild 3-5: Target Costing: Zunehmende Datengüte der Selbstkosten

Im o.g. typischen Verlauf der allowable costs und der drifting costs ist etwa in der Mitte des Produktentstehungsprozesses eine Phase, in der die drifting costs oberhalb der allowable costs liegen, siehe Ausschnitt in Bild 3-6:

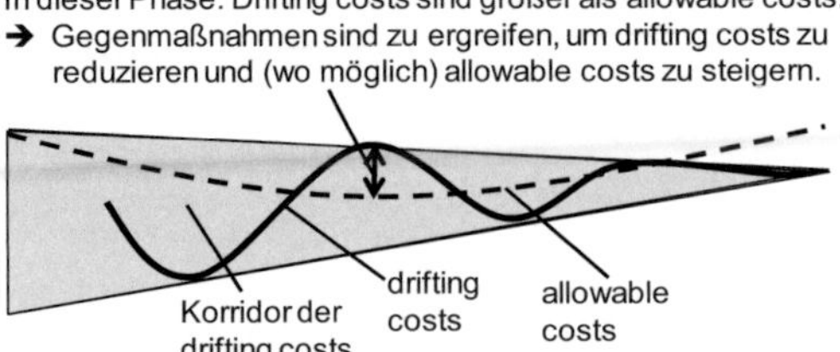

Bild 3-6: Bildausschnitt: Höhere drifting costs als allowable costs

In dieser Phase sind geeignete Maßnahmen zu ergreifen, um die drifting costs zu reduzieren. Welche Maßnahmen das sind, wird in den Kapiteln 4 „Methoden zur Unterstützung des Target Costings" und 5 „Target Costing Integration mit Anwendung auf ein mechatronisches Modul" erörtert.

3.2.6 Kostenschwankungen während des Produktentstehungsprozesses

Der finanzielle Erfolg von Produktentstehungsprozessen wird durch viele Einflussfaktoren bestimmt. [Meye-03], S. 54f unterscheidet dabei zwischen eigenen Maßnahmen und fremden Einflussgrößen. Als eigene Maßnahmen werden die Produktqualität, die Produktkosten und die Produktinnovationszeit genannt. Fremde Einflussgrößen sind u.a. gesetzliche Bestimmungen, geänderte Kundenpräferenzen und die Preisentwicklung von Zukaufteilen.

Meyers Betrachtung geht von keiner gegenseitigen Beeinflussung der unterschiedlichen Einflussgrößen aus [Meye-03], S. 54f. Diese Betrachtung ist eine zu sehr vereinfachende Darstellung der Realität, ist es doch tatsächlich so, dass sich viele der genannten Komponenten gegenseitig beeinflussen. Einige Wechselwirkungen zwischen eigenen Maßnahmen und fremden Einflussgrößen sind:

- Die Produktqualität wird insbesondere bei Unternehmen mit geringer Fertigungstiefe maßgeblich von der Qualität der Zukaufteile beeinflusst.

- Kundenpräferenzen können durch geeignete Marketinginstrumente für die jeweiligen Fertigungsunternehmen positiv verändert werden.

- Die Preisentwicklung von Zukaufteilen kann je nach Absatzmenge, die vom Lieferanten bezogen wird, vom Fertigungsunternehmen beeinflusst werden.

Tabelle 3-1 benennt Gründe, wodurch permanente Veränderungen sowohl des angestrebten Marktpreises und der allowable costs als auch der drifting costs während des Produktentstehungsprozesses auftreten können:

Faktoren, die zur Veränderung der allowable costs führen können:		
	Externe Faktoren	**Interne Faktoren**
Anpassungen des angestrebten Marktpreises und damit Anpassungen der allowable costs	• Geschätzte Absatzmengen ändern sich. • Kundenwünsche ändern sich. • Wettbewerber bringen vergleichbare Produkte zu anderen Preisen als für eigenes Produkt vorgesehen. • Gesetzliche Bestimmungen erzwingen Veränderungen des Produkts und damit des Marktpreises. • Wechselkursschwankungen ändern die allowable costs (Lieferanten und Wettbewerber).	• Anforderungen an Produktausprägungen ändern sich, z.B. aufgrund angepasster Produktstrategie bzw. Kundenanforderungen und damit Lastenheftinhalten.
Zusätzliche Faktoren, die zur Anpassung der drifting costs führen können:		
Anpassungen der drifting costs	• Rohstoffpreise und / oder Komponentenpreise für Zukaufteile ändern sich. • Technische Lösungen von Systemlieferanten müssen angepasst werden.	• Optimierung der Fertigung / Montage: Damit ändern sich Komponentenpreise eigengefertigter Teile und Montagekosten. • Umsetzung der geforderten Lasten kann technisch nicht mit vorgesehenem Konzept erfolgen. Geändertes technisches Konzept verändert drifting costs. • Eintretende ungeplante Projektrisiken im Produktentwicklungsprojekt erhöhen die drifting costs. • Neue, geänderte oder optimierte Prozesse erlauben kostengünstigere oder teurere Produktentwicklungskosten.

Tabelle 3-1: Allowable costs und drifting costs im Produktentstehungsprozess

3.2.7 Elemente des Target Costings

Grundsätzlich sind alle Bestandteile der Selbstkosten in das Target Costing mit einzubeziehen. Festzulegen ist lediglich, in welcher Form diese Integration unterschiedlicher Kostenbestandteile vorzunehmen ist. Dabei muss unterschieden werden,

- ob das jeweilige Kostenelement dem Produkt direkt zuordenbar ist oder

- ob das Kostenelement über einen Zuschlagssatz dem Produkt zugeordnet wird.

Das zunächst zu nennende Element des Target Costings sind die Herstellkosten eines Produkts, siehe Kapitel 3.2.2 „Selbstkosten eines Produkts – Vollkostenbetrachtung". Aufgrund der folgenden Ausführungen muss in die Methode des Target Costings der bisher in der Literatur für das Target Costing i.d.R. nicht genannte Bestandteil der **Produktentwicklungskosten** ergänzt werden:

- Bezogen auf den **Umsatz** betragen die **Produktentwicklungskosten** laut [Meye-07] im Maschinenbau durchschnittlich **5,2%**. Bezogen auf die Selbstkosten ist der prozentuale Anteil der Produktentwicklungskosten damit höher. Darüber hinaus ist davon auszugehen, dass diese so genannte F&E-Quote häufig nicht alle Produktentwicklungskosten umfasst, sondern nur den Anteil, der im F&E-Bereich aufgewendet wird. Produktentwicklungskosten, die in Bereichen wie Produktmanagement, Produktion oder Service anfallen, flössen damit in die o.g. Quote nicht ein. Die Produktentwicklungskosten sind also kein zu vernachlässigender Kostenbestandteil.

- Die **Lebenszyklen** neu entwickelter Produkte werden zunehmend **kürzer** und die Diversifizierung von Produkten steigt aufgrund globalisierter Märkte immer mehr. So geht [Wild-07], S. 3f davon aus, dass zwischen 1990 und 2004 in der Automobilindustrie der durchschnittliche Lebenszyklus eines Neuprodukts von etwa 9 auf 6 Jahre gesunken ist. Die Verkürzung der Lebenszyklen folgt zudem für [Brau-99], S. 27 aus der Beobachtung, „dass die Präferenzen der Nachfrager im Vergleich zu früheren Zeiten stärkeren und häufigeren Schwankungen unterworfen sind." Gleichzeitig sind immer speziellere Produkte aufgrund des globalen Angebots weltweit verfügbar. Diese Effekte bewirken, dass die Zeitdauer, in der ein Neuprodukt Umsatz und damit Gewinn erbringen kann, immer kürzer wird und die Menge absetzbarer Produkte sinkt. Die Herstellkosten eines Produktes machen damit tendenziell einen geringeren Anteil der Gesamtkosten aus.

- Die Produkte der Maschinenbauindustrie beinhalten einen immer größeren Anteil an **Softwarekomponenten**. [KoGI-08], S. 67 über die von ihnen befragten Maschinenbauunternehmen: „In der Druck- und Papierbranche weisen alle Produkte einen hohen bis sehr hohen IT-Anteil aus." [Wild-07], S. 25 benennt dieses Phänomen am Beispiel der Automobilindustrie. Bei den Softwarekomponenten an einem Produkt sind die Herstellkosten vernachlässigbar, während die Produktentwicklungskosten den überwiegenden Kostenanteil ausmachen. Damit blieben bei softwarelastigen Produkten die wesentlichen Kostenanteile des Produkts unberücksichtigt. Die Konsequenz ist, die Produktentwicklungskosten als Teil der Selbstkosten über das Target Costing einzubeziehen.

- Die Bildung von Gemeinkosten wird dann angestrebt, wenn die Kosten nicht verursachungsrecht zugeordnet werden können, d.h., wenn es nicht möglich ist, anfallende Kosten tatsächlich den Kostenträgern zuzurechnen. Genau das sollte bei Produktentwicklungskosten nicht der Fall sein. **Produktentwicklungskosten** sollten **verursachungsgerecht** einem **Kostenträger**, also einem Produkt zugerechnet werden können. Nur damit kann es gelingen, einen Anreiz für höhere oder geringere Produktentwicklungskosten zu setzen, anstatt über einen Einheitsverrechnungssatz – was ja die Gemeinkosten sind – keine Motivation für geringere Produktentwicklungskosten zu liefern.

- Der zuletzt genannte Grund besteht darin, dass **höhere Produktentwicklungskosten** für ein Produkt u.a. deshalb aufgebracht werden können, um die **Herstellkosten zu verringern**. Produktentwicklungskosten und Herstellkosten für ein und dasselbe Produkt verhalten sich in diesem Fall also gegenläufig. Es bedarf einer geeigneten Abwägung um festzustellen, ob höhere Produktentwicklungskosten durch die zu erwartenden geringeren Herstellkosten gerechtfertigt werden können, oder ob das nicht der Fall ist. Das genau soll mit Target Costing ebenfalls gelingen.

Eine quantitative Untersuchung bzgl. des steigenden Anteils von Softwareentwicklungskosten und Softwareproduktionskosten in mechatronischen Produkten liefern [GeGr-07], S. 2. Bild 3-7 zeigt die Zusammenhänge und die Schlussfolgerungen:

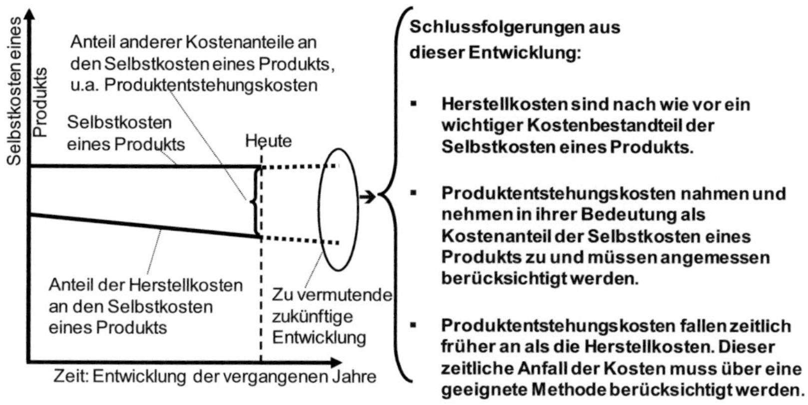

Bild 3-7: Relative Entwicklung der Herstellkosten als Teil der Selbstkosten

Die genannten Gründe führen dazu, dass die in dieser Arbeit beschriebene Methode sowohl die Herstellkosten eines Produktes, dessen Zuschläge aber eben auch die im Produktentstehungsprozess anfallenden Kosten berücksichtigt, Bild 3-8:

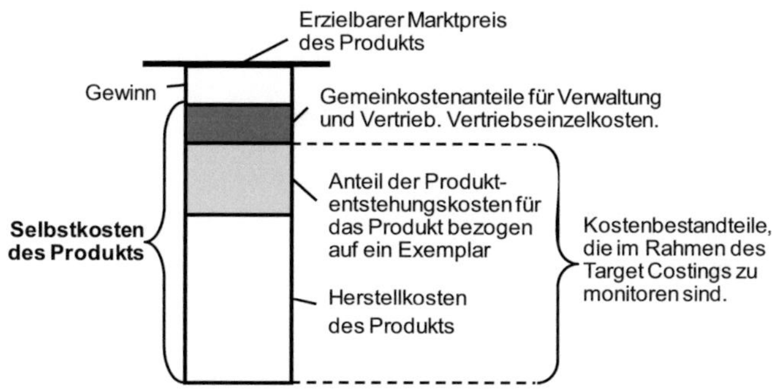

Bild 3-8: Kostenbestandteile des Target Costings

Die unterschiedlichen Kostenbestandteile des Produkts wirken zu unterschiedlichen Zeitpunkten: Während die Produktentwicklungskosten im Wesentlichen vor der Produkteinführung entstehen, fallen insbesondere die Herstellkosten des Produkts im Rahmen der Produktion und damit zeitlich nachgelagert an. Die beispielsweise von [Rahm-07], S. 84 erläuterten Lebenszykluskosten, die „die Kosten für den Erwerb und Besitz eines Produkts über einen bestimmten Zeitraum seines Lebenszyklus" umfassen, greifen für die Betrachtung der Gesamtrentabilität eines Produktentwicklungsprojekts zu kurz.

3.2.8 Target Costing Prozess

Dieser Abschnitt beschreibt die bekannte Vorgehensweise des Target Costings. Die detaillierte Ausgestaltung dieses Prozesses im Zusammenhang mit den relevanten Elementen des Produktentstehungsprozesses ist Inhalt von Kapitel 5 „Target Costing Integration mit Anwendung auf ein mechatronisches Modul". Das Target Costing arbeitet gemäß der in Bild 3-9 beschriebenen Vorgehensweise, siehe [Hans-02], S. 301f, [Seur-01], S. 77ff, [Mach-07], S. 251-254, [Ende-00], S. 3. Die Begriffe Zielkostenermittlung, Zielkostenspaltung und Zielkostenerreichung benennt insbesondere [Wild-06b], S. 55.

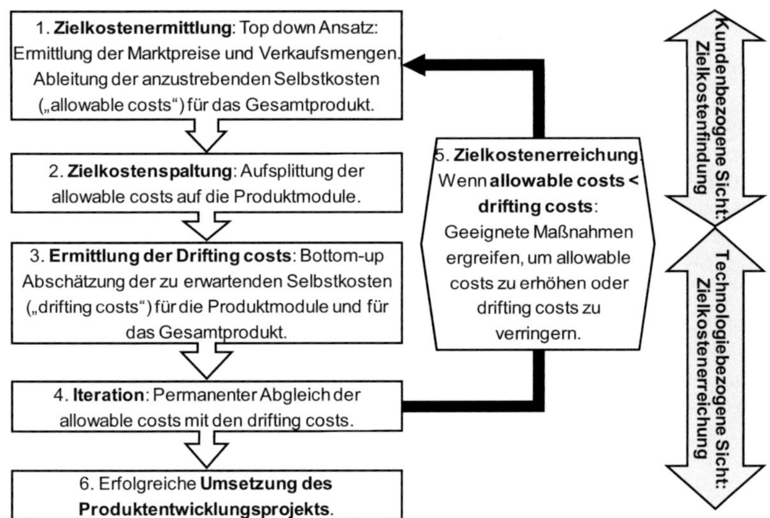

Bild 3-9: Prinzipielle Methode des Target Costings (Anlehnung [Hans-02], u.a.)

Erläuterungen zu Bild 3-9:

1. **Zielkostenermittlung:** Zunächst wird der Zusammenhang zwischen Selbstkosten und Verkaufspreisen umgekehrt. Im Top down Ansatz werden die anzustrebenden Selbstkosten aus den erzielbaren Marktpreisen für das jeweilige Produkt abgeleitet, siehe [Hans-02], S. 301. Mit Hilfe der Conjoint-Analyse kann errechnet werden, welchen Preis die Kunden für ein Produkt zu zahlen bereit sind und wie die Aufspaltung des Preises in Untermodule erfolgen kann, siehe [ScKü-08], S. 708. Die Conjoint-Analyse ist ein Verfahren zur Präferenzmessung. Das Verfahren dient zur Schätzung der Nutzenwerte bzw. der Beeinflussungswerte. Die Conjoint-Analyse ist eine so genannte dekompositionelle Methode, d.h.: „Sie schließt aus Gesamtnutzenurteilen der Probanden bezüglich bestimmter Objekte auf den Beitrag der einzelnen Ausprägungen der verschiedenen Attribute, die das Objekt beschreiben." [Fabi-05], S. 129. „Für jede Ausprägung einer Eigenschaft

werden so genannte Teilnutzenwerte ermittelt, aus denen sich dann der Gesamtnutzen des jeweiligen Objekts ermitteln lässt." [Fabi-05], S. 117.

Eine weitere Möglichkeit der Zielkostenermittlung besteht darin, den Kundennutzen, der sich durch Einsatz des Produkts ergibt, monetär zu bewerten und aus dieser Bewertung den Zielpreis abzuleiten. Dieser zweite Ansatz wird im konzeptionellen Teil der Arbeit gewählt.

Zusätzlich zu den erzielbaren Marktpreisen sind zu diesem Zeitpunkt die am Markt erzielbaren Verkaufsmengen pro Zeiteinheit zu ermitteln. Aufgrund der beschriebenen Probleme der Vollkostenrechnung wird empfohlen, dass die erlaubten Selbstkosten gemäß der Teilkostenmethode festgelegt werden. Es sind also vom Marktpreis die erwarteten Deckungsbeiträge zu subtrahieren, um die anzustrebenden Selbstkosten, also die „allowable costs" für das Gesamtprodukt zu ermitteln.

2. **Zielkostenspaltung:** Im nächsten Schritt werden die Selbstkosten sinnvoll auf die einzelnen Funktionen des Produkts aufgeteilt. Wichtig ist eine „gerechte" Aufteilung der Selbstkosten. Gerecht bedeutet in diesem Zusammenhang, dass gemäß der Grundidee des Target Costings nicht ermittelt wird, wie viel die einzelnen Funktionen kosten werden, sondern wie viel Geld die Kunden bereit sind, für die Funktionen auszugeben. Es werden also die „allowable costs" für jede Funktion des Produkts ermittelt. An dieser Stelle sei auf zwei Probleme hingewiesen:

- Nicht alle Funktionen eines Produkts können mit allowable costs bewertet werden. Als ein Beispiel sind Eigenschaften des Produkts zu nennen, die durch gesetzliche Vorgaben entstehen und somit nicht vom Kunden gefordert, aber dennoch vom Hersteller umgesetzt werden. [EhKi-07], S. 64 weisen darauf hin, dass Teilzielkosten – also Zielkosten, die auf Baugruppen aufgespalten werden – auch dann gebildet werden sollten, wenn diese nicht direkt Kundenwünschen, Anforderungen oder Funktionen zuordenbar seien.

- [Mach-07], S. 253 zeigt den Target Costing Prozess anhand des Beispiels „Tintenschreiber" auf. Darin unterteilt er den Tintenschreiber in die Funktionen „Schreiben", „schnelles Öffnen", „Auslaufsicherheit" und „gelungenes Design". Diese Funktionen werden in seinem Beispiel mit Werten versehen, den diese für Kunden haben. Neben der Erläuterung der Vorgehensweise bei [Mach-07] wird allerdings eines deutlich: Der Tintenschreiber hat überhaupt keinen Wert, wenn die wesentliche Funktion eines Tintenschreibers, nämlich die des Schreibens nicht mehr erfüllt wird. Somit hat diese Funktion nicht nur einen höheren Wert als die anderen Funktionen (was [Mach-07] in seinem Beispiel durchaus erläutert), sondern die Funktion des Schreibens hat auch noch eine andere prinzipielle Qualität als die anderen Funktionen. Es scheint also erforderlich, unterschiedliche Qualitäten der Funktionen zu benennen.

Trotz dieser Probleme schlagen [EhKi-07], S. 65 als pragmatische Vorgehensweise vor, die 100% der Gesamtzielkosten Folgendermaßen aufzuspalten:

- kundenrelevante Eigenschaften,

- bekannte Vorläufer-Komponenten oder -Baugruppen,

- geschätzte Komponentenkosten der Wettbewerber.

Die Schritte 1 und 2 des Target Costing Prozesses bezeichnet [Mach-07], S. 252 als **Zielkostenfindungszyklus**.

3. **Ermittlung der drifting costs:** Nachdem nun in den ersten beiden Schritten der Schwerpunkt der Betrachtung auf der Marktseite lag, geht es im dritten Schritt darum, zu ermitteln, welche Kosten vom Fertigungsunternehmen tatsächlich kalkuliert werden. Diese Kosten heißen „drifting costs", siehe z.B. [Mach-07], S. 251. Für bekannte Komponenten, die im Produkt verwendet werden, können die vorliegenden Kosten zur Kalkulation des Gesamtprodukts herangezogen werden, während für neue Komponenten die Kosten zunächst lediglich geschätzt werden können. Es ist ratsam, die in 2. gewählte Strukturierung des Produkts auch für die Ermittlung der drifting costs anzuwenden. Die Schwierigkeit besteht darin, dass die aus Kundennutzensicht anzustrebende Struktur nicht zwingend mit der Produktstruktur übereinstimmen muss, wie sie im Produktentwicklungsprojekt tendenziell eher aus funktional-technischer Sicht entsteht. [GeGr-07] zeigen Grundzüge eines Verfahrens, bei dem während der Entwicklung mechatronischer Produkte unterschiedliche Layer („functional, physical, process and resource layer") in die Betrachtung einbezogen werden. Damit wird angestrebt, die Transparenz des „costing of complex products" und damit die Qualität der drifting costs zu erhöhen. [AnGa-05] erläutern, dass bei der Firma Eurocopter unterstützende Kreativitätsmethoden angewandt werden, um Designalternativen bzgl. ihrer zu erwartenden Kosten zu bewerten.

4. **Iteration:** Nach der erstmaligen Ermittlung erfolgt ein Abgleich der allowable costs und der drifting costs. Dieser Abgleich ist kein einmaliger Akt sondern ein permanenter Prozess, in dessen Folge sowohl die allowable costs aber vor allem die drifting costs zunehmend präziser ermittelt werden.

5. **Zielkostenerreichung:** Dieser vorletzte Schritt vergleicht die allowable costs und die drifting costs und setzt dann Maßnahmen um, wenn die drifting costs höher als die allowable costs sind oder in der Folge höher zu werden drohen.

[Mach-07], S. 252 bezeichnet die immer wiederkehrenden Schritte 3. bis 5. als **Zielkostenerreichungszyklus**.

6. **Umsetzung des Produktentwicklungsprojekts:** Schließlich erfolgt im letzten Schritt die erfolgreiche Umsetzung des Produktentwicklungsprojekts. Dazu ist erforderlich, die angestrebten Funktionen zu erfüllen und die Kostenziele sowie den angestrebten Zeitrahmen einzuhalten.

3.2.9 Net Present Value (NPV)

Insbesondere bei Produktentwicklungsprojekten reicht es nicht aus, die Wirtschaftlichkeitsbetrachtung ausschließlich über die Kostenseite vorzunehmen. [Pons-08], S. 82: „Whereas cost is the primary focus in project management with NPD (NPD = New Product Development, Anmerkung des Autors) there is a need to consider both cost and income (from product sales) in making strategic decisions". Neben der Kosten- und der Erlösseite ist es von entscheidender Bedeutung, die Zeitpunkte zu berücksichtigen, zu denen die jeweiligen Kosten und Erlöse anfallen.

Um den zu unterschiedlichen Zeitpunkten anfallenden Kostenbestandteilen gerecht zu werden und neben der Kosten- die Erlösseite in die Betrachtung einzubeziehen, ist es sinnvoll, ein Maß für die gesamte Rentabilität eines jeweiligen Produktentwicklungsprojekts zu verwenden. Für diesen Zweck wird vorgeschlagen, zusätzlich zur Kostenverfolgung den so genannten **Kapitalwert** eines Produktentwicklungsprojekts zu ermitteln und während des Produktentstehungsprozesses zu verfolgen. [Pons-08], S. 86f. [Jaco-06], S. 71 sieht den Kapitalwert als Zielwert, den es zu optimieren gilt und nennt den Kapitalwert die „dominierende Bewertungsmethode". Im Folgenden wird anstelle des Begriffs Kapitalwert die international gebräuchliche Bezeichnung „**Net Present Value**" (= **NPV**) verwendet.

Definition NPV (in Anlehnung an [ScKü-08], S. 239):

Unter dem NPV versteht man die zum Kalkulationszinsfuß abgezinsten Einzahlungen und Auszahlungen einer Zahlungsreihe.

Im NPV sind demnach nicht nur die Kostenbestandteile des Produktentwicklungsprojekts sondern auch dessen Erlösbestandteile (also Verkaufsmengen und Marktpreise) enthalten. Der NPV ist die wichtigste Kennzahl für die Bewertung der Wirtschaftlichkeit der zu entwickelnden Produkte. Diese Kennzahl macht Produktentwicklungsprojekte wirtschaftlich vergleichbar, da in einer einzigen Kennzahl alle relevanten Kosten- und Ertragsgesichtspunkte eines Produkts vereint sind. Der Net Present Value umfasst

- die Produktentwicklungskosten,

- die Umsätze, die mit dem Produkt erzielt werden

- und die Selbstkosten des Produkts.

Die Ermittlung des NPV berücksichtigt diese Faktoren in ihrer periodengerechten Zuordnung. [BoKi-04], S. 37 fordern diese periodengerechte Zuordnung: „The time value of money concept is a reflection on the fact that present capital (cash in hand) is more valuable than a similar amount of money received in the future." [WaRe-05], S. 1040 bezeichnen demzufolge die NPV-Methode auch als „discounted cash flow method". Die zeitgerechte Zuordnung wird dadurch erreicht, dass die jeweiligen Ein- und Auszahlungen in derjenigen Periode rechnerisch berücksichtigt werden, in der sie auftreten. Alle Ein- und Auszahlungen werden dabei auf die erste Periode des Produktentstehungsprozesses abgezinst und es ergibt sich daraus die Kennzahl NPV. Wie in Kapitel 3.2.3 „Teilkostenrechnung" ausgeführt, werden die Produktentwicklungskosten verursachungsgerecht und periodengerecht für die Ermittlung des NPV berücksichtigt und nicht als Vollkosten im Rahmen der Zuschlagskalkulation verrechnet. Die folgende Berechnung des NPV in Formel 3-2 lehnt sich an [BoKi-04], S. 38 an:

Berechnung des Net Present Value:

$$E(n) = m(n) * p(n)$$

$$SK(n) = m(n) * sk(n)$$

$$PK(n) = \sum_{i=1}^{j} k(i;n] * PT(i;n)$$

$$A(n) = SK(n) + PK(n)$$

Daraus ergibt sich:

$$NPV = \sum_{n=1}^{10} \frac{1}{(1+r)^n}\,(E\,(n) - A\,(n))$$

Dabei sind:

n	=	Periode, in der die jeweilige Einzahlung oder Auszahlung erfolgt
E(n)	=	Einzahlungen in Periode n [€]
A(n)	=	Auszahlungen in Periode n [€]
m(n)	=	Absatzmenge in Periode n [Stück]
p(n)	=	Preis in Periode n [€]

---

sk(n) =	Selbstkosten eines Produktexemplars in Periode n [€]
SK(n) =	Selbstkosten in Periode n [€]
PK(n) =	Produktentstehungskosten in Periode n [€]
r =	kalkulatorischer Zinssatz [%]
i =	Leistende Ressource, z.B. Kostenstelle, die die Kosten verursacht
j =	Anzahl aller Kostenstellen, die für das Produkt leisten
k =	Kostensatz einer Ressource [€ / PT]
k(i;n) =	Kostensatz einer Ressource i in Periode n [€ / PT]
PT(i;n) =	Summe Personentage von Ressource i in Periode n

Formel 3-2: Net Present Value (Anlehnung an [BoKi-04])

Würden die Produktentwicklungskosten nicht periodengerecht zugeordnet, dann ergäbe sich ein verfälschtes Bild der Wirtschaftlichkeit; siehe Anhang, Kapitel 7.2 „Ergänzung Target Costing: Vollkosten vs. periodengenaue Teilkosten".

3.2.10 Kritische Bewertung des Target Costings

Tabelle 3-2 fasst die Ziele der Verfahren zur Kostenplanung und -verfolgung im Produktentstehungsprozess zusammen. Zudem zeigt die Tabelle, welche Verfahren im konzeptionellen Teil der Arbeit verwendet und in den Gesamtprozess integriert werden.

Methode	Ziel der Methode	Ist die Methode ein Bestandteil des Konzepts der Arbeit?
Design-To-Cost	Kostenverfolgung im Produktentstehungsprozess	Nein, da Kosten nicht von erlaubten Marktpreisen abgeleitet werden.
Lifecycle Costing	Gesamtkostenbetrachtung eines Produktentwicklungsprojekts	
Target Costing	Ableitung erlaubter Kosten und Kostenverfolgung während des Produktentstehungsprozesses	Ja, da alle Kostenaspekte (erlaubte und erreichte) in Betrachtung einbezogen werden und Kosten von erlaubten Marktpreisen abgeleitet werden.
Kostenevaluierung von Konzeptvarianten	Prozess zur Unterstützung der Kostenermittlung in frühen Produktentwicklungsphasen	Nein, da das Verfahren nur einen Teil des Gesamtprozesses abdeckt.

Wertanalyse	Kostensenkung von Komponenten und Baugruppen.	Nein, da das Verfahren ausschließlich darauf ausgerichtet ist, Kostensenkungsaktivitäten zu unterstützen. Der Gesamtprozess von erlaubten Marktpreisen zu erwarteten Zielkosten wird nicht betrachtet.
NPV	Bewertung der Gesamtwirtschaftlichkeit einer Investition oder eines Projektes. Kein Verfahren, um explizit die Kosten eines Produktentwicklungsprojekts zu bewerten.	Ja, da die Methode geeignet ist, um die Gesamtwirtschaftlichkeit (Kosten und Erlöse) eines Produktentwicklungsprojekts zu bewerten.
Simultaneous Engineering	Erhöhung der Effizienz im Produktentstehungsprozess; Senkung der Entwicklungszeiten.	Lediglich indirekt, indem in Prozessdarstellungen einzelne Aspekte des Simultaneous Engineering verwendet werden. Das Verfahren betrachtet nur die Produktentwicklungskosten, nicht die anderen Kosten- und Erlösbestandteile.
TQM und weitere Qualitätsmanagement-Methoden	Erhöhung der Entwicklungsqualität	Nein, da die Methoden nur indirekt die Selbstkosten eines Produktentwicklungsprojektes betrachten.
Kosten-Benchmarking	Vergleich von Leistungsmerkmalen mit anderen Unternehmen, um generelle Hinweise für Prozess- und Produktverbesserungen zu erhalten.	Nein, da Benchmarking kein Verfahren ist, um die Kosten eines Produktentwicklungsprojektes zu ermitteln und zu verfolgen.
Kano-Modell	Ermittlung und Bewertung von Kundenerwartungen und Hilfsmittel zur Abschätzung des Marktpreises	Nein, da die Methode keine Kostenermittlung und -verfolgung beinhaltet.

Tabelle 3-2: Verfahren zur Kostenplanung und -verfolgung in Produktentstehung

Wenngleich das Target Costing dazu geeignet ist, die Wirtschaftlichkeit von Produktentwicklungsprojekten zu bewerten, hat das Verfahren dennoch einige Schwächen. Folgende Aspekte kennzeichnen das Target Costing und machen es zu einem wertvollen Verfahren für die Bewertung von Produktentwicklungsprojekten ([Mach-07], [EhKi-07], [Nißl-06], [DeSt-05]):

- Entscheidendes Kennzeichen des Target Costings ist, dass Verkaufspreise nicht aufgrund ermittelter Selbstkosten entstehen, sondern vom

Markt akzeptierte Werte sind, auf deren Basis erlaubte Selbstkosten abgeleitet werden. Dieser Aspekt ist entscheidend für Produktentwicklungsprojekte, die in schwierigen Märkten durchgeführt werden.

- Das Target Costing zeigt, wie mit schwankenden Selbstkosten während eines Produktentwicklungsprojektes umgegangen wird, um letztlich das geplante Ziel der erlaubten Selbstkosten zu erreichen.

Aufgrund dieser beiden entscheidenden Vorteile ist das Target Costing grundsätzlich dazu prädestiniert, die Entwicklung und Herstellung wirtschaftlicher Produkte zu unterstützen, wie dies in Abschnitt 1.1 „Ausgangssituation" beschrieben wurde. Allerdings hat das Target Costing Verfahren etliche Schwächen bzw. fehlende Ausgestaltungen, die im Folgenden benannt und beschrieben werden:

a) **Fehlende Gesamtwirtschaftliche Sicht und fehlende Periodenzuordnung der Produktentstehungskosten:**

Die Literatur kombiniert NPV und Target Costing üblicherweise nicht. D.h., dass das Target Costing die ausschließliche Kostensicht beinhaltet, siehe Abschnitt 3.2.9 „Net Present Value (NPV)" und damit die Gesamtwirtschaftlichkeit eines Produktentwicklungsprojekts nicht beleuchtet. So erstellt [Nißl-06] ein „Modell zur Integration der Zielkostenverfolgung in den Produktentstehungsprozess". Dabei setzt sie gegebene Zielkosten in einer bestimmten Höhe an, ohne auf deren Ableitung aus Markterfordernissen einzugehen. [Jaku-07], S. 78ff bestätigt, dass der NPV geeignet ist, um langfristige Entscheidungen zu treffen – dazu gehört auch die Entscheidung, ein neues Produkt zu entwickeln. Die Ableitung von Target Costs aus dem NPV unternimmt er jedoch nicht. Dies ist allerdings erforderlich, um die erlaubten Kosten aus den Markterfordernissen zu ermitteln.

Produktentstehungskosten werden in der betriebswirtschaftlichen Literatur häufig als Zuschlagsatz der Produkt-Selbstkosten behandelt, siehe [Hans-02] und [Mach-07]. Damit werden Erlös- und Kostenbestandteile eines Produktentwicklungsprojekts nicht periodengenau zugeordnet – mit dem Resultat, dass falsche Projektentscheidungen getroffen werden; siehe Anhang 7.1.2 „Projektkosten".

b) **Nicht ausreichende / nicht veröffentlichte Dokumentation:**

Es ist kein Verfahren bekannt, das beschreibt, wie Target Costing Informationen festgehalten und Veränderungen sichtbar gemacht und einem dafür berechtigten Personenkreis veröffentlicht werden. So führt [Nißl-06], S. 22 aus, dass „kaum geeignete Hilfsmittel für die Unterstützung der Zusammenarbeit zwischen den verschiedenen Abteilungen im Entwicklungsprozess bekannt" seien. Insbesondere in Produktentwicklungsprojekten komplexer Produkte führt dies dazu, dass Informationen wenig strukturiert erfasst und abgelegt werden.

c) Mangelhafte Verfeinerung von drifting costs:

Die Literatur verdeutlicht, dass es wichtig ist, die Zielkosten während des Produktentstehungsprozesses permanent zu verfolgen und bei Abweichungen geeignete Maßnahmen zu ergreifen, siehe [EhKi-07], [Nißl-06], [Mach-07].

Aufgrund der in Abschnitt 3.2.8 „Target Costing Prozess" genannten Probleme bei der Zielkostenspaltung ist ein Verfahren zu implementieren, mit dem die Verfolgung der Zielkosten unterstützt werden kann. An dieser Stelle liegt in der Literatur ein Defizit vor:

Es wird nicht beschrieben, wie drifting costs auf Produktstrukturebene ermittelt und verfeinert werden können. Da Produktstrukturen der entscheidende Träger von Informationen für zu entwickelnde Produkte sind, ist dieser Aspekt notwendig, um die drifting costs eines Produkts dokumentieren und verfolgen zu können.

d) Undifferenzierte Montagekosten:

Die betriebswirtschaftliche Literatur differenziert nicht zwischen Montage- und Fertigungskosten, siehe Kapitel 3.2.2 „Selbstkosten eines Produkts – Vollkostenbetrachtung". Dies ist eine Ungenauigkeit, die zu falschen Aussagen bzgl. der Wirtschaftlichkeit von Produktentwicklungsprojekten führen kann.

[Grun-02] führt aus, dass die Montageplanung einen hohen Abstimmbedarf mit der Produktentwicklung hat, beschreibt jedoch keine Rückkopplung von Montagekosten in entwicklungsorientierte Produktstrukturen.

e) Fehlende Integration in Aufbauorganisation:

Die Literatur beschreibt nicht, wie das Target Costing möglichst effizient in die Projekt- und Aufbauorganisation eines Unternehmens eingebunden werden kann.

f) Fehlende Systemintegration:

Es gibt keine Lösungen, die aufzeigen, wie das Target Costing in die Systemlandschaft des Produktentstehungsprozesses eines Unternehmens eingebunden werden kann. Die Anforderung für eine Systemintegration formuliert [Schö-99], S. 32f und S. 111 auf Basis des Produktdatenmanagements: Er führt aus, dass erst die Verschmelzung von Bearbeitungsinseln zu einer datentechnischen Gesamtlösung und damit zu verbindlichen

Arbeitsabläufen führt, „da der Nutzen einer PDM-Anwendung in erheblichem Maße vom Grad der Systemintegration bestimmt wird".

[Jaku-07] zeigt zwar, wie das IT-Konzept seiner „Unternehmenswertsteigernden Planung und Entwicklung von Serienprodukten" aussehen soll, verzichtet jedoch darauf, Hinweise auf die Integration seines IT-Konzepts in die Systemlandschaft eines Unternehmens zu geben.

g) Mangelnde Prozessbeschreibung:

Es gibt keine Beschreibung darüber, wie das Target Costing in den Produktentstehungsprozess integriert werden kann. Dieses Manko führt dazu, dass das Target Costing zwar als theoretisches Verfahren beschrieben ist, die praktische Umsetzung dagegen unklar bleibt.

3.3 Strategie

"Strategy is not about predicting the future; it is about being prepared for it."
(Perikles, griechischer Staatsmann, um 490 v. Chr. – 429 v. Chr.)

3.3.1 Unternehmensstrategie und Geschäftsfeldplanung

Zweck jedes Industrieunternehmens ist das erwerbswirtschaftliche Prinzip der Gewinnerzielung. Neben dieser selbstverständlichen Komponente beinhaltet die Unternehmensstrategie Elemente, die die dauerhafte Überlebens- und Anpassungsfähigkeit eines Unternehmens sicherstellen sollen. Nach [Rupp-01], S. 25 bringt eine Unternehmensstrategie zum Ausdruck, „wie ein Unternehmen seine vorhandenen und seine potenziellen Stärken einsetzt, um Veränderungen der Umweltbedingungen zielgerecht zu begegnen". Die Unternehmensstrategie bildet den Ausgangspunkt der strategischen Überlegungen im Unternehmen. Die Unternehmensstrategie umfasst den gesamten externen und internen Rahmen des Unternehmens. [Glas-06], S. 29 unterscheidet:

- Interne Determinanten, wie unternehmerische Grundprinzipien, normative Wertebasis oder Mitarbeiter.

- Marktbezogene Faktoren, wie Wettbewerber oder technologische Umwelt.

- Verbundene Stakeholder, wie Kapitalgeber, Kunden oder Lieferanten.

- Marktexterne Einflüsse, wie Politik, gesamtwirtschaftliche Rahmenbedingungen oder Institutionen der Gesellschaft.

Eine wesentliche Konkretisierung der Unternehmensstrategie von Fertigungsunternehmen ist die Produktstrategie. In ihr ist verankert, mit welchen Produkten kurz-, mittel- und langfristig das Unternehmen Gewinn erzielen möchte. Bevor Produkte entwickelt, produziert und verkauft werden, ist in der Produktstrategie festzulegen, welche Produkte das Fertigungsunternehmen in welcher Form im Produktentstehungsprozess neu- oder weiterentwickeln möchte. Zudem wird festgelegt, welche Produkte nicht weiterentwickelt, aber dennoch weiterhin produziert und verkauft werden. Schließlich wird hier auch entschieden, welche Produkte aus dem Produktions- und Verkaufsprogramm des Fertigungsunternehmens gestrichen werden sollen. So sind die Unternehmens- und die Produktstrategie ein wesentlicher Ausgangspunkt für die Geschäftsprozesse. Da im Zentrum dieser Arbeit der Produktentstehungsprozess steht, beziehen sich die Ausführungen zur Strategie ebenfalls auf diesen Prozess. Bild 3-10 zeigt den Zusammenhang der strategischen Überlegungen und detailliert damit die Aussagen, die zu Beginn von Kapitel 3.1 „Einführung" getroffen wurden.

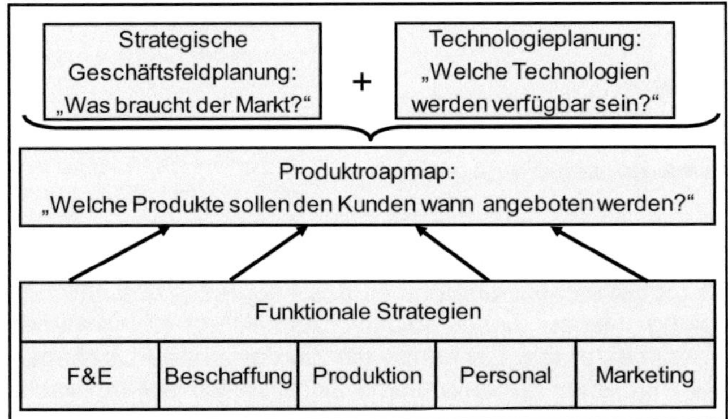

Bild 3-10: Strategische Elemente zur Generierung der Produktroadmap

Erläuterungen zu Bild 3-10:

Strategische Geschäftsfeldplanung: In Anlehnung an [Behr-03], S. 10 und [Rupp-01], S. 29 umfasst die strategische Geschäftsfeldplanung eine Produkt-Markt-Kombination, die als Einheit betrachtet werden kann. Strategische Geschäftsfelder lassen sich gemäß [Behr-03] durch folgende vier Kriterien abgrenzen:

- Lösen eines Kundenbedürfnisses.

- Differenzieren von anderen Produkt-Markt-Kombinationen.

- Umsetzen eigener Strategien für die Produkt-Markt-Kombination.

- Nutzen und Aufbauen von Wettbewerbsvorteilen der Produkt-Markt-Kombination.

[Behr-03], S. 14: „Ziel der strategischen Geschäftsfeldplanung ist die systematische und strukturierte Planung der Positionierung (des Gesamtunternehmens oder) eines definierten Unternehmensbereichs in Bezug auf Märkte, Wettbewerber, Kunden und Produkte." Die Durchführung der strategischen Geschäftsfeldplanung ist dabei kein einmaliger Vorgang, sondern ein kontinuierlich durchzuführender Prozess, da sich externe Rahmenbedingungen wie Wettbewerbsumfeld, Zulieferer oder auch ökonomische oder politisch-rechtliche Rahmendaten ebenso ändern wie interne Rahmenbedingungen, also beispielsweise Unternehmensgröße, Standorte des Unternehmens oder die Ressourcenausstattung.

Funktionale Strategien: Hierunter sind die Strategien für einzelne funktionale Bereiche des Unternehmens, wie F&E-Strategie, Personal-, Produktions-, Beschaffungs- oder Marketingstrategie zu verstehen. Dabei sind die unterschiedlichen funktionalen Strategien nicht unabhängig voneinander, sondern beeinflussen sich gegenseitig. Die F&E-Strategie enthält typischerweise Aussagen zu den Themen Entwicklungspartner, Zusammensetzung der F&E-Mitarbeiter, Werkzeuge & Systeme u.a., siehe [Glas-06], S. 41.

Zu den Begriffen **Technologieplanung** und **Produktroadmap** siehe die folgenden Abschnitte 3.3.2 „Technologieplanung" und 3.3.3 „Produktplanung".

3.3.2 Technologieplanung

[GeRi-07] weisen nach, dass die technologische Kompetenz mit dem Innovationserfolg neuer Produkte korreliert. [GeRi-07], S. 303ff bestätigen in ihrer Studie die Hypothese: „Je höher die technologische Kompetenz, desto höher der Innovationserfolg von neuen Produkten und neuen Prozessen". Auf Basis dieser Nachweise geht die Arbeit davon aus, dass die strategische Produktplanung als oberste Ebene des Produktentstehungsprozesses fungiert.

Bevor Produktentwicklungsprojekte durchgeführt werden, ist es wichtig festzulegen, was konkret anzugehen ist. [Oels-07], S. 161-166 beschreibt, dass Unternehmen, die zu lange an tradierten Erfolgsmodellen festhalten und größere Investitionen scheuen, damit ihren Unternehmen u.U. schweren Schaden zufügen. [Oels-07] nennt als eindrucksvolle Beispiele die Firmen Leica und Polaroid, die sich auf die Weiterentwicklung ihrer bewährten Fotoapparate konzentrierten und dabei den Trend zur Digitalfotografie verpassten.

Die Technologieplanung zeigt auf, welche Technologien zu welchen Zeitpunkten von Fertigungsunternehmen genutzt werden. Die Technologieplanung ist dabei in unterschiedlichen Betrachtungsebenen anzuwenden. Auf der technologiestrategischen Betrachtungsebene sind die Produkte des Fertigungsunternehmens in geeignete, nach technologischen Kriterien aufgeteilte, homogene Geschäftsfelder zu gliedern und deren technologiestrategische Bedeutung zu bewerten. Diese Bewertung untersucht v.a. die Frage, ob sich die jeweilige Technologie am Anfang, in der Mitte oder am Ende ihrer Lebenszyklusphase befindet. Die S-Kurve in Bild 3-11 als ein Instrument der Technologieplanung stellt dabei dar, wie die Leistungsfähigkeit von Technologien über der Zeit gesehen wird und ob bzw. wann die Substitution einer Technologie durch eine andere Technologie erwartet wird. Zusätzlich zu der Bewertung der im Fertigungsunternehmen eingesetzten Technologien ist zu untersuchen, welche möglichen neuen Technologien es gibt, um die im Unternehmen angewandte Technologie zu ersetzen. Neue Technologien verfügen zu Beginn ihres Lebenszyklus i.d.R. noch nicht über die Leistungsfähigkeit der bisher verwendeten Technologie, haben allerdings das Potenzial, mit eingesetztem F&E-Aufwand die Leistungsfähigkeit der alten Technologie einzuholen und schließlich zu übertreffen. Bild 3-11 verdeutlicht dies, siehe die Darstellungen von [Wild-06b], S. 24, [UlEp-08], S. 40 und [Behr-03].

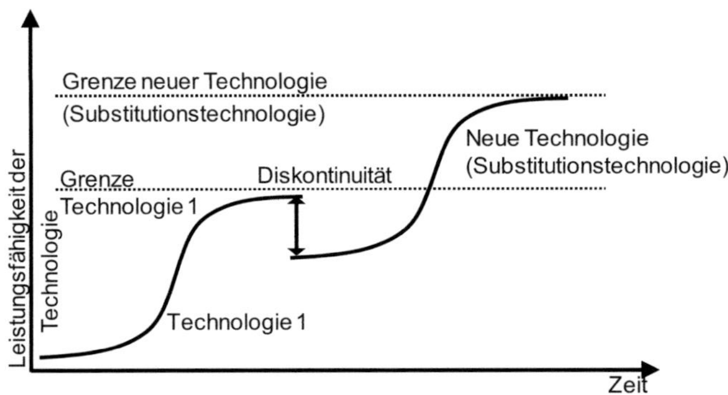

Bild 3-11: S-Kurve der Lebensphasen von Technologien (Anlehnung [Wild-06b])

Drei Beispiele zur S-Kurve der Lebensphasen von Technologien:

- Bis zum Ende des 19. Jahrhundert wurden Pferdekutschen als wichtige Form der Personenbeförderung eingesetzt. Mit Beginn des 20. Jahrhunderts erlangte das Automobil eine immer größere Bedeutung, holte die Pferdekutschen schließlich ein und überholte sie. Im Rückblick wäre es erfolglos geblieben, die Technologie der Pferdekutschen weiter zu verbessern, z.B. durch leichter laufende Räder. Anstatt dessen wurde der vermehrte Einsatz von F&E-Mitteln für das Automobil schließlich durch eine größere Leistungsfähigkeit der ursprünglich neuen Technologie belohnt.

- [Wild-06b], S. 24f nennt als Beispiel der S-Kurve den Übergang von der Vinyl-Schallplatte zur CD. Die CD-Technologie konnte mit ihrer höheren Speicherkapazität bei gleichzeitig geringerem Platzbedarf und unempfindlicher Abspielmöglichkeit in kürzester Zeit die Vinyl-Schallplatte als Tonträger substituieren.

- Bereich Druckmaschinenbau: Dass die Frage, wo eine Technologie hinsichtlich ihrer Leistungsfähigkeit steht, u. U. sehr schwierig zu beantworten ist, zeigt der Druckmaschinenbau. Das etablierte Verfahren, um wirtschaftlich in hoher Qualität zu drucken, ist der Offsetdruck. Parallel zum Offsetdruck werden seit vielen Jahren unterschiedliche digitale

Druckverfahren entwickelt und eingesetzt. Digitale Druckverfahren bewegen sich auf der S-Kurve nach oben. Gleichzeitig wurden und werden auch im Offsetdruck viele Innovationen umgesetzt, so dass auch hier eine Bewegung in der S-Kurve nach oben zu verzeichnen ist. Insgesamt sind die Einschätzungen unterschiedlicher Akteure, wo welches Verfahren bezüglich seiner Position in der S-Kurve anzusiedeln ist, völlig unterschiedlich und zwar sowohl bei den Herstellern als auch bei den Kunden der jeweiligen Produkte. So meint [Trib-09] „dass sehr effizienter Offsetdruck mit kurzen Rüstzeiten, niedriger Anfahrmakulatur, einfacher Bedienung und hoher Qualität durchaus eine ernste Herausforderung für den Digitaldruck darstellen kann". Es existieren Anwendungen, bei denen der Offsetdruck den digitalen Verfahren überlegen ist und Anwendungen, bei denen das Umgekehrte der Fall ist.

Aus Sicht jedes Unternehmens, das technologisch anspruchsvolle Produkte entwickelt und produziert, sind somit zwei Verhaltensweisen anzustreben:

- Die S-Kurve auf den technologischen Ästen, die für das Unternehmen wichtig sind, zu beschreiten und dabei weitere Fortschritte zu erzielen. Der Use Case, auf den die Erkenntnisse der Arbeit angewandt werden, ist hierfür ein Beispiel, siehe Kapitel 4.2 „Mechatronisches Modul zur Veranschaulichung des Target Costings".

- Zu erkennen, wann es sich lohnt, in einen „Substitionszweig" zu investieren und dies dann auch konsequent zu tun. Im Bereich des Druckmaschinenbaus ist auch dies hochkomplex. Es gibt zahlreiche digitale Druckverfahren und es ist unklar, ob eines davon und wenn ja, welches, langfristig den Offsetdruck substituieren wird.

Die S-Kurven-Betrachtung ist für das Geschäftsfeld des Unternehmens oder ggf. für unterschiedliche Geschäftsfelder des Unternehmens zu erstellen. Zudem ist diese Ebene durch eine Betrachtung auf tieferen Ebenen zu ergänzen. D.h., die in den Produkten eingesetzten Technologien sind auf deren zukünftige Steigerungsmöglichkeiten der Leistungsfähigkeit zu untersuchen und zu bewerten. Beispiel: Elektronische Maschinensteuerungen haben mittlerweile Schützsteuerungen in Druckmaschinen ersetzt. Druckmaschinen – in diesem Beispiel die obere Betrachtungsebene – gibt es weiterhin, aber die elektronischen Steuerungen als ein produktprägendes Merkmal haben die Leistungsfähigkeit und die Vielseitigkeit der Maschinen erheblich erhöht. Technologien können sowohl in den Produkten selbst genutzt werden (etwa in Form spezieller neuartiger Antriebe, wie z.B. Linearantriebe) oder sind als neue Fertigungstechnologien Voraussetzung dafür, dass Teile in einer speziellen Güte (beispielsweise als Beschichtungstechnologie zur Erzeugung funktionaler Oberflächen) hergestellt werden können.

Eine konkrete Technologieplanung geht über die gezeigte S-Kurven-Betrachtung hinaus. Diese Technologieplanung muss die Frage beantworten, welche Technologien zu welchen Zeitpunkten verfügbar und einsetzbar sein werden.

Die Anforderungen an die Skalierung können je nach Betrachtungszweck unterschiedlich sein:

- Für kurzfristige Vorhersagen, mit dem Ziel konkreter Maßnahmen, ist es notwendig, die zu erwartenden technologischen Entwicklungen jahresgenau abzubilden.

- Mittelfristige Vorhersagen, mit dem Ziel der frühzeitigen Weichenstellung, erfordern Voraussagen in Stufen, z.B. Horizonte von 3, 6 oder 10 Jahren.

- Für abstrakte Voraussagen, die Entwicklungstendenzen aufzeigen sollen, sind Aussagen in der Form „heute", „morgen" und „übermorgen" ausreichend.

Eine mögliche Darstellung einzusetzender Technologien über der Zeit wird über die sogenannte Technologieroadmap ermöglicht [UlEp-08], S. 41f. In einer Technologieroadmap werden die eingesetzten bzw. einsetzbaren Technologien über der Zeit aufgetragen. In Verknüpfung mit der Produktroadmap, siehe Abschnitt 3.3.3 „Produktplanung", entsteht ein Bild, das aufzeigt, welche Technologien zu welcher Zeit in welchen Produkten angewandt werden.

Das grundsätzliche, ungelöste Dilemma der Technologieplanung besteht allerdings darin, dass eine schwer erfassbare Menge unterschiedlicher interner und externer Einflussfaktoren zu berücksichtigen ist. Bezieht man möglichst viele Entwicklungsdimensionen ein, dann übersteigen deren möglichen Ausprägungen die Eintrittswahrscheinlichkeiten und deren Abhängigkeiten untereinander die kognitiven menschlichen Fähigkeiten. Hierfür geeignete Softwaresysteme gibt es ebenfalls nicht und deren Entwicklung ist laut [Behr-03], S. 55ff auch nicht zu erwarten.

3.3.3 Produktplanung

Die Produktroadmap bildet ab, welche neuen Produkte und Funktionen zu welchen Terminen den Kunden zur Verfügung gestellt werden sollen. Wie im vorangehenden Abschnitt 3.3.1 „Unternehmensstrategie und Geschäftsfeldplanung" dargestellt, resultiert die Produktroadmap zum einen aus der Geschäftsfeldplanung und damit den Kundenanforderungen, zum anderen aus der Technologieroadmap, also demjenigen, was das Unternehmen technisch-funktional zu leisten in der Lage ist. Die mögliche Ausgestaltung einer Produktroadmap zeigt Bild 3-12. Die Produktroadmap ist die wichtigste Ausgangsbasis des Produktentstehungsprozesses.

	Serieneinführung ←— Zeitskala —→	NPV	Strategiebeitrag	Projekt-Kosten
Produkt A	◆	Betrag in €	Hoch	Betrag in €
Ausprägung 1	◆	Betrag in €	Mittel	Betrag in €
...	◆	Betrag in €	...	Betrag in €
Ausprägung n	◆	Betrag in €	Gering	Betrag in €
Produkt B	◆	Betrag in €	Mittel	Betrag in €
Ausprägung 1	◆	Betrag in €	Gering	Betrag in €
...	◆	Betrag in €	...	Betrag in €
Ausprägung n	◆	Betrag in €	Gering	Betrag in €
...	◆	Betrag in €		Betrag in €

Bild 3-12: Prinzipielle Ausgestaltung einer Produktroadmap

Die Elemente dieser Produktroadmap sind:

- **Produkt** bzw. **Produktausprägung**: Bei komplexen, langlebigen Produkten, wie diese im Maschinenbau üblich sind, wird ein Produkt typischerweise nach dessen Neuentwicklung weiterentwickelt und damit mit zusätzlichen Ausprägungen versehen.

- Die **Rauten** zeigen den geplanten Serieneinführungstermin jedes Produkts bzw. dessen Ausprägung.

- Der **NPV** als wichtige wirtschaftliche Kennzahl zeigt den zu erwartenden wirtschaftlichen Erfolg des Produkts auf.

- Der **Strategiebeitrag** bewertet, inwiefern das Produkt den strategischen Planungen des Unternehmens genügt.

- Die **Projektkosten** werden benötigt, um entscheiden zu können, ob die Entwicklungskapazität ausreicht, um ein Produkt zu entwickeln.

Während die Produktroadmap aufzeigt, zu welchen Terminen welche Produkte ihre Marktreife erreichen, muss bewertet werden, wie ausgewogen der Produktmix des Unternehmens bezüglich dessen Marktsituation und Marktchancen sind. Dies drückt eine geeignete Portfolio-Darstellung aus. Die wichtigste Methode hierfür ist die Matrix der Boston Consulting Group (BCG-Matrix), die das Marktwachstum und den Marktanteil der Produkte des Unternehmens bewertet, siehe u.a. [Sche-06], S. 115 oder [Jaku-07], S. 25f. [Ehrm-06] erläutert: „Zweck der BCG-Matrix ist, das Leistungsangebot eines Unternehmens im Hinblick auf zwei Schlüsselerfolgsfaktoren zu strukturieren": Durch den endogenen, vom Unternehmen selbst zu bestimmenden, Faktor Marktanteil und den exogenen, nicht vom Unternehmen zu beeinflussenden, Faktor Marktwachstum.

[Mond-99], S. 49 beschreibt die auf der Abszisse liegende „Marktwachstumsrate". Diese Rate ist der Kapitalbedarf, der für das jeweilige Geschäftsfeld benötigt wird. Dabei bedeutet eine hohe Marktwachstumsrate einen hohen Kapitalbedarf. Der auf der Ordinate liegende „relative Marktanteil" ist das im jeweiligen Geschäftsfeld erwirtschaftete Kapital des Fertigungsunternehmens in Bezug auf die Gesamtsumme des Kapitals, das in diesem Geschäftsfeld insgesamt erzielt wird.

Die in Bild 3-13 dargestellte Portfoliotechnik dient dazu, die eigenen Produkte hinsichtlich deren Stellung und deren Potenzial am Markt zu bewerten. Zudem wird die Portfoliomatrix dazu benutzt, in einen ausgewogenen Produktmix zu investieren. Das bedeutet idealerweise:

- Cash Cows zu „melken" und mit Investitionen am Leben zu erhalten,

- Poor Dogs auslaufen lassen, da mit ihnen kein Geld mehr verdient werden kann,

- in Questions Marks so zu investieren, dass genügend viele zukünftige Produkte daraus abgeleitet werden können und

- einen möglichst großen Betrag in Stars zu investieren, denn vor allem mit diesen Produkten soll das Unternehmen zukünftig Geld verdienen.

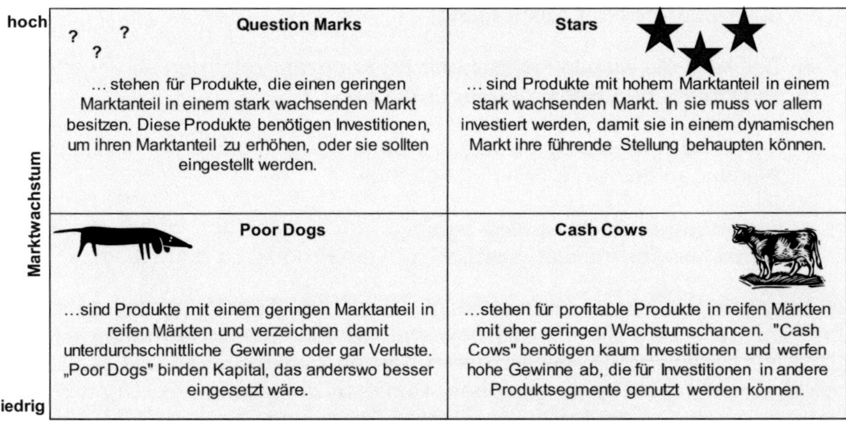

Bild 3-13: Portfoliotechnik für Produkte – BCG Matrix (Quelle [Sche-06])

3.4 Einzel- und Multiprojektmanagement

3.4.1 Projektmanagement

Es gibt für den Begriff „Projekt" viele Definitionen, die zu benennen, den Rahmen der Arbeit sprengen würde. Eine mögliche Definition liefern [KuHu-06]:

Definition „Projekt" ([KuHu-06], S. 4):

„Wenn ein einmaliges, bereichsübergreifendes Vorhaben zeitlich begrenzt, zielgerichtet, interdisziplinär und so wichtig, kritisch und dringend ist, dass es nicht einfach in der bestehenden Linienorganisation bearbeitet werden kann, sondern besondere organisatorische Vorkehrungen getroffen werden müssen, dann handelt es sich um eine Projekt."

Die o.g. Definition entspricht im Wesentlichen dem Verständnis des Autors – mit einer Ausnahme: Der Aspekt der Einmaligkeit ist wenig hilfreich, denn „Einmaligkeit" impliziert, dass Projekte nicht planbar sind, da nicht auf Erfahrungswissen zurückgegriffen werden kann. Allerdings ist gerade dies erstrebenswert, nämlich das Projektmanagement zu standardisieren, um möglichst gute Prognosen für den Projektverlauf geben zu können und damit die Zielerreichung und Treffergenauigkeit von Projekten zu erhöhen. Diese Standardisierung kann vor allem mit folgenden Maßnahmen erreicht werden:

- Für die Beurteilung unterschiedlicher Projekte werden dieselben Messkriterien angenommen. Damit wird die Vergleichbarkeit der Projekte erhöht. Die Messkriterien werden über ein sogenanntes „Projekt-Cockpit" visualisiert, siehe Abschnitt 3.4.2.

- Die Beurteilung von Projekten erfolgt zu definierten Zeitpunkten und mit standardisierten Bewertungsmethoden, den „Quality Gates (QGs)", siehe Abschnitt 3.4.3.

- Definierte Personen tragen dazu bei, die Standardisierung von Projekten und die Projektumsetzung voranzutreiben; diese Personen werden organisatorisch im Project Management Office (=PMO) angesiedelt. Das PMO wird im Gesamtzusammenhang der Aufbauorganisation im Produktentstehungsprozess erläutert, siehe Abschnitt 3.6.2 „Aufbauorganisation zur Unterstützung von MPM und PLM".

3.4.2 Projekt-Cockpit

Typische Bestandteile eines Produktentwicklungsprojekts sind die Folgenden:

- Geplanter Inhalt eines Projekts.

- Anforderungen an das Produkt (= Lastenheft): [Jörg-05], S. 114, stellt einen Ansatz vor, um Anforderungen an neue oder weiterzuentwickelnde Produkte systematisch zu erfassen und diese mit CAD- und PDM-Werkzeugen zu koppeln.

- Umsetzung der Anforderungen in technische Lösungen (= Pflichtenheft).

- Projektplanung mit Meilensteinen und Arbeitspaketen.

- Ressourcenplanung mit Zuordnung zu Arbeitspaketen und damit zu Terminen.

- Projektorganisation.

Diese Bestandteile bilden den Rahmen und den Inhalt von Produktentwicklungsprojekten. Das Projekt-Cockpit visualisiert die Bestandteile jedes Projekts:

Definition Projekt-Cockpit:

Ein Projekt-Cockpit stellt die zu überwachenden Kennzahlen eines Projekts in geordneter Form grafisch dar. Dabei werden diese Kennzahlen zu festgelegten Projektereignissen aktualisiert, um den Fortschritt des Projekts sichtbar zu machen.

Die Kennzahlen eines Produktentwicklungsprojekts sind vielfältig. Häufig umfasst ein Projekt-Cockpit die Visualisierung folgender Kennzahlen:

- Projekttermine und deren Veränderung im Verlauf des Produktentwicklungsprojekts: Meilenstein-Trend-Analyse in Bild 3-14.

- Projektkosten mit den Ausprägungen Planaufwand, Istaufwand und Restaufwand. Dieses Thema wird ausführlich in den Kapiteln 4.3.3 „Projektkosten-Blatt" und 5.3.5 „Schritt B4 Steuerungssoftware implementieren" behandelt.

- Marktpreis und Selbstkosten des zu entwickelnden Produkts. Siehe hierzu die Ausführungen in Kapitel 3.2 „Target Costing" sowie die Konzepte in den Kapiteln 4 „Methoden zur Unterstützung des Target Costings" und 5 „Target Costing Integration mit Anwendung auf ein mechatronisches Modul".

- Geplanter und erreichter Arbeitsfortschritt zu den definierten Zeitpunkten eines Produktentwicklungsprojekts. Dieses Thema ist für die Arbeit von untergeordneter Bedeutung und wird somit nicht vertieft.

Bild 3-14 erläutert beispielhaft anhand der Meilenstein-Trend-Analyse einen Bestandteil eines Projekt-Cockpits. Die o.g. anderen Elemente eines Projekt-Cockpits sind kein Bestandteil der Arbeit. Die Meilenstein-Trend-Analyse stellt in einer einzigen Darstellung die folgenden Sachverhalte eines Projekts dar:

- Geplante Termine. Alle wesentlichen Meilensteine eines Projekts (in der Grafik durch M1 bis M15 dargestellt) werden zu Projektstart festgelegt. Diese Meilensteine werden zunächst auf der Achse „geplante Termine" aufgetragen.

- Zu den jeweils erreichten Meilensteinen wird die Planung aktualisiert: Die geplanten noch ausstehenden – und damit noch nicht erledigten Meilensteine – werden auf derjenigen vertikalen Achse aktualisiert aufgetragen, die dem erreichten Termin entspricht. Die Planung kann bei akutem Änderungsbedarf auch unabhängig vom Erreichen der Meilensteine aktualisiert werden.

- Mit dieser Vorgehensweise kann verdeutlicht werden, ob die Termineinhaltung eines Projekts abläuft wie ursprünglich geplant oder ob im Projekt Terminverschiebungen stattfinden. Verläuft das gesamte Projekt wie ursprünglich geplant, dann ist die Punktekette für jeden Meilenstein eine horizontale Linie. Jede Terminverschiebung eines Meilensteins nach hinten wird im Diagramm so dargestellt, dass sich die Punktekette nach oben bewegt. Eine Terminverschiebung nach vorne – also frühere Terminerreichung – führt dazu, dass sich die Kette nach unten bewegt. Die Meilensteinkette M6 bewegt sich zunächst nach oben (Terminverschiebung nach hinten) und zu einem späteren Zeitpunkt nach unten (Terminverschiebung nach vorne und damit teilweise Wiedergutmachen der vorherigen Terminverschiebung nach hinten).

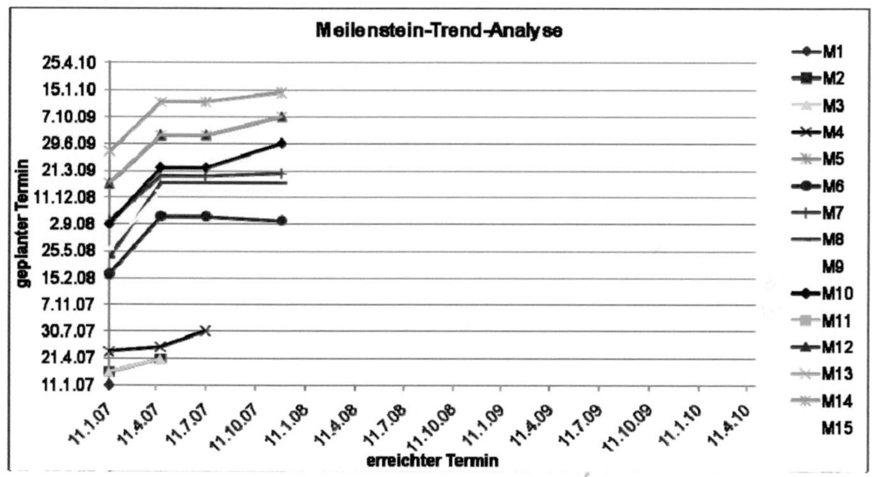

Bild 3-14: Meilenstein-Trend-Analyse

3.4.3 Quality Gates (QGs)

Quality Gates (QGs) markieren die Reifegrade eines Produktentwicklungsprojektes. Die QGs helfen, alle Entwicklungsprojekte nach gleichen Kriterien zu beurteilen und damit vergleichbar zu machen. Produktentwicklungsprojekte werden dabei in mehrere eindeutige Phasen eingeteilt. Jede Phase wird separat beurteilt. Die QGs stellen Beurteilungspunkte innerhalb des Entwicklungsprozesses über alle relevanten Tätigkeiten dar und synchronisieren diese. Dadurch wird ein Gleichschritt der Entwicklung erreicht, der das Vorauseilen bzw.

das Zurückbleiben einzelner Aktivitäten verhindert. In der Regel gibt es bei Produktentwicklungsprojekten 5 bis 8 dieser Quality Gates. Der Quality Gate Prozess ist nach DIN EN ISO 9000 als Methode zur Qualitätsbeurteilung normiert. Die Überlegungen zum Thema Quality Gates stammen ursprünglich aus der Automobilindustrie, um Produktentwicklungsprojekte zielgerichtet steuern zu können. [BlLi-07a], S. 92 nennen die so genannten Gateways „Zielkatalog", „Konzeptprogramm" und „Projektprogramm" in der frühen Produktentwicklungsphase. [Wild-06a], S. 230 schätzt die Quality Gates Folgendermaßen ein: „Der Einsatz von Quality Gates unter Kostengesichtspunkten optimiert die Aufwände von Fehlern und Prüfungen." [IISc-09], S. 58 beschreiben den QG-Prozess als standardisierte „Stage-Gate Form".

Der QG-Prozess wird unterdessen nicht nur in der Automobilindustrie sondern auch in anderen Industrien – wie dem Maschinenbau – eingesetzt. Bild 3-15 z.B. zeigt einen QG-Prozess, der den Richtlinien der Heidelberger Druckmaschinen AG entnommen wurde [Heid-09c]. Jede Phase, also „Die Chance", „Die Aufgabe", usw. wird mit einem Quality Gate – QG1 bis QG5 – abgeschlossen. Die Beurteilung des Projektstandes wird über sogenannte Gate Reviews vorgenommen. Mittels der Gate Reviews beurteilt ein Reviewteam, ob das Projekt die zum jeweiligen Quality Gate geplante Qualitätsstufe erreicht hat. Mögliche Entscheidungen eines solchen Gate Reviews können sein:

- Das Projekt wird wie geplant fortgeführt.

- Das Projekt wird mit Auflagen fortgeführt, bzw. Projektinhalte, Termine oder Kosten werden angepasst.

- Das Projekt wird gestoppt.

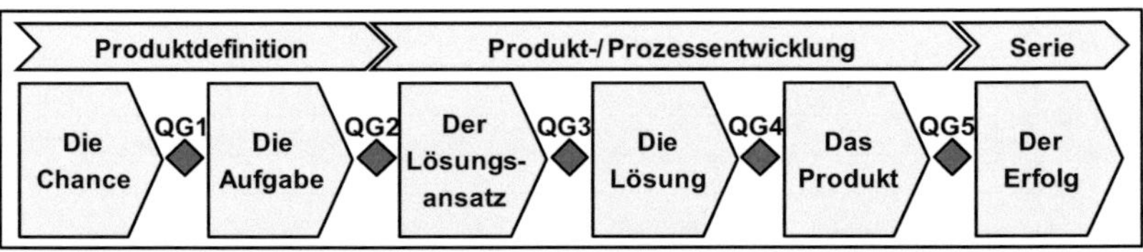

Bild 3-15: Quality Gates zur Projektunterstützung (Quelle [Heid-09c])

Mit dem Erreichen eines QGs ist ein bestimmtes Ereignis bzw. eine Aktion verbunden. In Bild 3-16 ist beispielsweise mit dem QG2 die Freigabe von Mitteln – also das Projektbudget – und mit QG5 die Marktfreigabe des entwickelten Produkts verknüpft.

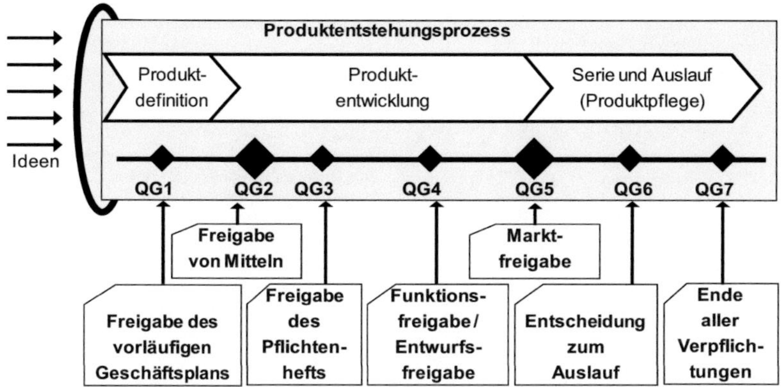

Bild 3-16: Quality Gates für den Produktentstehungsprozess (Quelle [Heid-09c])

Die praktische Umsetzung der Quality Gates im Produktentstehungsprozess wird dabei durch QG-spezifische Checklisten unterstützt, die sicherstellen, dass einzelne Prozessschritte im Produktentstehungsprozess vollständig bearbeitet werden, siehe [Wild-06a], S. 231ff.

3.4.4 Multiprojektmanagement (MPM)

Die bisherige Betrachtung ging implizit von der Situation aus, dass ein einzelnes Projekt autonom in einem Unternehmen und damit im Produktentstehungsprozess existiert. Das ist selbstverständlich unrealistisch, da tendenziell die meisten Produktentwicklungsaktivitäten in Form unterschiedlicher Projekte abgewickelt werden. Dennoch betrachten viele Beiträge zum Thema Projektmanagement genau diesen Zustand des einzelnen Projektes, das quasi in einem isolierten Umfeld möglichst ungestört geplant wird und optimal durchgeführt werden soll. Diese Situation entspricht nicht der Realität. Es gibt mittlerweile zahlreiche Beiträge, die davon ausgehen, dass in einem Unternehmen, sowie in Teilbereichen eines Unternehmens wie der Produktentwicklung, viele Projekte zum selben Zeitpunkt bearbeitet werden. Die Bearbeitung vieler Projekte wird Multiprojektmanagement genannt, siehe [Glas-06], [Lomn-01], [HiKü-01]. [Hirz-01], S. 12f geht davon aus, dass zunehmende Globalisierung, die damit einhergehende Entwicklung einer „neuen Wirtschaft" und die daraus resultierende Vergleichbarkeit von Waren, Technologien und Dienstleistungen dazu führen, dass in Unternehmen eine Vielzahl von Maßnahmen – also Projekten – gestartet und umgesetzt wird. Projekte würden leichter gestartet als gestrichen und „Prioritäten werden zu Lasten der Kontinuität spontan neu festgelegt". [Hirz-01], S.13. Bild 3-17 erläutert wichtige Grundbegriffe des Multiprojektmanagements, siehe hierzu [IISc-09], [GeDa-06]:

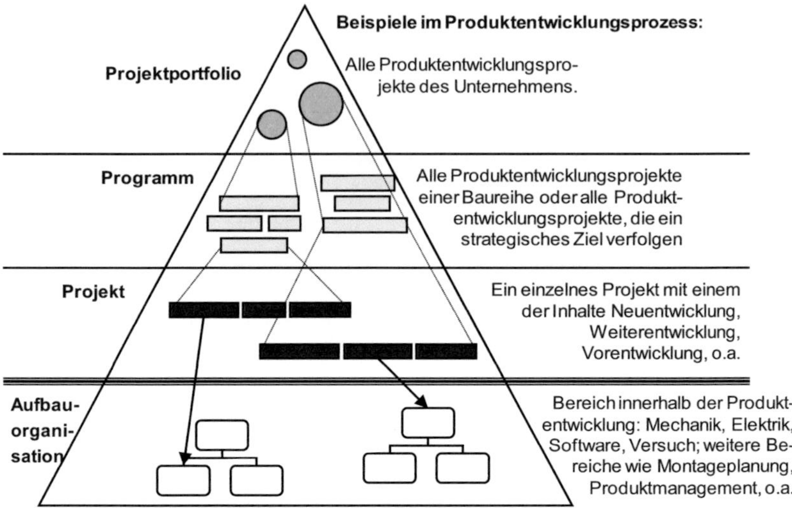

Bild 3-17: Grundbegriffe im Multiprojektmanagement (Anlehnung [GeDa-06])

Erläuterungen zu Bild 3-17:

- Unter dem Begriff **Projektportfolio** werden alle Projekte einer Gattung verstanden, z.B. alle Produktentwicklungsprojekte, alle IT-Projekte, alle Organisationsprojekte. Es ist wichtig, dass sich die Zusammensetzung des Projektportfolios nicht von selbst ergibt, sondern sorgfältig geplant wird. So ist idealerweise die strategische Produktplanung – mit der Geschäftsfeldplanung und der Technologieroadmap – Startpunkt des Projektportfolios, siehe Kapitel 3.3 „Strategie". Da die Arbeit auf das Thema Produktentstehungsprozess fokussiert, sind die Projekte i.d.R. Produktentwicklungsprojekte. Allerdings darf nicht vergessen werden, dass die in einem Bereich um Ressourcen konkurrierenden Projekte nicht ausschließlich Projekte eines Projektportfolios sind, sondern mehreren Portfolios entstammen können. Im Produktentwicklungsbereich werden nicht nur Produktentwicklungsprojekte sondern auch Organisationsprojekte oder IT-Projekte (z.B. Einführung eines PLM-Systems, Prozessverbesserungsprojekte) umgesetzt.

- Ein Projektportfolio kann in aller Regel in unterschiedliche **Programme** eingeteilt werden. Mit der Einteilung in diese Programme können unterschiedliche Ziele verfolgt werden. Strategische Ziele und damit Programme im Produktentstehungsprozess können z.B. sein: Herstellkostensenkung, Reklamationsbearbeitung, Qualitätserhöhung, Funktionserweiterung, Innovationsförderung, o.a. In allen Fällen ist unternehmensspezifisch zu entscheiden, ob Projekte mehreren Programmen zugeordnet werden können. Eine weitere Möglichkeit, Programme zu bilden, kann darin bestehen, Projekte einer bestimmten Formatklasse in ein Programm zusammenzufassen. Mit dieser Programmeinteilung können Projekte nach Zuständigkeiten gegliedert werden. Darüber können Projekte unterschiedlicher Klassen miteinander in Beziehung gestellt und verglichen werden.

- Unterhalb der Programmebene befindet sich das einzelne **Projekt**. Ein Projekt wird durch einen Projektleiter gemanagt, daneben gibt es – abhängig von der Größe des Projekts – Teilprojektleiter und schließlich Projektmitarbeiter. Für ein einzelnes Projekt gibt es einen Terminplan mit Meilensteinen. Im Produktentstehungsprozess kann ein Projekt folgenden Projektarten zugeordnet werden; diese Projektarten stellen eine weitere Möglichkeit der Programmabgrenzung dar:

  o Entwicklung eines neuen Produkts.

  o Weiterentwicklung von Produkten, neue Module oder Funktionen.

  o Serienbetreuung und Produktpflegemaßnahmen.

  o Vorentwicklung mit dem Ziel, technisch riskante Fragestellungen vor der eigentlichen Produktentwicklung zu klären. Vorentwicklungsprojekte münden nach dem Proof of Concept in die eigentlichen Produktentwicklungsprojekte.

  o Customizing-Projekt: Während bei reinen Serienfertigern, z.B. in der Automobilindustrie, die o.g. Projekte kundenauftragsneutral umgesetzt werden, gibt es im Maschinenbau daneben häufig Customizing-Projekte, die das Ziel haben, Kundenaufträge über Produktentwicklungsprojekte umzusetzen.

  o Organisationsprojekt. Beispiel: Einführung eines PLM-Systems.

- Der Zusammenhang zwischen Projekten und der Aufbauorganisation im Produktentstehungsprozess ist in Bild 3-17 angedeutet. Dieses Thema ist wichtig für das Verständnis des Multiressourcenmanagements und wird anhand von Bild 3-18 erläutert. Weitergehende Ausführungen zum Thema „Aufbauorganisation im Produktentstehungsprozess" sind Inhalt von Kapitel 3.6.

Wie in Bild 3-18 dargestellt, korrespondieren die Stakeholder eines Unternehmens mit den Begriffen Projektportfolio, Programm bzw. Projekt. Für das gesamte Projektportfolio aller Projekte im Produktentstehungsprozess ist i.d.R. das Top-Management des Unternehmens zuständig, für jeweils ein Programm die mittlere Führungsebene und für ein Projekt dessen jeweiliger Projektleiter. Zur Abstimmung zwischen den Ebenen des Unternehmens ist eine Kommunikation erforderlich. D.h., dass ein Projektleiter neben seinem Projekt benachbarte Projekte kennen muss, um den Gesamtzusammenhang herstellen zu können.

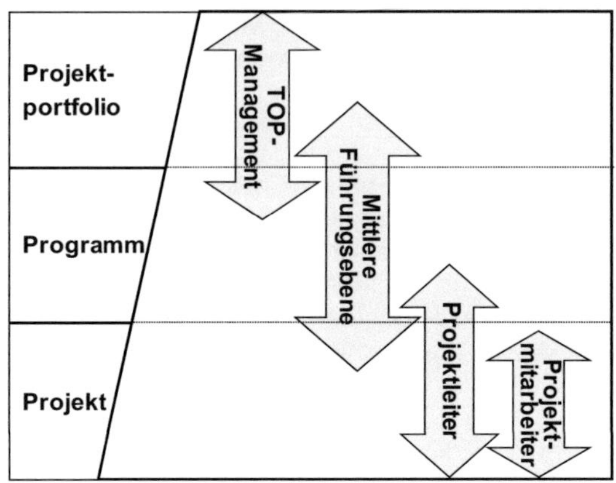

Bild 3-18: Multiprojektmanagement und Stakeholder

Bild 3-19 zeigt beispielhaft anhand von vier Projekten und unterschiedlichen – am Produktentstehungsprozess beteiligten Bereichen – das Zusammenspiel von Projekten und Aufbauorganisation:

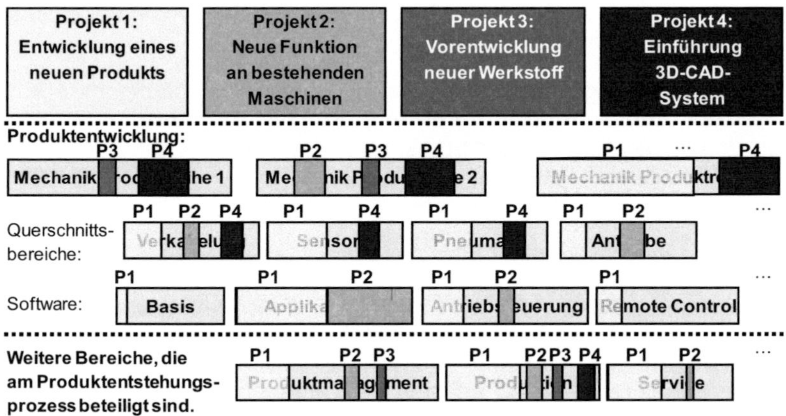

Bild 3-19: Beispielhaftes Zusammenspiel von Projekten und Aufbauorganisation

Erläuterungen zu Bild 3-19:

- Entsprechend den bisher gemachten Ausführungen sind die in Bild 3-19 benannten Projekte Bestandteil von zwei Portfolios (Projekt 1 bis 3 = Portfolio Produktentwicklungsprojekt, Projekt 4 = IT-Projekt). Je nach Festlegung im Unternehmen können die Projekte 1 bis 3 dabei einem oder mehreren Programmen zugeordnet sein.

- Die organisatorischen Bereiche sind in die eigentlichen Produktentwicklungsbereiche (Mechanik, Querschnitt und Software) sowie in weitere

Bereiche (Produktmanagement, Produktion, Service) unterteilt. Alle diese Bereiche sind am Produktentstehungsprozess beteiligt.

- Alle genannten Bereiche sind mit unterschiedlichem Ressourcenbedarf an mehreren Projekten beteiligt. In Bild 3-19 wird der Ressourcenbedarf pro Zeiteinheit, den ein jeweiliges Projekt in einem Bereich erfordert, über die Größe des Rechtecks gezeigt, mit dem ein Projekt einen Bereich überlagert. Im Beispiel fordert das Projekt P1 den überwiegenden Anteil der Ressourcen von Bereich „Mechanische Produktreihe n", während das Projekt P1 den Bereich „Software Basis" nur zu einem geringen Teil beansprucht und das Projekt P3 im Bereich „Service" keine Ressourcen bindet.

- Eine Konfliktsituation entsteht dann, wenn ein oder mehrere Bereiche mit den ihnen zustehenden Ressourcen nicht alle geforderten Projektaufgaben bewältigen können. Das Bild zeigt diese Konstellation anhand des Bereichs „Software, Applikation". Laut der Studie von [GeDa-06] ist eine der zentralen Herausforderungen im Multiprojektmanagement neben der „fehlenden Information über die Projektelandschaft" die „Verschwendung knapper Ressourcen". Wenn viele Projekte parallel und mit teilweise denselben Ressourcen umzusetzen sind, dann ist die Priorisierung von Projekten notwendig. [Leye-06], S. 79: „Prioritäten setzen heißt auswählen, was liegen bleiben soll". Wenn unbegrenzt viele Ressourcen – sei es Personen oder Geld – zur Verfügung stehen, dann ist keine Projektpriorisierung erforderlich. Diese Ausgangsbasis ist jedoch nicht realistisch. In Unternehmen wird es immer eine Begrenzung von Ressourcen geben. Mit Hilfe des **Multiprojekt-Ressourcenmanagements** wird geplant, überwacht und gesteuert:

    o welche Bereiche und Personen,

    o mit wie vielen Ressourcen,

    o an welchen Projekten,

    o zu welcher Zeit beteiligt sind,

  mit dem Ziel, möglichst große Teile der Produktplanung und anderer Ziele umsetzen zu können. Bei der Priorisierung von Projekten sind deren Abhängigkeiten zueinander zu berücksichtigen. [Glas-06], S. 89: „Die im Projektfächer einer Unternehmung enthaltenen Projekte stellen jeweils autonome Vorhaben dar, die zwar untereinander Abhängigkeiten und Wechselwirkungen aufweisen, jedoch auf individuelle Zielsetzungen ausgerichtet sind und somit auch unterschiedliche Strategiebeiträge liefern." [Hirz-01], S. 16f dagegen sieht sehr wohl etliche **Projektabhängigkeiten** zwischen den einzelnen Projekten im Produktentstehungsprozess. Neben den Ressourcenabhängigkeiten können dies sein:

o Terminabhängigkeiten: Aus technischen Gründen oder aufgrund von Markterwägungen kann es erforderlich sein, ein Projekt vor einem anderen Projekt fertig zu stellen. Beispielsweise kann eine neue Steuerungssoftware in einem Produkt Voraussetzung für die Implementierung neuer Funktionen dieses Produktes sein.

o Inhaltliche Abhängigkeiten: Wird eine Innovationen in einem Produktbereich das erste Mal entwickelt, um anschließend auf andere Produktbereiche adaptiert zu werden, so sind die Arbeitsergebnisse der Erstentwicklung Voraussetzung für die Anpassungen auf die weiteren Produktbereiche.

3.5 Product Lifecycle Management (PLM)

3.5.1 Die Begriffe Produktentwicklung und Produktentstehung

Es gibt kein universell eingesetztes Vorgehensmodell in der Produktentwicklung. [Lind-09], S. 39f benennt 11 unterschiedliche Vorgehensmodelle, z.B. das „V-Modell der VDI-Richtlinie 2206" (siehe VDI-Richtlinie „Entwicklungsmethodik für mechatronische Systeme", VDI 2206, S. 29") oder den „Vorgehenszyklus nach Ehrlenspiel". Um dennoch einige gebräuchliche Begriffe einzuführen, werden im Folgenden die Ausführungen von [SpKr-97] und die VDI-Richtlinie „Entwicklungsmethodik für mechatronische Systeme", VDI 2206 kurz erläutert. Die Erläuterungen zeigen andererseits aber auch, wie unterschiedlich die Produktentwicklung bzw. Produktentstehung in der Literatur betrachtet wird. Es ist nicht Ziel der Arbeit, diese unterschiedlichen Betrachtungen zu bewerten, sondern die Prozessintegration des Target Costings vorzustellen, siehe Kapitel 5 „Target Costing Integration mit Anwendung auf ein mechatronisches Modul".

Laut [SpKr-97], S. 3 lässt sich der „marktorientierte Phasenwandel" eines Erzeugnisses in „Einführungsphase, Wachstumsphase, Reifephase, Sättigungsphase und Ausmusterungsphase zerlegen". [SpKr-97], S. 3f ergänzen diese Phasen um die marktvorgelagerten Bereiche Produktforschung und Produktentstehung (Bild 3-20).

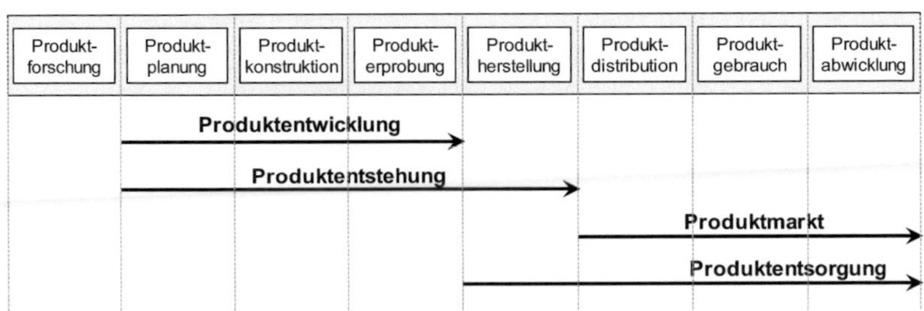

Bild 3-20: Produktphasen (Quelle [SpKr-97])

Dabei unterteilen [SpKr-97] die **Produktentstehung** in die folgenden Phasen:

- Produktplanung: Die Phase „umfasst alle Aufgaben, die marktbezogen zu einer Festlegung des Gestaltrahmens für ein herzustellendes Produkt gehören und die zur Abwicklung der Produktentwicklung organisatorisch erforderlich sind", [SpKr-97], S. 10.

- Produktkonstruktion: Hierunter ist laut [SpKr-97], S. 12 „sowohl die Gestaltung einzelner Teile als auch deren Zusammensetzung zu einem Ganzen" zu verstehen, wobei „aus einer Menge zulässiger konstruktiver Lösungen diejenige Lösung gewählt (wird), die unter den gegebenen Bedingungen als besonders günstig gelten kann." [SpKr-97], S. 15.

- Produkterprobung: In dieser Phase werden ein oder mehrere Prototypen des zu entwickelnden Produkts gefertigt, montiert und erprobt.

- Produktherstellung: Diese Phase umfasst folgende Einzelschritte:

  - Produktionsplanung: Es wird festgelegt, mit welcher Technologie, mit welchen Produktionsmitteln, in welchem Zeitraum und in welchen Mengen Teile, Baugruppen und Produkte hergestellt werden. Die Hilfsmittel, die dazu benötigt werden, sind u.a. Arbeitspläne und Stücklisten.

  - Produktionssteuerung: Hier wird festgelegt, welche Ressourcen zum jeweiligen Zeitpunkt wo zur Verfügung stehen müssen, um das jeweils geforderte Produktprogramm realisieren zu können. Zu berücksichtigen sind dabei Störungen wie Personal- und Maschinenausfall, Lieferverzögerungen und Ausschuss.

  - Produktionstechnik: Dies umfasst alle Bereiche, die dazu erforderlich sind, um Produkte bzw. Komponenten dieser Produkte zu erzeugen, zu wandeln und zu verteilen.

Die drei erstgenannten Phasen der Produktentstehung (also Produktplanung, Produktkonstruktion und Produkterprobung) fassen [SpKr-97] unter dem Begriff „**Produktentwicklung**" zusammen.

Die Phasen „Produktmarkt" und „Produktentsorgung" mit ihren Einzelschritten „Produktdistribution", „Produktgebrauch" und „Produktabwicklung" werden an dieser Stelle nicht erläutert, da sie für den konzeptionellen Teil der Arbeit nicht relevant sind.

Die „Entwicklungsmethodik für mechatronische Systeme", die die VDI-Richtlinie VDI 2206, S. 29ff beschreibt, benennt folgende Prozessbausteine für wiederkehrende Arbeitsschritte in der Produktentwicklung mechatronischer Systeme:

- Anforderungen: Festlegen der Anforderungen, die das mechatronische Produkt erfüllen soll.

- Systementwurf: Dabei wird das Wesentliche und Allgemeingültige der Problemstellung herausgearbeitet. Die Teilschritte sind:

  o Aufstellen der Funktionsstruktur: Aus der Problemspezifikation wird die Gesamtfunktion des Systems abgeleitet und in Teilfunktionen aufgegliedert. Die Teilfunktionen werden zur Funktionsstruktur verknüpft.

  o Suche nach Wirkprinzipien und Lösungselementen: Zur Erfüllung der Teilfunktionen werden Wirkprinzipien und Lösungselemente in einem iterativen Prozess gesucht.

  o Konkretisierung zu prinzipiellen Lösungsvarianten. Dabei werden Störanfälligkeit, Gewicht und Lebensdauer berücksichtigt.

- Modellbildung und -analyse: Die Systemeigenschaften werden mit Hilfe von Modellen und rechnergestützten Werkzeugen abgebildet und untersucht.

- Domänenspezifischer Entwurf: Aufteilung der Funktionserfüllung unter den beteiligten Domänen wie Mechanik, Elektromechanik, Elektronik oder Steuerungssoftware.

- Systemintegration: Die Ergebnisse aus den einzelnen Domänen werden zu einem Gesamtsystem integriert, um das Zusammenwirken untersuchen zu können.

- Eigenschaftsabsicherung: Es ist sicherzustellen, dass die tatsächlichen mit den gewünschten Produkteigenschaften übereinstimmen. Dabei ist zu überprüfen, ob ein korrektes Produkt und ob das richtige Produkt entwickelt wird.

3.5.2 Definition und Grundlagen zu PLM-Objekten

Grundsätzliche Vorbemerkung zum Kapitel PLM:

Viele, der im Rahmen der Arbeit entwickelte, Konzepte fußen auf den im PLM-Prozess entstehenden Objekten. Deshalb werden diese PLM-Objekte beschrieben – und zwar an dieser Stelle in Form eines Überblicks. Die für die Arbeit wesentlichen PLM-Objekte werden in den folgenden Abschnitten so detailliert, wie dies für das Verständnis der Arbeit erforderlich ist. Tiefergehende Erläuterungen zu den PLM-Objekten enthält der Anhang, Kapitel 7.

Während Multiprojektmanagement die strategischen Ebenen des Produktentstehungsprozesses behandelt, widmet sich PLM den operativen Aspekten. Im Produktentstehungsprozess ist es von entscheidendem Vorteil, diese beiden

Betrachtungsebenen miteinander zu verknüpfen. [Schn-06], S. 33: „Die strategische Planung des Produktportfolios in der Automobilindustrie steht in enger Beziehung zum Produktlebenszyklus einzelner Fahrzeugmodelle." Dies gilt auch für andere Branchen der industriellen Fertigung wie dem Maschinenbau.

Begriffe PLM, EDM, PDM:

Verwandte Begriffe zu PLM sind EDM (Engineering Data Management) und PDM (Product Data Management). [EiSt-09], S. 34 definieren PDM als das „Management des Produkt- und Prozessmodells mit der Zielsetzung, eindeutige und reproduzierbare Produktkonfigurationen zu erzeugen." [Scho-07] definiert EDM als „Verwaltung aller technischen Informationen rund um ein Produkt oder Projekt". Dabei bezieht er folgende Bausteine in den Umfang von EDM mit ein: Technische Dokumentenverwaltung, die Integration eines oder mehrerer CAD-Systeme, Prozess- und Workflow-Management-System, Integration zu ERP-Systemen; darüber hinaus umfasst EDM aus seiner Sicht möglicherweise auch noch Schnittstellen zu Produktionsplanungssystemen und zu Archivsystemen. Die Integrationsqualität zur CAD-Lösung ist laut [Scho-07] ein wesentliches Merkmal jedes EDM-Systems. PLM ist ein weitergehender Ansatz, der nach [Abra-06], S. 13 beispielsweise als „Integrationsplattform für Engineering-Anwendungen" gesehen werden kann.

Begriff ERP:

[Schö-99], S. 6 erläutert, dass der Begriff ERP (Enterprise Resource Planning) für „Produktionsplanung und -steuerung (PPS) in industriellen Fertigungsunternehmen steht. ERP werde zur „Unterstützung prozessorientierter Vorgänge (Logistik) eingesetzt, aber auch in Aufgabenbereichen wie Finanzwesen, Controlling oder Personalwirtschaft genutzt". Grundlegende Ausführungen zu den Themen PLM, Produktdatenmanagement und Produktdatenmodellierung liefern u.a. [EiSt-09], [Schi-02] und [Schö-99]. [Star-05] definiert den Begriff Product Lifecycle Management (PLM) Folgendermaßen:

Definition Product Lifecycle Management = PLM (Quelle [Star-05], S. 2):

„PLM is the activity of managing a company's products all the way across their lifecycle in the most effective way".

[Star-05] geht dabei so weit, dass er Portfoliomanagement und Projektmanagement in der Produktentwicklung als Bestandteil von PLM sieht [Star-05], S. 409. Dies ist anzustreben, um die Effizienz und Effektivität in der Produktentwicklung weiter voranzutreiben. Um der Bedeutung des Themas Multiprojektmanagement gerecht zu werden, erfolgt die Darstellung in der Arbeit in einem eigenen Kapitel.

In der PLM-Prozesskette werden Daten und Dokumente verwaltet, weitergegeben und ausgetauscht. Bild 3-21 bringt die entstehenden Dokumente und

Daten in den zeitlichen Zusammenhang des Produktentstehungsprozesses und benennt die wichtigsten Akteure, die diese Daten erzeugen. Die Darstellung lehnt sich an [Heid-09c] an.

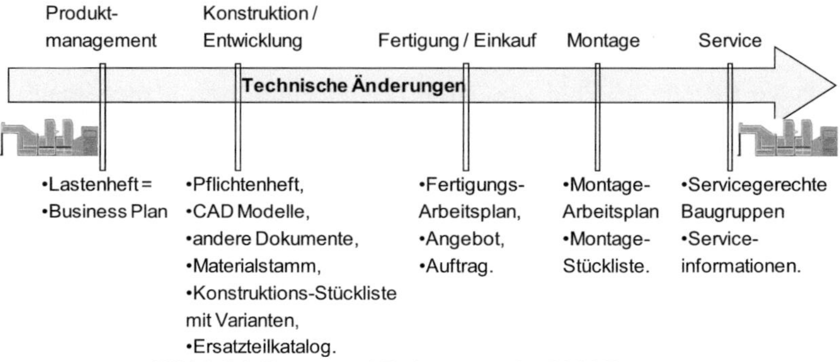

Bild 3-21: Daten und Dokumente im PLM-Prozess

Erläuterung zu Bild 3-21:

- Das Lastenheft beinhaltet die Spezifikation des zu entwickelnden Produkts aus Kundensicht. Dabei werden die geforderten Funktionen und Leistungsparameter des Produkts beschrieben. Der gemeinsam mit dem Lastenheft zu erstellende Business Plan enthält den Zielpreis und die erwarteten Umsätze des Produkts ebenso wie die Chancen und Risiken, die das Produkt aus Sicht des Marktes mit sich bringen. Technische Umsetzungen werden im Lastenheft nicht beschrieben.

- Im Pflichtenheft ist festgelegt, wie die geforderten Lasten technisch umgesetzt werden. Dabei sind auch die tatsächlich zu erwartenden Kosten des Produkts abzuschätzen. Damit verifiziert das Pflichtenheft erstmals die im Lastenheft und im Business Plan beschriebenen wirtschaftlichen Basisdaten des Produkts.

- In 3D- und 2D-CAD-Modellen wird das virtuelle Produkt definiert. Andere Dokumente können sein: Detailspezifikationen, FEM-, Kinematik-, oder sonstige Berechnungen, Testvorschriften, u.v.m.

- Der Materialstamm ist das zentrale Objekt sowohl im PLM-Prozess als auch im SCM-Prozess. Nach [Schö-99], S. 181 ist der Materialstamm das grundlegende Bindeglied zwischen den großen IT-Geschäftsanwendungen PDM (bzw. PLM) und ERP. Der Begriff Materialstamm entstammt der SAP-Terminologie. Weitere Ausführungen hierzu liefert der Anhang, Kapitel 7.4.2 „Materialstamm".

Definition Materialstamm (Anlehnung an [Kohl-07]):

*Ein Materialstamm bildet ein physisch vorhandenes oder zu entwickeln-
des Teil, Baugruppe oder komplettes Produkt in einem IT-System ab.*

- In Stücklisten – im konzeptionellen Teil der Arbeit mit dem aussagekräf-
tigeren Begriff Produktstruktur versehen – wird die Struktur des Produkts aus unterschiedlichen Sichtweisen dargestellt: zunächst als
Konstruktionsstückliste, später als Montagestückliste. Um komplexe
Produkte zu beschreiben, sind Stücklisten i.d.R. mit Varianten versehen.
Diese Varianten sind separate Objekte, die in die Stücklisten integriert
sind. Für den konzeptionellen Teil sind die Objekte Stückliste und Variante von entscheidender Bedeutung und werden deshalb in den Kapiteln 3.5.3 „Produktstruktur / Stückliste" und 3.5.4 „Variante" erläutert.

- Entwicklungsbegleitend werden bereits in der Konstruktions- und Entwicklungsphase Ersatzteilkataloge angefertigt.

- Der Fertigungsarbeitsplan beschreibt auf Basis des CAD-Modells die
Arbeitsschritte, mit denen die Komponenten des zu entwickelnden Produkts zu fertigen sind.

- Extern gefertigte Komponenten werden über Angebote der Lieferanten
und über Aufträge des Fertigungsunternehmens dokumentiert.

- Im Montagearbeitsplan und in der Montagestückliste werden die Montagereihenfolge, die Montageanweisungen und die zu montierenden Teile
und Baugruppen in ihrer erforderlichen Menge dokumentiert.

- Um einen Ein- und Ausbau von Baugruppen beim Kunden im Feld zu
ermöglichen, ist es teilweise erforderlich, zusätzlich zu den konstrukti-
onsorientierten Baugruppen servicegerechte Baugruppen zu definieren.

- Serviceinformationen beschreiben, wie im Servicefall Reparaturen oder
der Austausch von Teilen und Baugruppen zu erfolgen hat.

Bild 3-22 stellt den Gesamtzusammenhang der PLM-Objekte dar. Das Bild
zeigt die Zusammenhänge der PLM-Objekte zueinander und deren zeitliche
Entstehung im Rahmen eines Produktentwicklungsprojekts.

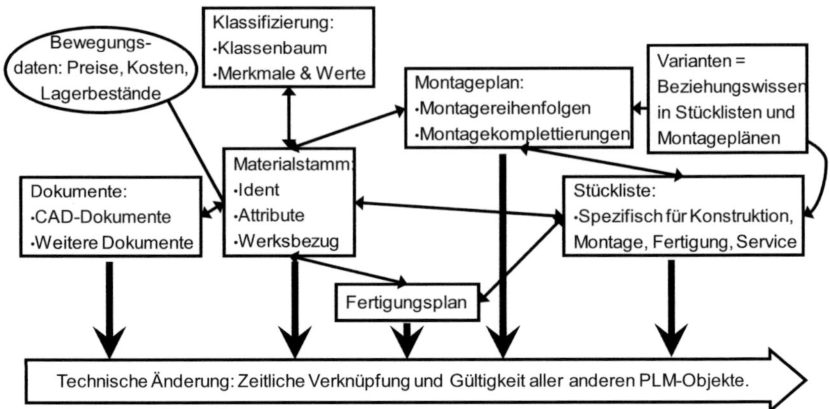

Bild 3-22: Zusammenhang der PLM-Objekte

Hinweise zur weiteren Vorgehensweise:

- *[GeFe-09], S. 17 benennen die Objekte, die im vorliegenden Kapitel beschrieben werden, wobei der Fokus von [GeFe-09] auf der mit den Objekten verbundenen Funktionalität (z.B. Dokumentenmanagement) liegt.*

- *Die Erläuterung der PLM-Objekte erfolgt in den nächsten Abschnitten und im Anhang häufig anhand von Bildschirmkopien des PLM-Systems, das bei der Firma Heidelberger Druckmaschinen AG im Einsatz ist [Heid-09c]. Dabei wird Wert darauf gelegt, dass alle Aussagen zu den PLM-Objekten allgemeingültig sind.*

- *Folgende Abschnitte bilden die Grundlage, um Ziel 2 der Arbeit („Es ist zu zeigen, mit welchen Lebenszyklusobjekten das Target Costing im Produktentstehungsprozess zu verankern ist") – siehe Kapitel 1.2 „Ziele und Inhalt der Arbeit" – umzusetzen. Der konzeptionelle Teil, siehe Kapitel 5 „Target Costing Integration mit Anwendung auf ein mechatronisches Modul" greift die für die Arbeit entscheidenden PLM-Objekte auf und bringt sie in den Kontext der Target Costing Integration.*

3.5.3 Produktstruktur / Stückliste

3.5.3.1 Definition und Begriffsklärung

Definition Produktstruktur (Quelle [EiSt-09], S. 28):

„Produktstrukturen, häufig auch als Stücklisten bezeichnet, beschreiben die Zuordnung von Produktkomponenten (Material, Halbzeug, Einzelteil, Baugruppe, Erzeugnis) zueinander. Die Zuordnung wird durch eine Beziehung der Art „gehört zu" (Komponentenverwendung) oder „besteht aus" (Komponentenauflösung) gebildet.

Hinweis zur Verwendung der Begriffe „Produktstruktur" und „Stückliste":

In PLM-Systemen findet man neben dem Begriff Produktstruktur den Ausdruck Stückliste. [Salm-02], S. 239 führen aus, dass inhaltlich nicht zwischen den Begriffen „Bill of material" (= Stückliste) und „product structure" unterschieden wird. Im konzeptionellen Teil der Arbeit wird der Begriff Produktstruktur verwendet, um den umfassenderen Charakter zu verdeutlichen.

3.5.3.2 Aufbau

Sind in Materialstämmen alle Informationen zu einem Teil oder einer Baugruppe abgebildet, so dient eine Stückliste dazu, die Informationen zu einem Produkt in einer strukturierten Form darzustellen.

Anhand des Bildschirmabzugs in Bild 3-23 und der folgenden Erläuterungen wird der prinzipielle Aufbau einer Stückliste für komplexe Produkte dargestellt:

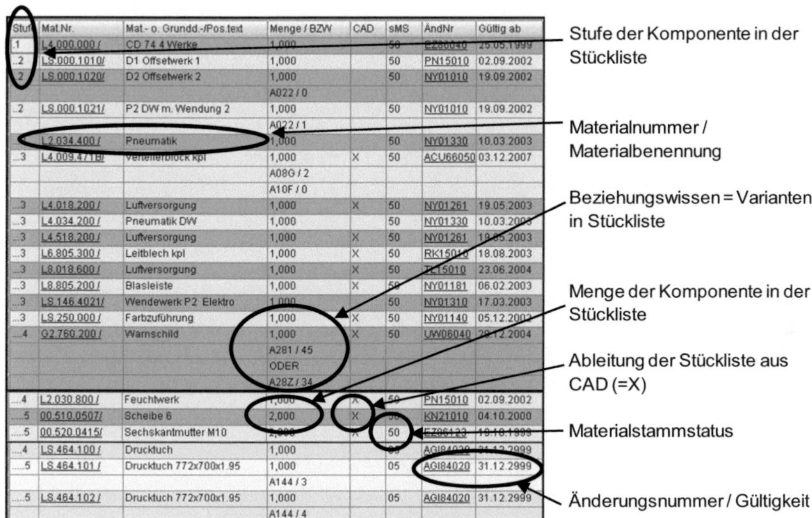

Stuf	Mat.Nr.	Mat.- o. Grundd.-/Pos.text	Menge / BZW	CAD	sMS	ÄndNr	Gültig ab
.1	L4.000.000 /	CD 74 4 Werke	1,000		50	EZ80040	25.05.1999
..2	LS.000.1010/	D1 Offsetwerk 1	1,000		50	PN15010	02.09.2002
2	LS.000.1020/	D2 Offsetwerk 2	1,000		50	NY01010	19.09.2002
			A022 / 0				
..2	LS.000.1021/	P2 DW m. Wendung 2	1,000		50	NY01010	19.09.2002
			A022 / 1				
..	L2.034.400 /	Pneumatik	1,000		50	NY01330	10.03.2003
...3	L4.009.471B/	Verteilerblock kpl	1,000	X	50	ACU66050	03.12.2007
			A08G / 2				
			A10F / 0				
...3	L4.018.200 /	Luftversorgung	1,000	X	50	NY01261	19.05.2003
...3	L4.034.200 /	Pneumatik DW	1,000		50	NY01330	10.03.2003
...3	L4.518.200 /	Luftversorgung	1,000	X	50	NY01261	19.05.2003
...3	L6.805.300 /	Leitblech kpl	1,000	X	50	RK15010	18.08.2003
...3	L8.018.600 /	Luftversorgung	1,000	X	50	TL15010	23.06.2004
...3	L8.805.200 /	Blasleiste	1,000	X	50	NY01181	06.02.2003
...3	LS.146.4021/	Wendewerk P2 Elektro	1,000		50	NY01310	17.03.2003
...3	LS.250.000 /	Farbzuführung	1,000	X	50	NY01140	05.12.2003
....4	G2.760.200 /	Warnschild	1,000	X	50	UW06040	29.12.2004
			A281 / 45				
			ODER				
			A28Z / 34				
....4	L2.030.800 /	Feuchtwerk	1,000	X	50	PN15010	02.09.2002
....5	00.510.0507/	Scheibe 6	2,000	X	50	KN21010	04.10.2000
....5	00.520.0415/	Sechskantmutter M10	2,000	X	50	EZ86133	19.10.1999
....4	LS.464.100 /	Drucktuch	1,000		05	AGI84020	31.12.2999
....5	LS.464.101 /	Drucktuch 772x700x1.95	1,000		05	AGI84020	31.12.2999
			A144 / 3				
....5	LS.464.102 /	Drucktuch 772x700x1.95	1,000		05	AGI84020	31.12.2999
			A144 / 4				

Bild 3-23: Stückliste (Quelle [Heid-09c])

Erläuterung zu Bild 3-23:

- Der grundsätzliche Aufbau einer Stückliste geschieht i.d.R. über eine Baumstruktur. Ein Gesamtprodukt wird auf beliebig vielen Ebenen, den so genannten (Stücklisten-) **Stufen** beschrieben. Diese Stufen bestehen aus Komponenten, unterhalb derer ihrerseits wieder Komponenten angeordnet sein können. Eine Stückliste ist also eine mehrstufige Baumstruktur.

- Jede Komponente wird durch eine **Materialnummer** und die zugehörige **Materialbenennung** beschrieben.

- Die **Menge** gibt an, wie oft das Teil in seine übergeordnete Baugruppe eingeht. Die Komponenten sind mit festen Mengen (1, 2, o.a.) in die Stückliste eingebunden oder sie kommen in den Stücklisten nur dann vor, wenn bestimmte Bedingungen (= **Beziehungswissen**) erfüllt sind. Vertiefung hierzu im Abschnitt 3.5.4 „Variante".

- Idealerweise entstehen Stücklisten im Rahmen der virtuellen Produktentwicklung aus den modellierten CAD-Baugruppen. Das CAD-Kennzeichen markiert, ob die Komponenten automatisch aus CAD-Baugruppen abgeleitet wurden (CAD = X) oder manuell in die Stückliste aufgenommen (CAD = „ ")

[Grup-95], S. 16: „Es ist immer wieder anzutreffen, dass Konstruktionsstücklisten im CAD-System und Montagestücklisten im PPS-System (Anmerkung des Autors: PPS, also Produktionsplanung und -steuerung; dieser Begriff wird in der vorliegenden Arbeit synonym mit dem Begriff ERP bezeichnet) geführt werden. Oft wäre es besser, wenn die Konstrukteure bereits im CAD-System eine fertigungsorientierte (in der Arbeit ist damit gemeint montageorientierte) Stückliste aufbauen würden, damit nur eine einzige Stückliste vorliegt und gepflegt werden muss." [Grup-95], S. 74: „In manchen Fällen ist die mit der Zeichnung im CAD-Gerät erstellte Stückliste eine reine Funktionsstückliste, die für Montagezwecke unzureichend ist. Eine Überarbeitung erfolgt in diesem Fall durch die Arbeitsvorbereitungsstelle nach der Stücklistenübernahme in die PPS-Datenbank."

Dieser Konflikt ist immer noch nicht gelöst. Im Gegenteil, mit der Einführung von 3D CAD-Systemen ist die Strukturierung der CAD-Baugruppen und damit der Konstruktionsstücklisten – wenn diese gekoppelt sind – zwangsläufig geometrisch orientiert. Montagestücklisten sind dagegen nach Montageschritten aufgebaut. Siehe hierzu Kapitel 5.4.3 „Schritt C3 Montageplanung durchführen".

- Den Reifegrad der Komponenten markiert der **Materialstammstatus**.

- Die zeitliche Gültigkeit von Stücklisten wird über eine **Änderungsnummer** und ein **Gültigkeitsdatum** ausgedrückt, siehe Anhang 7.4.4 „Änderungsmanagement".

[Schi-02], S. 105ff beschreibt den Aufbau von Produktstrukturen anhand vieler Praxisbeispiele aus der Automobilindustrie. Die Produktstrukturierung ist stark abhängig vom jeweiligen Produkt. Im Allgemeinen folgt die Strukturierung von Produkten in einzelne Subsysteme keinen einheitlichen Standards. [Rahm-07], S. 95f benennt für die Strukturierung eines Nutzfahrzeugs die möglichen Systemebenen:

- Gesamtfahrzeug / Gesamtsystem,

- Aggregat / Modul / (Teil-)System, beispielsweise Antrieb,

- Komponente / Baugruppe, beispielsweise Zahnräder,

- Bauteil, beispielsweise Schraube,

- Rohstoff / Grundstoff, beispielsweise Blech,

wobei er davon ausgeht, dass diese Aufteilung nicht stringent einzuhalten ist, „da auch Aggregate oder Module wiederum aus Subsystemen bestehen können." [Rahm-07], S. 96.

In der vorliegenden Arbeit wird der grundsätzliche Aufbau der Produktstruktur Folgendermaßen vorgenommen: Gesamtprodukt // Baugruppe // Einzelteil // Rohmaterial. Eine Baugruppe besteht aus weiteren Einzelteilen und / oder Baugruppen, d.h., dass unterhalb einer Baugruppe weitere Baugruppen hängen. Die Strukturierungstiefe ist prinzipiell beliebig. Unterhalb eines Einzelteils können sich dagegen keine weiteren Einzelteile oder gar Baugruppen befinden. Lediglich Rohmaterialien, die den Ausgangszustand für die jeweiligen Einzelteile liefern, hängen strukturell unterhalb der Einzelteilebene. Als Überbegriff für alle Strukturierungsebenen wird in dieser Arbeit der Begriff **Komponente** verwendet. Jede Stücklistenebene wird im Verlauf der Arbeit als Komponente bezeichnet. Damit ergibt sich die folgende Definition:

Definition Komponente (im Rahmen einer Stückliste oder Produktstruktur):

Eine Komponente ist eine beliebige Stücklistenebene. Eine Komponente kann, muss aber nicht, aus anderen Komponenten bestehen.

3.5.3.3 Zweck einer Stückliste

Nach [Grup-95], S. 3f hat eine Stückliste folgende **Zwecke** zu erfüllen:

- „In der Grunddatenverwaltung bilden die Sachstammdaten (Anmerkung des Autors: gemeint sind „Materialstämme") zusammen mit den Stücklisten einen **Informationsspeicher**". Damit kann die Zusammensetzung eines Produkts oder auch nur einer Baugruppe strukturell dargestellt werden.

- „Bei der **Materialbedarfsermittlung** findet eine Auflösung des vorhandenen Nettobedarfs der Erzeugnisse oder Baugruppen über die Stückliste in die tieferen Komponentenstufen statt." Die Gesamtmengen von Materialstämmen in Stücklisten werden durch Multiplikation über Stücklistenstufen hinweg und Addition der einzelnen Stücklistenzweige ermittelt.

- „Stücklisten sind erforderlich für eine kurzfristige **Verfügbarkeitskontrolle**". Die Materialstämme, die über die Bedarfsplanung ermittelt wurden, können gegen den vorhandenen Lagerbestand geprüft werden. Daraus sind dann ggf. Bestellungen an Lieferanten oder an die unternehmensinterne Fertigung abzuleiten.

- „Das **Ersatzteilwesen** benötigt Sachstämme und Stücklisten zur Feststellung der Ersatz- und Verschleißteile."

- „Schließlich greift die **Angebots- und Erzeugniskalkulation** auf die Stücklisten und Arbeitspläne zurück." Multipliziert man die erforderlichen Mengen, die über die Materialbedarfsplanung ermittelt werden, mit den jeweiligen Kundenaufträgen, dann ermittelt man dadurch die in bestimmten Zeiteinheiten erforderlichen Mengen der jeweiligen Materialstämme. Diese Mengen sind ein wichtiger Indikator für die am besten geeigneten Fertigungsverfahren der Materialstämme und damit der notwendigen Herstellkosten der Teile.

Außer den von [Grup-95] genannten Zwecken erfüllt eine Stückliste noch weitere Zwecke:

- Darstellen der räumlichen oder funktionalen Zusammengehörigkeit von Komponenten und Baugruppen.

- Aufzeigen der Montageschritte von Baugruppen und gesamten Produkten.

- Planen der benötigten Schritte für die Fertigung von Teilen.

- [GeGr-09] verwenden die Produktstruktur, um Produktinformationen während des Lebenszyklus eines Produkts zu sammeln und darzustellen. Die Produktstruktur ist für [GeGr-09], S. 73 dabei die Basis für den „lean design approach", mit dem Ziel, die „engineering change management analysis during the redesign process" zu verbessern.

- Informationen des Target Costings verankern. Dieser Aspekt ist wichtiger Bestandteil des Konzepts und wird in den Kapiteln 4 „Methoden zur Unterstützung des Target Costings" und 5 „Target Costing Integration mit Anwendung auf ein mechatronisches Modul" erläutert.

3.5.3.4 Stücklistentypen /-arten

Stücklistentypen:

Unterschieden werden Stücklisten gewöhnlich in Komplett- und Maximalstücklisten (alternative Bezeichnung für Maximalstückliste ist „offene Variantenstückliste"). **Komplettstücklisten** beschreiben und gliedern ein Produkt ohne zusätzliche Informationen vollständig. **Maximalstücklisten** bilden alle Varianteninformationen und Änderungszustände einer Stückliste ab. Zur Beschreibung eines konkreten Produktes bedarf es also zusätzlicher Informationen, z.B. eines Auftrages. [Grup-95], S. 9, Um die gewöhnlich hohe Komplexität und Vielfalt im Maschinenbau (siehe Kapitel 2 „Untersuchungsgegenstand: (Sonder-)Maschinenbau") abzubilden, ist der dafür notwendige Stücklistentyp der der Maximalstückliste. Dieser Stücklistentyp ist Grundlage der vorliegenden Arbeit.

Stücklistenarten:

Es ist erforderlich, für unterschiedliche Anwendungszwecke und unterschiedliche Anwenderkreise unterschiedliche Stücklisten aufzubauen. „Jeder Anwender erhält vom System seine eigene Sicht des Stücklistenaufbaus und -inhalts. (…). (Allerdings) dürfen die Erzeugnisstrukturen der verschiedenen Anwendergruppen nicht zu weit auseinanderklaffen." [Grup-95], S. 123. Unternehmen mit komplexen Produkten bauen i.d.R. nicht nur eine Stückliste mit unterschiedlichen Sichten auf, sondern erstellen und pflegen unterschiedliche Stücklisten für unterschiedliche Verwendungszwecke. [EiBi-07] beschreiben die Problematik, dass die Sichtweisen auf die Produkte und damit die Stücklisten in Konstruktion und Montage unterschiedlich sind.

Bild 3-24 unterscheidet die Stücklistenarten:

- Da die **Konstruktionsstückliste** die erste Stückliste ist, die im Produktentstehungsprozess entsteht, ist es sinnvoll, an dieser Stückliste auch die Informationen des Target Costings zu verankern.

- Die **Montagestückliste** enthält im Sinne der Produktkosten die wichtigen Montagekosten. Da die Montagekosten erst zu einem späteren Zeitpunkt des Produktentstehungsprozesses entstehen, ist eine Möglichkeit vorzusehen, den Montagekostenanteil angemessen für die Kalkulation der Produktkosten zu berücksichtigen.

- Die **Servicestückliste** wird im Rahmen der Arbeit nicht näher betrachtet.

Neben diesen Stücklistenarten haben Einkauf und Fertigung oft noch eigene Sichten oder gar eigenständige Stücklisten.

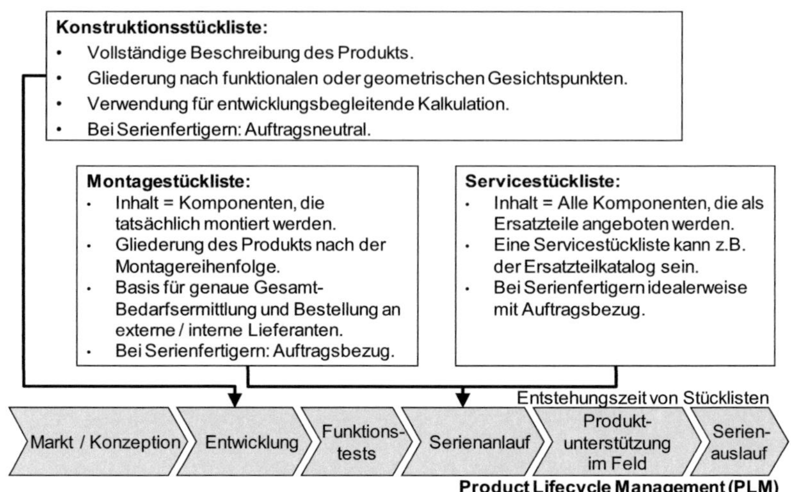

Bild 3-24: Stücklistenarten

3.5.4 Variante

3.5.4.1 Definition und Abgrenzung

Steigende Kundenanforderungen bewirken, dass Erzeugnisse nicht nur als Standardprodukte angeboten werden. Kunden verlangen nach Differenzierung. Die zunehmende Differenzierung von Produkten ist in allen Branchen der Fertigungsindustrie – insbesondere in den Branchen Maschinenbau, Automobilunternehmen, Elektrotechnik – festzustellen. Die Differenzierung wird durch Varianten ermöglicht. Beispiele für individualisierte Kundenanforderung und deren Umsetzung mit Hilfe von Varianten sind in der Automobilindustrie zu finden (siehe [Kohl-07]) aber auch bei Haushaltsgeräten. [Stur-06], S. 85-98 beschreibt ähnliche Anforderungen an Individualisierung und damit die Zunahme von Varianten bei Haushaltsgeräten, am Beispiel Bosch Siemens Hausgeräte. Bereits in Kapitel 2 „Untersuchungsgegenstand: (Sonder-)Maschinenbau" wurde im Maschinenbau die Anzahl der durch Kunden auswählbaren Varianten am Beispiel Bogenoffsetmaschinen als vergleichsweise hoch angesehen.

Definition Varianten (Quelle [ArDe-05], S. 207f (Anlehnung an DIN 199-1):

„Varianten sind Gegenstände ähnlicher Form und / oder Funktion mit einem in der Regel hohen Anteil an identischen Baugruppen. Die Varianten sind zeitlich parallel existierende, vergleichbare Ausprägungen ein und desselben Erzeugnisses bzw. Ergebnisses, die sich anhand definierter Merkmale voneinander unterscheiden."

Grundsätzlich sind Fertigungsunternehmen bestrebt, die von den Kunden gewünschte Anzahl sogenannter externer Varianten – also unterschiedlicher Produkte – bereitzustellen, wobei die Anzahl interner Varianten – in Form unterschiedlicher Teile – gleichzeitig so gering wie möglich zu halten ist. [FrHe-02], S. 16 beschreiben dies durch die Regel „Funktionale Varianz durch Konfiguration statt durch Konstruktion erreichen!"

Abgrenzung:

[FrHe-02], S. 26-51 benennen einige Effekte der Kostenverrechnung, die dazu führen, dass variantenreiche Produkte gegenüber Standardprodukten in hohen Stückzahlen oft zu günstig bewertet werden. Die daraus resultierenden unterschiedlichen Methoden der Variantenkostenrechnung sind nicht Gegenstand der vorliegenden Arbeit, da sich daraus keine Erkenntnisse bzgl. der Einflussfaktoren des Produktentstehungsprozesses auf das Target Costing ableiten lassen.

Wie in den vergangenen Kapiteln veranschaulicht, werden die Produkte über Produktstrukturen beschrieben und so ist es wichtig, Varianten ebenfalls in Produktstrukturen abzubilden, wie dies in den folgenden Abschnitten dargestellt wird.

3.5.4.2 Variantengrunddaten und Beziehungswissen

Die Sprache, über die Varianten abgebildet werden, wird in dieser Arbeit als **Variantengrunddaten** bezeichnet. Variantengrunddaten setzen sich zusammen aus **Variantenmerkmalen** (siehe [Schi-02], S. 132) und **Merkmalsausprägungen**. Die Merkmalsausprägungen werden auch Merkmalswerte genannt. Diese Begriffe verwendet beispielsweise [Kohl-07], S. 179f, ohne sie jedoch zu definieren. In allgemeiner Form beschreiben auch [BiLi-07b], S. 105-115, die im Folgenden vorgestellte Methodik. Tabelle 3-3 erläutert die Variantengrunddaten und die im Weiteren verwendete Nomenklatur. Die Nomenklatur ist eine willkürliche Festlegung, die dazu dient, Merkmale und Ausprägungen unterscheiden zu können.

Dabei gibt es Variantenmerkmale, aus denen die potenziellen Kunden der Produkte ihren Auftrag zusammenstellen können. Dieser Auftrag beinhaltet die so genannte **Auftragskonfiguration**, also die Ausprägungen zu den jeweiligen Variantenmerkmalen, die Bestandteil des gewünschten Produkts sein sollen. Zudem gibt es so genannte indirekte Variantenmerkmale, die aus Kundenaufträgen abgeleitet werden.

Neben den Definitionen und der verwendeten Nomenklatur zeigt Tabelle 3-3 drei Beispiele aus der Automobilindustrie bzw. dem Maschinenbau (Bogenoffsetmaschine). Die Variantenmerkmale „Schiebedach" und „Motorausführung" könnten direkte, vom Kunden wählbare, Variantenmerkmale sein; allerdings könnte sich das Variantenmerkmal Motorausführung auch aus einem direkten Merkmal, z.B. Automodell ableiten.

Um Gültigkeiten eindeutig zu definieren, ist es häufig zweckmäßig, dass alle Merkmalsausprägungen zu einem Variantenmerkmal disjunkt sind, d.h. dass die jeweiligen Merkmalsausprägungen keine gemeinsame Schnittmenge haben. Unter dieser Voraussetzung wäre das letzte Beispiel „Spannungsausführung" nicht zulässig, da die Merkmalsausprägung „110 – 380 Volt" die Merkmalsausprägung „110 Volt" beinhaltet.

Varianten-Grunddaten	Variantenmerkmal	Merkmalsausprägung
Erläuterung	Variantenmerkmale legen prinzipiell mögliche Ausstattungen von Produkten fest.	Merkmalsausprägungen sind spezifisch mit genau einem Variantenmerkmal verknüpft und stellen eine Auswahl unterschiedlicher Werte dar, die zu einem Variantenmerkmal ausgewählt werden können.
Nomenklatur	I, II, III, IV, V, … Allgemein: M (für Merkmal)	1,2,3,4,5,… Allgemein: a (für Ausprägung)
Beispiel 1 – Auto	Schiebedach	mit; ohne
Beispiel 2 – Auto	Motorausführung	50 kW; 80 kW; 100 kW
Beispiel 3 – Bogenoffsetmaschine	Spannungsausführung	110 – 380 Volt; 220 Volt; 480 Volt

Tabelle 3-3: Variantenmerkmale und Merkmalsausprägungen

Die Variantengrunddaten werden mit Stücklisten verknüpft; diese Verknüpfung wird mit dem Ausdruck **Beziehungswissen** bezeichnet; siehe [Kohl-07], S. 190ff. Die Bezeichnung „Beziehungswissen" verwendet SAP, um die Abbildung von Varianten in Stücklisten zu beschreiben. Um die größtmögliche Flexibilität zu gewährleisten, kann in jeder Stücklistenstufe ausgesagt werden, unter welcher Bedingung die Komponente und damit in Bezug auf die Stückliste alle darunter liegenden Komponenten gültig sind. Dabei können unterschiedliche Bedingungen miteinander verknüpft sein. Prinzipiell sind beim Aufbau von Beziehungswissen Boolesche Operationen, wie <UND>, <ODER>, <UNGLEICH> <KLEINER ALS> erlaubt. Die folgenden Beispiele in Tabelle 3-4 dienen der Verdeutlichung des Beziehungswissens. Dabei werden lediglich die Booleschen Operatoren <UND> und <ODER> verwendet. Eine Stückliste ist genau dann gültig, wenn…

Beispiel	Beziehungswissen
# 1	… I, 1
# 2	… I, 2 <ODER> 3
# 3	… II, 1 <UND> III, 4
# 4	… ((IV, 2 <ODER> 3) <UND> (V, 2)) <ODER> (VI, 1 <ODER> 6)

Tabelle 3-4: Beispiele für Beziehungswissen

Als Beispiel für die Umsetzung von Beziehungswissen in einem PLM-System dient Bild 3-25, das einen sogenannten Beziehungswissenbaustein zeigt.

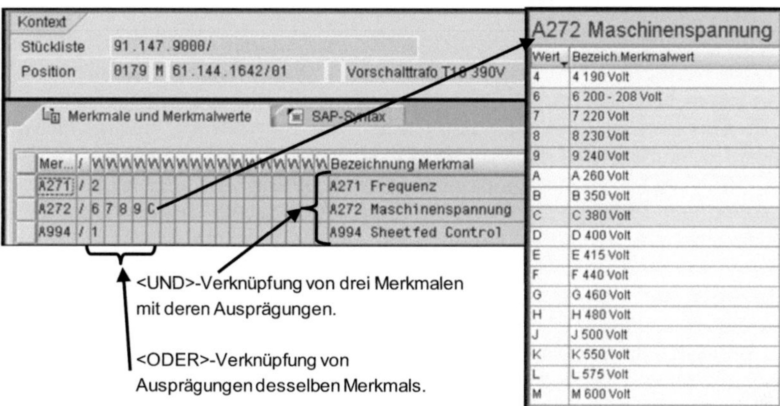

Bild 3-25: Beziehungswissenbaustein im PLM-System (Quelle [Heid-09c])

Erläuterung zu Bild 3-25:

- Der Komponente „61.144.1642/01" in der Stückliste 91.147.9000/" ist Beziehungswissen in Form von <UND> / <ODER>- Kombinationen von Merkmalen und Ausprägungen zugeordnet:

- Der Beziehungswissenbaustein enthält drei Variantenmerkmale (Frequenz, Maschinenspannung, Sheetfed Control), die mit UND verknüpft sind.

- Das Merkmal Maschinenspannung hat 5 Ausprägungen: 200-208 Volt, 220 Volt, 230 Volt, 240 Volt und 380 Volt.

- Die Konvention, die dieser Darstellung implizit zugrunde liegt ist, dass die Ausprägungen des zweiten Merkmals untereinander mit ODER verknüpft sind. (Eine UND-Verknüpfung der Merkmale ergäbe aufgrund der disjunkten Merkmalsausprägungen keinen Sinn.)

- Das Variantenmanagement ist erforderlich, um die Anzahl aufzubauender Stücklisten so gering wie möglich zu halten. Anhand einer Praxisbetrachtung (siehe Anhang, Abschnitt 7.4.5.3 „Ergänzungen zum Thema Varianten im Maschinenbau") wird folgender Nachweis erbracht: Bei hinreichend komplexen Produkten mit hoher Varianz ist es erforderlich, die Varianten über geeignete Instrumente abzubilden. Es ist weder praktikabel noch wirtschaftlich, komplexe Produkte mit hoher Varianz über unterschiedliche Produktstrukturen pro Variante abzubilden. Zudem ist es unmöglich, jede Produktvariante als eigenständige Kalkulationseinheit zu betrachten. Siehe auch [FrHe-02], S. 29.

3.5.5 CAD-Integration

3.5.5.1 Grundlagen

[Schö-99], S. 10 erläutert, dass Computer Aided Design (CAD) für rechnerunterstützte Konstruktion in Technik, Architektur und Wissenschaft steht und sich in den Bereichen Mechanik, Elektrotechnik und Elektronik wiederfindet. [Salm-02], S. 65ff beschreiben, wie CAD und PLM miteinander gekoppelt werden können und verwenden hierfür überwiegend den Begriff „Interface" (= Schnittstelle). 3D-CAD-Systeme sind elementarer Bestandteil des PLM-Prozesses und damit der PLM-Systemlandschaft. Deshalb lautet die Überschrift dieses Kapitels nicht CAD-Schnittstelle sondern CAD-Integration.

CAD-Daten sind ebenso wie Materialstämme, Stücklisten und die anderen, bisher beschriebenen, PLM-Objekte erforderlich, um ein Produkt zur Serienreife zu bringen, siehe [Kohl-07], S. 212f. [EiSt-09], S. 2f schreiben, dass PLM selbstverständlich auch „moderne CAD-, CAM- und CAE-Systeme" umfasst.

Während im Maschinenbau bis vor einigen Jahren üblicherweise noch 2D-CAD-Systeme im Einsatz waren und dies in kleineren Unternehmen teilweise noch sind, arbeiten insbesondere größere Maschinenbauunternehmen nahezu durchgehend mit 3D-CAD-Systemen. Dabei werden kürzere Entwicklungszeiten, geringere Fehlerquoten und besser abschätzbare Eigenschaften des Produkts als Hauptvorteile genannt, wobei der Leistungsumfang der CAD-Systeme mitunter noch nicht ausreicht, um komplexe Zusammenbauten im CAD-System abbilden zu können. [KoGl-08], S. 79.

Wie in Bild 3-26 zu erkennen ist, werden in 3D-CAD-Systemen neben den Einzelteilen auch Baugruppen modelliert. Die Möglichkeit der Baugruppenmodellierung ist neben der Darstellung der Komponenten in 3D einer der großen Unterschiede zur 2D-Modellierung. Die 3D-CAD-Modelle enthalten also neben der Geometrie eine Struktur – im Bild auf der rechten Seite. Ebenso wie Stücklisten sind auch 3D-CAD-Baugruppen mehrstufig aufgebaut. Damit können 3D-Baugruppen als Vorlage für die automatisierte Erstellung von Stücklisten verwendet werden, siehe Abschnitt 3.5.5.2 „Stücklistenableitung aus 3D-CAD-Baugruppen".

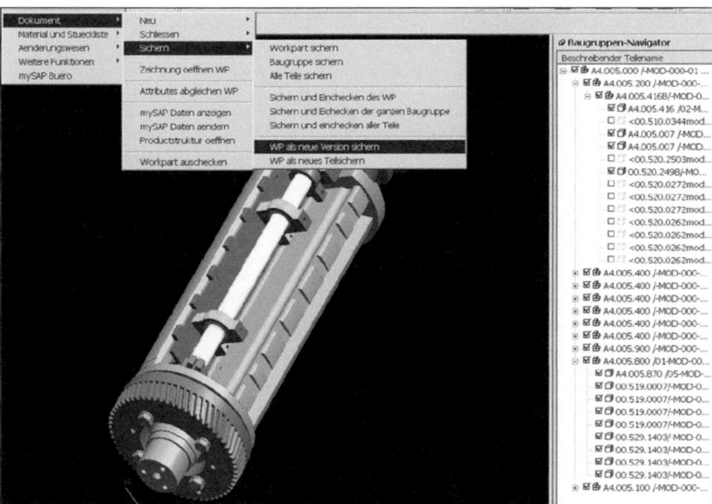

Bild 3-26: Zylinder einer Bogenoffsetmaschine (Quelle [Heid-09c])

Neben 3D-Modellen werden in Fertigungsunternehmen häufig noch 2D-Zeichnungen erzeugt. Sind 3D-CAD-Systeme im Einsatz, dann ist die Erstellung von 2D-Zeichnungen i.d.R. eine Ableitung aus den 3D-Modellen. Aus folgenden Gründen wird die Ableitung durchgeführt:

- Folgeprozesse wie die interne Fertigung basieren auf 2D-Zeichnungsdaten.

- Lieferanten erstellen ihre Angebote und liefern ihre Komponenten ebenfalls oft noch auf der Basis von 2D-Zeichnungsdaten.

- 3D-CAD-Systeme sind häufig noch nicht in der Lage, alle erforderlichen Informationen der Komponenten (insbesondere nicht-geometrierelevante Daten) komfortabel im 3D-Modell abzubilden.

Bei der Ableitung von 2D-Zeichnungsdaten ist darauf zu achten, dass möglichst viel Information, insbesondere alle Geometriedaten, vollständig vom 3D-Modell in die 2D-Zeichnung übernommen wird und in der 2D-Zeichnung nicht mehr verändert werden kann. Im Falle des CAD-Systems Siemens NX heißt diese Eigenschaft bezeichnenderweise „Master-Model-Konzept". Zur Vermeidung von Fehlern und zur Komforterhöhung ist zudem darauf zu achten, dass – wenn das 3D-Modell und die 2D-Zeichnung in unterschiedlichen Dokumenten abgespeichert werden – die Dokumentenbenummerung von 3D-Modell und 2D-Zeichnung synchronisiert wird. Auf die Benummerung von Dokumenten wird im Anhang, Abschnitt 7.4.3.1 „Zuordnung Materialstamm – Dokument" hingewiesen.

In Kapitel 3.5.2 „Definition und Grundlagen zu PLM-Objekten" wurde der Begriff PLM definiert. Um der Integration von CAD und PLM gerecht zu werden, wird folgende ergänzende Definition vorgeschlagen:

Ergänzende Definition des Begriffs PLM:

PLM ist die intelligente Verknüpfung geometrischer und numerischer Grunddaten und deren Transport durch den Produktentstehungsprozess.

Zur Verdeutlichung beleuchten die folgenden Ausführungen die funktionale Integration von CAD und PLM. Die Betrachtung findet unabhängig von möglichen Ausgestaltungen der Systemarchitektur statt. Bild 3-27 zeigt die prinzipielle Integration zwischen CAD und PLM.

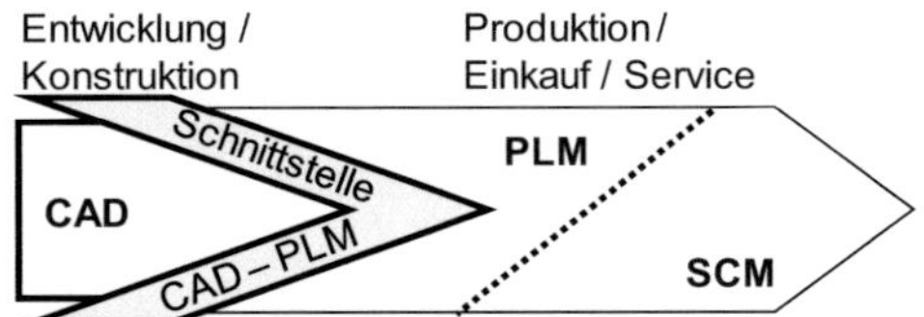

Bild 3-27: Integration von CAD und PLM

Typischerweise wird die Integration zwischen CAD und PLM mit Hilfe von Systemfunktionen unterstützt, siehe [Schö-99], S. 237f. Dabei sind die einzelnen Funktionen und damit die Tiefe der Integration zwischen CAD und PLM in den Fertigungsunternehmen unterschiedlich ausgestaltet. Die folgende Auflistung kann somit lediglich eine Auswahl möglicher Funktionen sein:

- **Dokumentenverwaltung** (siehe Abschnitte 3.5.2 „Definition und Grundlagen zu PLM-Objekten" und 7.4.3 „Dokument"): 3D-CAD-Modelle und 2D-Zeichnungen sind Dokumente. Diese CAD-Dokumente müssen in einem System verwaltet werden. Dabei sind die Zugriffe auf CAD-Dokumente gemäß einem zugrunde liegenden Berechtigungskonzept zu unterstützen. Wenn CAD-Dokumente einem Anwender schreibend zur Verfügung gestellt werden, dann dürfen alle anderen Anwender nur lesend auf diese Dokumente zugreifen. Der lesende und der schreibende Zugriff auf ein CAD-Dokument bedingt einen so genannten Auscheckvorgang („check-out") aus dem Dokumentenverwaltungssystem. Ein check-out einer CAD-Baugruppe impliziert gleichzeitig das Auschecken derjenigen CAD-Modelle, die Komponenten dieser Baugruppe sind – ggf. auch mehrstufig. Siehe auch [ArDe-05], S. 94f.

- Die Integration zwischen CAD und PLM unterstützt die **Freigabemechanismen** der CAD-Modelle. Das CAD-System selbst ist ein Erstellungssystem und speichert somit keine Objekte, also CAD-Modelle. Anstatt dessen sind diese Objekte Elemente des PLM-Systems. Damit ist auch das PLM-System für die Statusverwaltung und für Freigabemechanismen der CAD-Objekte verantwortlich (siehe ebenfalls Abschnitte 3.5.2 „Definition und Grundlagen zu PLM-Objekten" und 7.4.3 „Dokument").

- Aus den CAD-Baugruppen können **Stücklisten** abgeleitet werden, siehe folgender Abschnitt.

- Verknüpfung der PLM-Objekte und der CAD-Modelle: CAD-Dokumente sind i.d.R. genau einem Materialstamm zugeordnet. Die CAD-/PLM-Integration verknüpft über Systemfunktionen die beiden Objekte Materialstamm und Dokument. Außer der harmonisierten Benummerung können mit der Verknüpfung von Materialstamm und Dokument weitere Attribute der beiden Objekte synchronisiert werden. Beispiel anhand des Attributs Status von Dokument und Materialstamm und dessen Synchronisierung: Es ist notwendig, dass die Statuswerte von Materialstamm und Dokument aufeinander abgestimmt und die Veränderung eines Statuswertes eines der beiden Objekte regelbasiert eine Änderung des Statuswerts des jeweiligen anderen Objekts bedingt. So ist wichtig, dass sich Dokumente inhaltlich nicht mehr verändern lassen, wenn die verknüpften Materialstämme bereits in den Produktionsprozess eingesteuert wurden.

- **Viewing** von CAD-Modellen: Insbesondere für diejenigen Bereiche, die im Produktentstehungsprozess der eigentlichen Entwicklung nachgelagert sind, ist es wichtig, sowohl Einzelteil-Modelle als auch Baugruppen-Modelle grafisch anzeigen zu können. Die automatische, statusabhängige Erzeugung der Neutralformate und deren Verknüpfung mit den jeweiligen Dokumentinfosätzen ist die Voraussetzung für das Viewing der Einzelteil-Modelle und Baugruppen-Modelle. Diese Funktion existiert typischerweise sowohl für 3D-Modelle als auch für 2D-Zeichnungen.

- Auch die **Integration der Teileklassifizierung** ist eine Funktion der Integration von CAD und PLM.

Die Integration von CAD und PLM ist somit Basis für die Nutzung gemeinsamer Daten und Prozesse sowohl in der Entwicklung / Konstruktion als auch in den Folgeabteilungen. Damit können gemeinsame Tools und Workflows für ihre Kommunikation über die PLM-Prozesskette konzipiert und umgesetzt werden.

3.5.5.2 Stücklistenableitung aus 3D-CAD-Baugruppen

In frühen Phasen des Produktentstehungsprozesses sind virtuelle Baugruppen in Form von 3D-CAD-Baugruppen die wichtigste Form, um Produkte zu dokumentieren. I.d.R. reichen diese CAD-Modelle als Dokumentationsobjekt nicht aus, um Produkte gesamthaft zu beschreiben. Die wichtigsten Objekte im Fertigungsunternehmen, die benötigt werden, um Folgeprozesse wie Einkauf und Produktion auszulösen, sind Materialstamm und Stückliste. Nur mit diesen Objekten können Vorgänge wie Bestellungen, Warenbewegungen, arbeitsgangbezogene Materialbereitstellungen, Lagerhaltung u.v.m. ausgelöst und umgesetzt werden. Spätestens dann, wenn im Produktentstehungsprozess physische Teile benötigt werden, ist es erforderlich, Materialstämme und Produktstrukturen anzulegen. Idealerweise sind die Strukturen der CAD-Baugruppen und die Materialstücklisten identisch. Ein sinnvoller Weg, um die Deckungsgleichheit von CAD-Baugruppen und Materialstückliste sicherzustellen, besteht darin, Materialstücklisten aus CAD-Baugruppen automatisch abzuleiten. [Send-07], S. 45: „Die automatische Ausleitung von Stücklisten macht etliche bisher notwendige Arbeitsschritte in verschiedenen Abteilungen überflüssig." Folgende Argumente sprechen für die automatische Ableitung der Stückliste:

+ Verringerung des Arbeitsaufwands bei der Erstellung der Materialstückliste.

+ Dadurch, dass Materialstücklisten automatisch abgeleitet werden, liegen sie zu einem früheren Zeitpunkt vor und können für Folgeprozesse im und außerhalb des Unternehmens, z.B. in der Lieferantenkommunikation, verwendet werden.

+ Aufgrund des Single Source Prinzips für die CAD-Teile sind die Daten in CAD-Baugruppen und Materialstücklisten konsistent.

Neben den Vorteilen, die die automatische Ableitung von Stücklisten aus CAD-Baugruppen bietet, gibt es folgende Nachteile und Risiken der automatischen Stücklisten-Ableitung:

– Für bestehende Maschinen müssen Baugruppen umstrukturiert werden, wenn diese Baugruppen nicht zuvor bereits geometriegerecht erzeugt wurden. Das verursacht hohe Aufwände, die i.d.R. bei bestehenden Maschinen nicht geleistet werden können und sollten.

– Nur die Konstruktions-Produktstruktur wird aus der CAD-Baugruppe abgeleitet, die Montagestückliste ist wiederum anders aufgebaut. Dies ist ein prinzipielles Problem, das im Konzeptteil der Arbeit in Kapitel 5.4.3 „Schritt C3 Montageplanung durchführen" beleuchtet wird.

Bild 3-28 zeigt, wie eine Stücklistenableitung erfolgen kann. Die Abbildung geht davon aus, dass die Datenhaltung der CAD-Daten im PLM-System erfolgt, d.h. das PLM-System ist das Dokumentenmanagementsystem für die CAD-Daten. Idealerweise wird die Materialstückliste in demselben IT-System aus den 3D-CAD-Baugruppen automatisch abgeleitet. Dabei ist auf jeden Fall sicherzustellen, dass diejenigen Daten, die aus dem CAD-System in Materialstücklisten abgeleitet werden, in der Materialstückliste nicht manuell verändert werden dürfen. Ein solcher Mechanismus kann beispielsweise durch ein Attribut in der Materialstückliste erfolgen (= „CAD-Kenner"). Der CAD-Kenner sagt aus, ob das jeweilige Stücklistenelement aus CAD-Baugruppen erzeugt wurde. In diesem Fall können Änderungen ausschließlich aus den CAD-

Baugruppen heraus umgesetzt werden. Abgeleitete Materialstücklisten können um Komponenten ergänzt werden, die nicht im CAD-System erzeugt wurden – beispielsweise sind dies nicht-geometrische Komponenten wie Öle oder Fette oder bestimmte elektronische Bauteile.

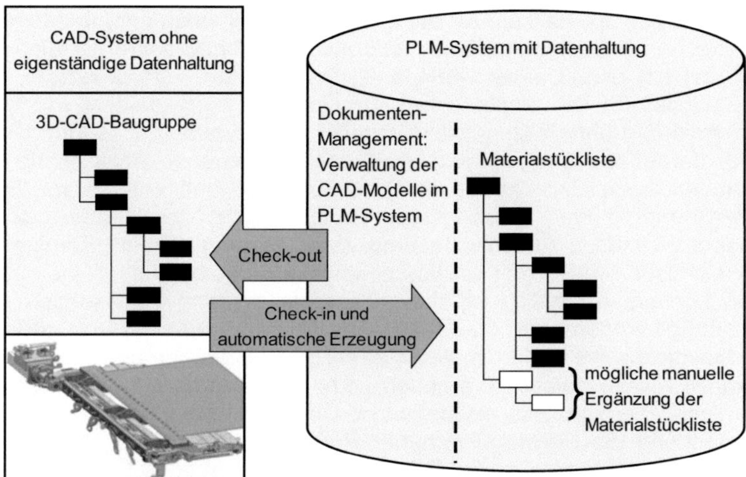

Bild 3-28: Ableitung der Materialstückliste aus 3D-CAD-Baugruppen

3.6 Aufbauorganisation im Produktentstehungsprozess

3.6.1 Grundsätzliche Organisationsformen von Unternehmen

Das Thema Aufbauorganisation wird aus zwei Gründen im Rahmen dieser Arbeit behandelt: Zum einen trägt die Ausgestaltung der Aufbauorganisation dazu bei, wie gut die Integration des Produktentstehungsprozesses in den Gesamtkontext der Unternehmensprozesse erfolgt. Es gibt Formen von Aufbauorganisationen, die dem Innovations- und Produktentstehungsprozess förderlicher sind als andere. Auf diesen Aspekt wird im vorliegenden Abschnitt eingegangen. Der darauf folgende Abschnitt dieses Kapitels stellt einige Elemente innerhalb der Aufbauorganisation vor, die dazu beitragen, den Produktentstehungsprozess zu unterstützen.

Die Begriffe Aufbauorganisation, Aufbaustruktur oder einfach nur Struktur werden von unterschiedlichen Autoren im selben Sinn benutzt, siehe [Weus-04], S. 113 – 214.

Die Aufbauorganisation bildet den Rahmen, in dem Unternehmen ihre Prozesse gestalten. Aufbauorganisationen dienen dazu, diese Prozesse und damit die eigentlichen Geschäftsziele bestmöglich zu erreichen. Grundsätzlich lassen sich nach [Weus-04], S. 113 – 214, mehrere Grundtypen von Strukturen unterscheiden: Funktionale Organisation, Matrixorganisation und Divisionalorganisation.

Bei der **funktionalen Organisation** ist das Unternehmen nach Funktionen wie Forschung & Entwicklung, Produktion, Einkauf oder Controlling gegliedert, siehe Bild 3-29. Spezialisten für die einzelnen Funktionen sind in den jeweiligen Bereichen angesiedelt. Jeder Mitarbeiter ist genau einem Bereich zugeordnet und hat genau einen – eindeutig festgelegten – Vorgesetzten. Diese Organisationsform ist hauptsächlich für Unternehmen geeignet, deren Geschäft stetig und ohne allzu große Veränderungen verläuft. Das trifft dann zu, wenn es darauf ankommt, eingespielte Geschäftsprozesse möglichst häufig zu wiederholen, beispielsweise für die Produktion und den Vertrieb von Serien- oder Massenprodukten. Besonderes Kennzeichen dieser Organisationsform ist, dass die Tendenz zur Entscheidungszentralisierung eintritt („Kamineffekt"), da die wichtigen Fragen oft nicht von einem Funktionalbereich alleine getroffen werden können. Nachteilig ist diese Organisationsform insbesondere dann, wenn häufige Änderungen die Geschäftsprozesse „stören". Diese Störungen treten beispielsweise dann ein, wenn es für das Unternehmen wichtig ist, permanent die Produktpalette zu erneuern, d.h. neue Produkte zu entwickeln und in den Produktionsprozess einzusteuern. Überspitzt formuliert, verursacht die Innovation und die Entwicklung neuer Produkte permanente Störungen der Prozesse. Diese übergreifenden Störungen müssen in einer Funktionalorganisation von vielen Bereichen gemeinsam bearbeitet werden und können im Konfliktfall nur von der gemeinsamen Leitung dieser Bereiche entschieden werden.

Per Definition ist bei dieser Organisationsform die gemeinsame Leitung dieser Bereiche die Geschäftsführung oder der Vorstand des Unternehmens. Wenn viele Entscheidungen vom obersten Führungsgremium getroffen werden müssen, verzögern sich naturgemäß die notwendigen Entscheidungen. [Weus-04], S. 114 geht davon aus, dass aus diesem Grund die funktionale Organisation für innovative Unternehmen weniger gut geeignet ist.

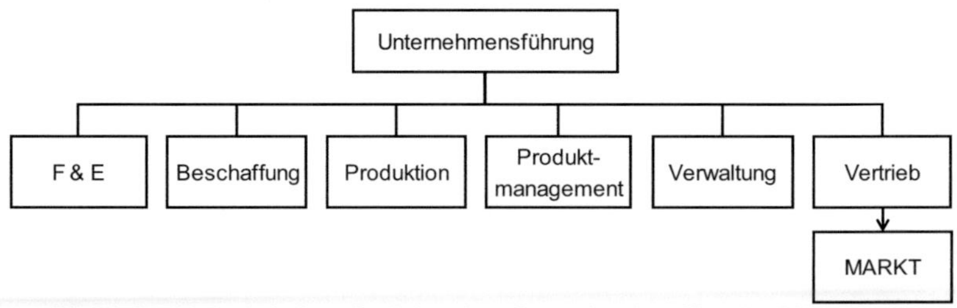

Bild 3-29: Beispiel einer funktionalen Organisation (Quelle [Weus-04])

Bei der **Matrixorganisation** werden die funktionalen Bereiche durch eine Produktorientierung überlagert. Die funktionale Grundstruktur bleibt dabei erhalten, jedoch sind bestimmte Bereiche nicht nach funktionalen sondern nach anderen Gesichtspunkten gegliedert. Diese Gliederung erfolgt beispielsweise nach Produkten oder Produktsegmenten.

Typischerweise ist es der Bereich Produktmanagement, der nach dem Prinzip Produkt oder Produktsegment gegliedert ist. Die jeweiligen Leiter des Produktmanagements für eines dieser Produkte haben damit eine, im Detail auszugestaltende, Weisungsbefugnis gegenüber den funktionalen Bereichen F&E, Beschaffung, Produktion und Verwaltung – allerdings nur in Bezug auf ihr jeweiliges Produkt. Die Mitarbeiter der Funktionalbereiche werden damit sowohl von ihren funktionalen Linienvorgesetzten als auch von den jeweiligen Produktmanagern geleitet. Die Produktmanager haben neben ihrer produktbezogenen Funktion innerhalb der Organisation auch die Verantwortung, ihre Produkte am Markt zu vertreten. Sie unterstützen den Markt, um Produkte zu verkaufen und holen Marktanforderungen ein, um Produkte weiterzuentwickeln. Siehe Bild 3-30 und [Weus-04], S. 138. Ein Vorteil der Matrixorganisation besteht darin, dass über den Produktmanager eine stärkere Marktorientierung in die funktionale Organisation hineingetragen wird, als dies bei der Funktionalorganisation der Fall ist. Tendenziell erhöht sich damit die Entscheidungsqualität, da die positiven Konflikte zwischen dem Produktmanager und unterschiedlichen fachlichen Leitern zu letztendlich besseren Lösungen führen. Der Nachteil dieser Organisationsform besteht darin, dass die Mitarbeiter zwei Leitungspersonen haben – den funktionalen Leiter und den jeweiligen Produktmanager. Das kann dazu führen, dass unproduktive Konflikte ausgefochten werden, gegenseitige Schuldzuweisungen erfolgen und insbesondere Misserfolge keinen klar definierten Verantwortlichen haben.

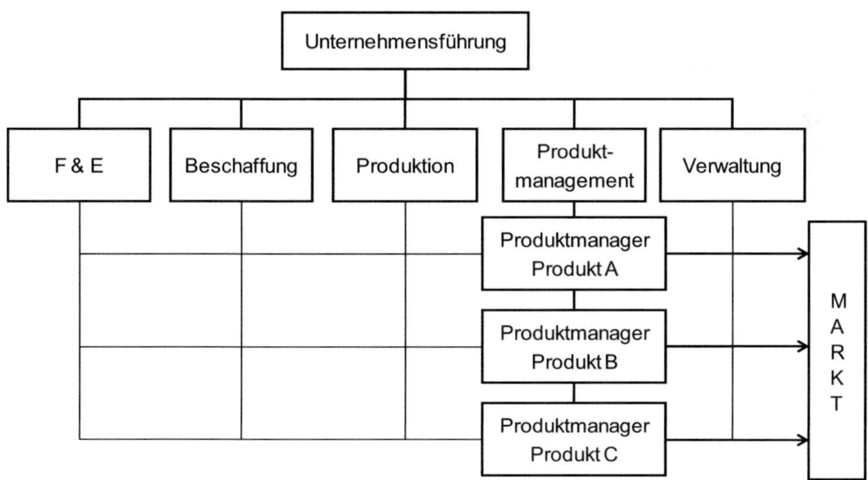

Bild 3-30: Matrixorganisation am Beispiel Produktmanagement (Quelle [Weus-04])

Bei der **Divisionalorganisation** (Bild 3-31) ist das Unternehmen gesamthaft nach Objekten, i.d.R. nach Produkten, gegliedert, siehe [Weus-04], S. 148.

Der Grundgedanke dabei ist, dass Divisionen produktionstechnisch und absatzmäßig relativ autonome Unternehmenseinheiten sind [Weus-04], S. 148f.

Die Produktbereiche haben im Rahmen der unternehmerischen Gesamtstrategie die Gesamtverantwortung für jeweils ein Produkt oder einen Produktbereich. Diese Unternehmensform bietet sich v.a. dann an, wenn die Produktbereiche selbstständig arbeiten können. Das ist dann der Fall, wenn sich die Produkte unterschiedlicher Produktbereiche stark unterscheiden. Die Funktionen in einem Produktbereich sind so zugeschnitten, dass eine möglichst autarke Arbeitsweise der Produktbereiche gefördert wird. Deshalb sind in Bild 3-31 die Funktionen Produktmanagement, F&E, Produktion, Controlling und Vertrieb in den Produktbereichen angesiedelt. Die Funktionen Beschaffung, Personal, Informationstechnik und Finanzen dagegen sind unternehmensweit funktional gegliedert, um möglichst große Synergien ausschöpfen zu können. Beispiele:

- Durch die gemeinsame Beschaffung können Skaleneffekte bei den Lieferanten erzielt werden, die Teile für mehrere Produktbereiche beschaffen.

- Der Personalbereich ist dafür verantwortlich, Arbeitsverträge und Weiterbildungsangebote unternehmensweit auszugestalten und zur Verfügung zu stellen.

- Die gemeinsame Informationstechnik stellt unternehmensweit dieselben IT-Standards und IT-Systeme zur Verfügung.

- Der Finanzbereich konsolidiert die Finanzzahlen und kommuniziert mit Aktionären.

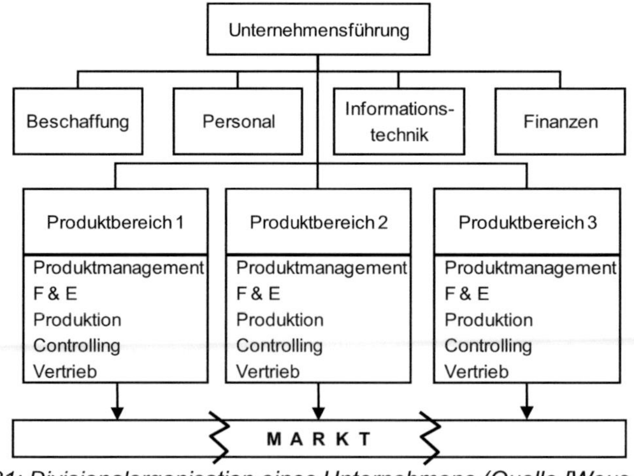

Bild 3-31: Divisionalorganisation eines Unternehmens (Quelle [Weus-04])

Der Hauptvorteil der Divisionalorganisation besteht darin, dass die meisten Entscheidungen innerhalb des jeweiligen Produktbereichs getroffen werden können. Durch die Kompaktheit der Produktbereiche erhöht sich damit die Entscheidungsgeschwindigkeit. Zudem erhöht sich durch die klar definierte Verantwortung im Produktbereich die Fokussierung auf die Produkte und deren Kunden. [Ehrl-07], S. 202 geht davon aus, dass in der produktbezogenen Divisionalorganisation „der angestrebte Erfolg ihres Produkts die arbeitsteilig tätigen Personen mehr (integriert) als die Tatsache, gemeinsam z.B. in einer großen Konstruktionsabteilung zu arbeiten, in der die unterschiedlichsten Produkte konstruiert werden. Damit bestätigt [Ehrl-07] indirekt das Postulat der vorliegenden Arbeit, dass die Aufbauorganisation ein nicht zu vernachlässigender Einflussfaktor auf den Produktentstehungsprozess ist. Siehe die Ausführungen in Kapitel 5.3.3 „Exkurs: Zusammenhang Aufbauorganisation und Produktstruktur".

Problematisch an der Divisionalorganisation sind alle Prozesse und Vorgänge, die über einen Produktbereich hinausgehen. Zum einen sind die Schnittstellen zwischen den Produktbereichen und den verbleibenden Funktionalbereichen genau zu definieren. Tendenziell werden Produktbereiche dazu neigen, Entscheidungen innerhalb ihrer Bereiche treffen zu wollen und die Funktionalbereiche zu ignorieren. Das kann zu Doppeltarbeit und zu unproduktiven Konflikten führen. Zum anderen ist die Abgrenzung zwischen den Produktbereichen oft nicht trivial. Wenn sich die Produktbereiche nicht so klar voneinander abgrenzen lassen, dass dieselben Kunden von unterschiedlichen Produktbereichen bedient werden, dann wird die Kommunikation zu denselben Kunden in unterschiedlicher Art und Weise erfolgen. Kunden fühlen sich missverstanden, da vom selben Unternehmen von unterschiedlichen Personen unterschiedliche Aussagen getroffen werden. Eine Möglichkeit der Abhilfe bestünde darin, den Vertrieb zentral zu organisieren, was dann allerdings wiederum dazu führt, dass die Zusammenarbeit zwischen den Produktbereichen und dem zentral organisierten Vertrieb schwieriger zu gestalten ist.

Alle Grundformen der Aufbauorganisation lassen Handlungsspielraum zur konkreten Ausgestaltung eines Fertigungsunternehmens. Insbesondere in Unternehmen, die in den vergangenen Jahren durch Zusammenschlüsse oder Aufspaltungen geprägt waren, gibt es Mischformen der o.g. Strukturen. [Ohne-08], S. 1 beschreibt diesen Zustand als „Fragmented organizational structures" mit der Konsequenz: „broken product development process".

Die Untersuchung von [KoGl-08], S. 64 kommt für die Maschinenbauindustrie zu folgender Feststellung: „Die Forschung und Entwicklung der Maschinenbauunternehmen ist überwiegend organisatorisch zentral eingebunden." Diese Organisation entspricht damit im Wesentlichen einer funktionalen Organisation. Von dieser Situation gehen auch die Betrachtungen in Kapitel 5 „Target Costing Integration mit Anwendung auf ein mechatronisches Modul" aus.

3.6.2 Aufbauorganisation zur Unterstützung von MPM und PLM

Weder der MPM-Prozess noch der PLM-Prozess sind Selbstläufer. Es bedarf einiger organisatorischer Maßnahmen und Festlegungen, die den Rahmen zur Ausgestaltung von MPM und PLM im Produktentstehungsprozess der Fertigungsindustrie bilden. Die folgenden organisatorischen Einheiten stellen Beispiele für Organisationseinheiten dar, die MPM und PLM unterstützen. Abhängig von der Unternehmensgröße und der Komplexität im Produktentstehungsprozess sind diese Einheiten vorhanden oder nicht vorhanden und jeweils mehr oder weniger stark ausgeprägt. Auch die Verantwortung der einzelnen Bereiche unterscheidet sich unternehmensspezifisch stark voneinander. Den Aufbau und die mögliche Ausgestaltung des **Project Management Office (=PMO)** beschreibt [Lomn-01], S. 51ff ebenso ausführlich wie die Verantwortung des Portfolio Boards sowie die der Projektleiter und Projektteams mit ihren jeweiligen Steuerkreisen. Zu den Aufgaben des PMO siehe auch [HoAu-08]. Die meisten der beschriebenen Aufgaben einer **Grunddaten- und Normungsstelle** nennt Grupp [Grup-95].

Wie in Kapitel 3.4 „Einzel- und Multiprojektmanagement" verdeutlicht, werden Neu- und Weiterentwicklungen im Rahmen des Produktentstehungsprozesses über Projekte umgesetzt. Die dazu benötigten Rollen sind in Bild 3-32 und den darauf folgenden Erläuterungen dargestellt:

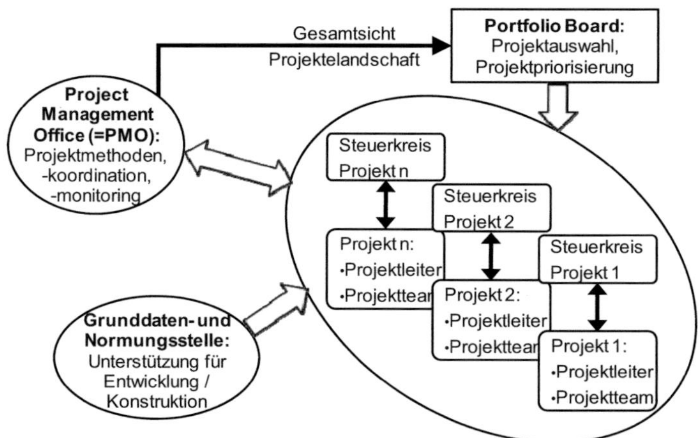

Bild 3-32: Mögliche unterstützende Organisationseinheiten für MPM und PLM

Erläuterungen zu Bild 3-32:

- **Projektleiter / Projektteam:** Der Projektleiter ist zusammen mit seinem Projektteam für die Umsetzung des definierten Projekts zuständig. Diese Verantwortung umfasst die inhaltliche Umsetzung des Projekts ebenso wie die Einhaltung der vorgegebenen Termine und Kosten. Bei Produktentwicklungsprojekten sind nicht nur die Projektkosten einzuhalten, sondern – oft noch wichtiger – die eigentlichen zu erwartenden Produkt-kosten. Die Produktkosten, die Projektkosten und die zu erzielenden Preise der Produkte sind die Basis für die Wirtschaftlichkeitsbetrachtung des jeweiligen Produktentwicklungsprojekts. Der Projektleiter trägt gemeinsam mit dem Projektteam die Verantwortung, die Ziele zu erreichen, die im Rahmen der Wirtschaftlichkeitsberechnung angestrebt werden.

- **Steuerkreis** des jeweiligen Projekts (mitunter auch Lenkungsausschuss genannt): Dieses Gremium hat für jeweils ein Projekt die Rolle eines Aufsichtsrats. Die Aufgabe besteht darin, die Einhaltung der einem Projekt vorgegebenen Ziele zu überwachen und bei Abweichungen entgegenzuwirken. Daneben muss ein Steuerkreis das jeweilige Projekt – insbesondere den Projektleiter – unterstützen, so dass die vereinbarten Ziele erreicht werden können. Bei vielen Projekten, die zumindest teilweise um gemeinsame Ressourcen konkurrieren, bedeutet die Ausübung dieser Rolle auch, Zielkonflikte, Ressourcenkonflikte oder Terminkonflikte aufzulösen, die die jeweiligen Projektleiter in ihrer Rolle zwar aufzeigen, aber oft nicht alleine beseitigen können.

- **Portfolio Board:** Auch dieses Gremium trägt firmenspezifisch unterschiedliche Namen, beispielsweise wird hierfür auch der Begriff „Product Council" verwendet. Der Begriff „Product Council" bringt zum Ausdruck, dass nicht alle Projekte der Firma in diesem Gremium behandelt werden, sondern ausschließlich die produktrelevanten Projekte, also die Projekte des Produktentstehungsprozesses. Das Portfolio Board ist das oberste Gremium für alle Produktentwicklungsprojekte. Es entscheidet, welche Projekte mit welcher Priorität umgesetzt werden sollen. Die Steuerkreise der jeweiligen Projekte berichten an das Portfolio Board.

Die bisher beschriebenen Rollen sind erforderlich, um Produktentwicklungs-projekte umzusetzen. Die weiteren Rollen haben unterstützenden Charakter. Sie helfen den Projektleitern, den Steuerkreisen und dem Portfolio Board bei unterschiedlichen Aufgaben. Beide Rollen sind firmenspezifisch ausgestaltet; die folgenden Beschreibungen sind als Beispiele für die Aufgaben der beiden Rollen zu sehen. Aus folgendem Grund können die Beschreibungen nur Beispielcharakter haben: „Their design (gemeint ist das Design der PMOs) and management is complicated by the great variability found among PMOs in different organizations." [HoAu-08], S. 69.

- **Project Management Office = PMO** (Beschreibung in Anlehnung an [Lomn-01], S. 66ff): Lomnitz verwendet für diese Rolle den Begriff „Multiprojektmanager". Obwohl PMOs laut [HuTh-09], S. 55 seit Mitte bis Ende der 1990 Jahre existieren, „the vast majority of PMOs have either been recently created or restructured". Das PMO sollte organisatorisch der Geschäftsleitung oder dem Leiter der Entwicklung berichten, um der Bedeutung der Rolle gerecht werden zu können. Sowohl für die Projektleiter als auch für das Portfolio Board hat diese Rolle unterstützenden

Charakter. Die Rolle hat nicht die Verantwortung, neue Projekte zu kreieren, noch Projekte selbstständig zu stoppen. Allerdings hat die Rolle das Recht und die Pflicht, sich erforderliche Information bei den anderen beteiligten Rollen, insbesondere bei den Projektleitern, einholen zu können. Die Aufgaben eines PMOs können sehr vielfältig sein. Beispielsweise umfassen sie die Bereiche:

- o Planen und steuern des Projektportfolios, d.h. beispielsweise die Geschäftsleitung bei der strategischen Projektplanung zu unterstützen, Projektabhängigkeiten und Projektrisiken zu bewerten oder den Auswahlprozess für neue Projekte zu gestalten.

- o Projektelandschaft kontinuierlich transparent machen. Das beinhaltet, das Controlling der Projektelandschaft sicherzustellen, sowie aktuelle Statusberichte einzufordern und bei der Erstellung mitzuwirken.

- o Reviews, Projektanalysen – also Projektverschiebungen zu analysieren und Reviewprozesse durchzuführen oder zu unterstützen.

- o Infrastruktur für Projektarbeit schaffen und optimieren – das bedeutet Prozesse und Regeln für die Ausgestaltung der Projektumsetzung zu erarbeiten und deren Einhaltung sicherzustellen, Projektmanagement-Werkzeuge zu etablieren, sowie für deren konsistente Dateninhalte zu sorgen.

- o Förderung der Projektkultur im Rahmen der Unternehmenskultur.

- o Teilweise sind die Projektleiter aller oder einiger wichtiger Produktentwicklungsprojekte organisatorisch im PMO angesiedelt.

Siehe [Lomn-01], [HuTh-09], [HoAu-08].

- **Grunddaten- und Normungsstelle:** Die Normungsstelle ist für die Sicherstellung der fachlichen Qualität der PLM-Objekte verantwortlich. Konkret heißt das, dass die normgerechte Darstellung von technischen Zeichnungen geprüft wird. Außer den CAD-Modellen und -Zeichnungen werden die Konsistenz von Materialstämmen, Produktstrukturen, Varianten und technischen Änderungen validiert. Diese Prüfungen können sowohl als 100%-Prüfungen wie auch in Form von Stichproben erfolgen. Es ist anzustreben, dass Prüfungen automatisch im CAD-System oder im PLM-System über vordefinierte Verfahren erfolgen. In der Normungsstelle werden firmenspezifische technische Normen erstellt, der Einsatz von ISO- oder DIN-Normen dem Fertigungsunternehmen zur Verfügung gestellt und deren Verwendung vorbereitet. Daneben kann diese Stelle bestimmte PLM-Objekte auch selbstständig anlegen oder bearbeiten, beispielsweise Variantengrunddaten, Materialstämme oder Stücklisten. Die Stelle wirkt mit oder ist sogar verantwortlich bei der

Ausgestaltung der PLM- und CAD-Systeme und unterstützt die Anwender dabei, die Systeme zu bedienen.

3.7 Kopplung der Problemfelder mit den Elementen in der Produktentstehung

In den bisherigen Kapiteln wurde gezeigt und ausgeführt, welche Elemente im Produktentstehungsprozess Einfluss auf das Target Costing haben:

- **Unternehmens- und Produktstrategie** mit den Fragestellungen: Wie möchte sich das Unternehmen in Bezug auf Geschäftsfelder ausrichten? Wie sehen Kundenerwartungen an das Unternehmen aus? Wo steht das Unternehmen technologisch? Welche Produktstrategie wird aus der Symbiose von technologischer Strategie und Kundenerwartung abgeleitet?

- **Multiprojektmanagement (MPM):** Hier werden die Fragen behandelt: Wie kann aus strategischer Sicht ein ausgewogenes Produktportfolio abgeleitet werden? Welche Projekte erwirtschaften für das Unternehmen einen finanziellen Erfolg? Welchen Ressourceneinsatz leistet sich das Unternehmen, um die Projekte in erfolgreiche Produkte umzusetzen? Das Projektmanagement als Teil von MPM hat folgende Schwerpunkte: Was ist zu tun, um ein Projekt erfolgreich umzusetzen? Welche Prozesse und Methoden werden eingesetzt, um die Projektumsetzung zu ermöglichen?

- **Product Lifecycle Management (PLM):** Betrachtet man die Tatsache, dass bereits bei der Entwicklung neuer Produkte die meisten Kostenanteile der zukünftigen Produkte festgelegt werden, ist klar, dass PLM ein entscheidender Unternehmensprozess in der Fertigungsindustrie ist. PLM beschreibt den Prozess von der Geburt eines Produkts im Sinne einer Neuentwicklung bis zu dessen Auslauf. Elementar für das Verständnis der Integration des Target Costings in den Produktentstehungsprozess sind die Bausteine, die PLM liefert. Diese Bausteine werden in der Arbeit als PLM-Objekte bezeichnet und umfassen u.a. die Objekte Produktstruktur und Variante.

- **Aufbauorganisation:** An dieser Stelle behandelt die Arbeit zwei Fragestellungen: Welche Organisationsformen sind geeignet, um die Entwicklung neuer Produkte zu unterstützen? Welche organisatorischen flankierenden Maßnahmen sind zu ergreifen, um die Akteuren im Produktentstehungsprozess – also die Projektleiter und das Management – zu unterstützen?

Tabelle 3-5 zeigt, welche der in Kapitel 3.2.10 „Kritische Bewertung des Target Costings" genannten Schwächen und fehlenden Detaillierungen des Target Costings mit welchen Elementen des Produktentstehungsprozesses verknüpft sind.

Probleme im Target Costing	Strategie	MPM	PLM	Aufbauorganisation
a) Fehlende Gesamtwirtschaftliche Sicht und fehlende Periodenzuordnung der Produktentstehungskosten	Strategie, MPM: Bewertung und Auswahl von Projekten nach strategischen und wirtschaftlichen Kriterien.			
b) Nicht ausreichende Dokumentation		MPM: Management der relevanten Informationen von (Produktentwicklungs-) Projekten.		
c) Mangelhafte Verfeinerung von drifting costs			PLM: Festhalten von drifting costs komplexer Produkte in Produktstrukturen.	
d) Undifferenzierte Montagekosten		MPM: Kosteninformationen von Projekten sind Bestandteil des Projektmanagements. PLM: Zuordnungen von Montagekosten erfolgt in Produktstrukturen.		
e) Fehlende Integration in Aufbauorganisation			PLM: Produktstrukturen sind Träger von Kosteninformationen. Aufbauorganisation: beeinflusst den Aufbau von Produktstrukturen.	
f) Fehlende Systemintegration	Strategie, MPM, PLM: Wird unterstützt durch IT-Systemarchitektur, die für eine gute Prozessausgestaltung integriert sein muss.			
g) Mangelnde Prozessbeschreibung	Strategie, MPM, PLM: Ineinander greifende Prozesse, die im Hinblick auf Target Costing besser miteinander verknüpft werden müssen.			

Tabelle 3-5: Kopplung Problemfelder und Elemente in der Produktentstehung

Die Konzepte zur Behebung der Schwächen und die erforderlichen Prozessdetaillierungen werden im anschließenden zweiten Teil der Arbeit „Konzept und Anwendung" vorgestellt.

Konzept und Anwendung

4 Methoden zur Unterstützung des Target Costings

4.1 Vorgehensweise im konzeptionellen Teil der Arbeit

Kapitel 4 und 1 beinhalten den konzeptionellen Teil der Arbeit. Die Konzeptdarstellung in Bild 4-1 verdeutlicht die weitere Vorgehensweise der Arbeit:

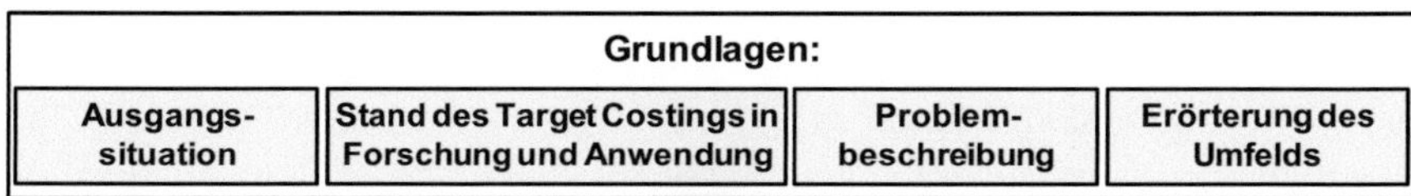

Bild 4-1: Konzeptdarstellung

Grundlagen: Im ersten Teil der Arbeit wurden in den Kapiteln 1 bis 3 die Grundlagen für das zu erarbeitende Konzept gelegt. Dabei wurden die Ausgangssituation, der Stand des Target Costings in Forschung und Anwendung, die ungelösten Probleme und das Umfeld im Produktentstehungsprozess beschrieben.

Ziele: Basierend auf den ungelösten Problemen verfolgen die Kapitel 4 und 5 die Ziele, die in Abschnitt 1.2 „Ziele und Inhalt der Arbeit" vorgestellt wurden:

- ***Ziel 1: Es sind Methoden vorzustellen, die das Target Costing erweitern und unterstützen.*** Diese Methoden führen dazu, dass die wirtschaftliche Situation von Produktentwicklungsprojekten genauer, schneller und transparenter vorliegt. Der Begriff des Target Costings wird dabei sowohl auf die Projektkosten von Produktentwicklungsprojekten als auch auf die Produktkosten bezogen [Horv-93], S. 3. Konkret heißt das:

- o Vorstellung einer Methode und des zugehörenden Prozesses zur Zielkostenermittlung: Abschnitt 5.2.3 „Schritt A6 Target Costing: Zielkostenermittlung".

- o Ausgestaltung des Target Costing Sheets, das in der Produktentstehung das Target Costing unterstützt: Kapitel 4.3 „Target Costing Sheet".

- o Einführung der Methode, die den Umgang mit unsicheren Informationen ermöglicht: Abschnitt 4.5 „Algorithmen bei unvollständigen Informationen".

- *Ziel 2: Es ist zu zeigen, mit welchen Lebenszyklusobjekten das Target Costing im Produktentstehungsprozess zu verankern ist.* Lebenszyklusobjekte wurden in Kapitel 3.5 „Product Lifecycle Management (PLM)" eingeführt. Konkretisiert wird die Verankerung anhand der folgenden Methoden und Prozessverbesserungen:

  - o Algorithmen bei unvollständigen Informationen, siehe Ziel 1.

  - o Erläuterung der Prozessverbesserung, die dazu dient, Montagekosten in entwicklungsorientierten Produktstrukturen abzubilden: Abschnitt 5.4.3 „Schritt C3 Montageplanung durchführen".

- *Ziel 3: Die Methoden sind in den Produktentstehungsprozess zu integrieren; der Prozess ist mit dem Schwerpunkt der Integration des Target Costings zu beschreiben.* Die in Ziel 1 entwickelten Methoden werden in den Produktentstehungsprozess integriert und Prozessverbesserungen vorgeschlagen. Dieses Ziel wird in Kapitel 5 „Target Costing Integration mit Anwendung auf ein mechatronisches Modul" umgesetzt.

- *Ziel 4: Es ist zu zeigen, welche Anforderungen an die IT-technische Umsetzung bestehen und wie das Target Costing in die IT-Landschaft eines Fertigungsunternehmens integriert werden kann.* Dieses Ziel wird in Abschnitt 4.4 „Integration in die IT-Umgebung" umgesetzt.

- *Ziel 5: Das Konzept ist anhand geeigneter Anwendungsfälle zu überprüfen.* Die Arbeit liefert neben der Integration der Methoden in den Produktentstehungsprozess auch die Verifikation aller konzeptionellen Überlegungen anhand durchgängiger Use Cases. Diese Use Cases behandeln die Produktentstehung eines mechatronischen Moduls von der Projektauswahl bis zu dessen Serieneinführung: Kapitel 5 „Target Costing Integration mit Anwendung auf ein mechatronisches Modul".

Überprüfung und Bewertung der Arbeitsergebnisse: Die besonderen, neuen Erkenntnisse und Vorschläge, die in den Kapiteln 4 und 1 erörtert werden, sind als solche durch den Ausdruck *„!!! Prozessinnovation"* gekennzeichnet. Ausgeführt wird:

- Die Arbeitsergebnisse werden in Bezug darauf bewertet, wie die Produktentwicklung von den Methoden und Prozessverbesserungen profitiert: Abschnitt 6.1 „Vorteile durch die Methoden und Prozessverbesserungen".

- Es wird überprüft, inwiefern die Ziele der Arbeit durch die Arbeitsergebnisse erreicht werden: Abschnitt 6.2 „Überprüfung der Zielerreichung der Arbeit".

Die Ergebnisse des Konzepts dienen als Blaupause zur Umsetzung des Target Costing Prozesses in ein IT-System. [Ende-00], S. 103 schlägt für sein „Kosteninformationsmodell für die frühzeitige Kostenbeurteilung in der Produktentwicklung" eine ähnliche Vorgehensweise vor. Allerdings empfiehlt [Ende-00], einen Konfigurationseditor in einem objektorientierten eigenständigen Datenbanksystem umsetzen. Der vorgestellte Weg in der vorliegenden Arbeit ist dagegen ein anderer:

Im Sinne einer hohen Integration wird vorgeschlagen, dass die in Fertigungsunternehmen bestehende IT-Landschaft genutzt und erweitert wird, um die zusätzlich sich ergebenden Aspekte des Target Costings aufzunehmen. Die folgenden Abschnitte zeigen, dass Target Costing kein losgelöster Prozess sondern integraler Bestandteil des Produktentstehungsprozesses ist. Es ist somit zielführend, die Kosteninformationen dort zu integrieren, wo die Produktentwicklungsinformationen entstehen – also in den bereits bestehenden Systemen.

4.2 Mechatronisches Modul zur Veranschaulichung des Target Costings

4.2.1 Use Cases

Zur Unterstützung der Prozessbeschreibung verwenden die Kapitel 4 und 5 so genannte Use Cases, also Anwendungsfälle, wie sie in dieser oder in vergleichbarer Form in Unternehmen der Fertigungsindustrie üblich sind. Use Cases helfen, die häufig abstrakt bleibenden Prozessmodelle stärker an die Praxis der jeweiligen Fertigungsunternehmen anzulehnen. Die Methode der Use Cases wird angewandt, um Vorgaben für eine Systemauswahl zu beschreiben, siehe [Send-07], S. 43.

In der vorliegenden Arbeit besteht das Ziel der Use Cases darin, dass bei der Adaption des beschriebenen Modells auf ein beliebiges Fertigungsunternehmen, diese Use Cases als Vorlage für gleiche oder vergleichbare Anforderungen im jeweiligen Unternehmen angepasst werden können. Damit wird erreicht, dass das vorgelegte Modell als Basis für die Integration des Target Costings in den Produktentstehungsprozesses benutzt werden kann.

Ein weiterer Vorteil der Use Cases gegenüber einer reinen Prozessbeschreibung besteht darin, dass Use Cases unterschiedliche Betrachtungsebenen beleuchten können. Es ist methodisch möglich, strategische oder operative Use Cases nebeneinander zu stellen. Die beschriebene Methode erfordert dies: Aufgrund der aufgezeigten notwendigen Breite und Tiefe der Integration des Target Costings in den Produktentstehungsprozess bieten Use Cases die Möglichkeit, sowohl strategische als auch operative Methoden und Prozessverbesserungen zu entwickeln.

Folgende Vorgehensweise wird gewählt, um die Use Cases in die Arbeit zu integrieren:

Anhand eines mechatronischen Moduls, das Teil eines Gesamtprodukts ist, wird der Produktentstehungsprozess beschrieben ab der ersten Phase „Produktroadmap festlegen" über die Phasen „Produkt entwickeln" und „Produkt an Markt bringen" bis zur Phase „Produkt im Markt unterstützen und auslaufen lassen". Wichtig dabei ist, dass in allen Phasen dasselbe Modul mit seinem zunehmenden Reifegrad verwendet wird, um die Durchgängigkeit sicherzustellen. Diese Art der wissenschaftlichen Verifikation ist eine gängige Methode:

- [Nißl-06] wählt dieselbe Vorgehensweise, mit dem Ziel, ihr „Modell zur Integration der Zielkostenverfolgung" anhand eines Praxisbeispiels zu verifizieren.

- Ebenso geht [Zirk-10] vor, um ihr „Transdisziplinäres Zielkostenmanagement komplexer mechatronischer Produkte" zu entwickeln und zu konzipieren.

- [Jaku-07], S. 145ff überprüft sein Konzept anhand einer durchgängigen Fallstudie.

Das mechatronische Modul erfüllt die folgenden Anforderungen, die in Tabelle 4-1 beschrieben werden:

Anforderungen	Umsetzung im Rahmen der Arbeit
Allowable costs müssen ableitbar sein	Aus Kundenanforderungen wird abgeleitet, dass genau dieses Modul entwickelt, produziert und an die Kunden auszuliefern ist. Das Modul bezieht sich somit auf Kundenanforderungen, so dass es gelingt, für das Modul einen isolierbaren Marktpreis und damit allowable costs abzuleiten.
Ausreichende Komplexität des Moduls zur Veranschaulichung des Gesamtprozesses	Das Modul besteht aus mehreren mechatronischen Baugruppen, die sowohl mechanische, elektromechanische und elektronische Komponenten als auch Softwarekomponenten enthalten.
	Das Modul besteht aus neuen Komponenten, sowie aus bereits vorhandenen und eingesetzten Komponenten, aus eigengefertigten Komponenten und aus Komponenten, die von Lieferanten bezogen werden.
	Die Produktstruktur des Moduls ist mehrstufig aufgebaut.
	Das Modul ist kein Standardprodukt, sondern geht variantenbehaftet in das Gesamtprodukt ein.
Veranschaulichung des Gesamtprozesses und damit Veränderung der drifting costs im Produktentstehungsprozess	Es wird gezeigt, wie das Projekt zur Entwicklung des Moduls aus einer Menge möglicher Projekte ausgewählt und anschließend über den gesamten Produktentstehungsprozess bis zur Markteinführung verfolgt wird. Damit wird verdeutlicht, wie sich die drifting costs während des Produktentstehungsprozesses verändern und idealerweise bei der Serieneinführung des Moduls maximal so groß sind wie die geforderten allowable costs.

Tabelle 4-1: Anforderungen an Mechatronisches Modul

4.2.2 Das Mechatronische Modul „Dynamische Bogenbremse"

Das mechatronische Modul „Dynamische Bogenbremse" erfüllt die Eigenschaften, die im vorangehenden Abschnitt beschrieben wurden, um den Target Costing Prozess zu verdeutlichen. Zum Verständnis des Moduls wird in diesem Abschnitt aufgezeigt, wie eine Bogenoffsetmaschine aufgebaut ist (Bild 4-2), welche Anforderungen dabei an eine solche Maschine gestellt werden und wie das innovative Modul Dynamische Bogenbremse dazu beiträgt, diese Anforderungen zu erfüllen. Die wichtigsten Komponenten einer Bogenoffsetmaschine sind [Kipp-00]:

- **Anleger:** Am Anleger ist der Papierstapel abgelegt. Der Anleger hat die Aufgabe, Papierbögen einzeln von einem Papierstapel abzuheben, zu beschleunigen, in vorderer und seitlicher Richtung auszurichten und nacheinander in das erste Druckwerk zu befördern.

- **Druckwerke:** Jedes Druckwerk trägt eine Farbe auf den Papierbogen auf. I.d.R. wird die Farbe von oben auf den Papierbogen aufgebracht. Beim derzeitigen Stand der Technik verfügt eine Bogenoffsetmaschine über bis zu 16 solcher Druckwerke. Die Anzahl der Druckwerke wird über Varianten verschlüsselt und mit Bezug zum Kundenauftrag aufgelöst. Die in Bild 4-2 dargestellte Maschine hat 10 Druckwerke.

- **Wendung:** Um die Papierbögen beidseitig bedrucken zu können, ist in die Maschine eine Wendung integriert. Eine Wendung ist ein variantenbehafteter, also optionaler, Bestandteil einer Bogenoffsetmaschine. Demnach gibt es Maschinen mit bzw. ohne Wendung. (Siehe hierzu die Ausführungen in Kapitel 3.5.4 „Variante".) Eine 10-Werke Maschine mit Wendung nach dem fünften Werk kann also einen Papierbogen mit fünf unterschiedlichen Farben auf jeder Seite bedrucken.

- **Ausleger:** Hier müssen die Papierbögen abgebremst und auf den Stapel abgelegt werden. Um eine gute Nachverarbeitung zu gewährleisten, müssen die Papierbögen exakt ausgerichtet übereinander im Papierstapel zur Ablage kommen.

Mit der abgebildeten Maschine werden üblicherweise Aufträge gedruckt, die aus vier Standardfarben (für einen Vierfarbdruck) und einer Sonderfarbe bestehen. Eine moderne Bogenoffsetmaschine bedruckt bis zu 18.000 Druckbogen pro Stunde, das sind 5 Druckbogen pro Sekunde.

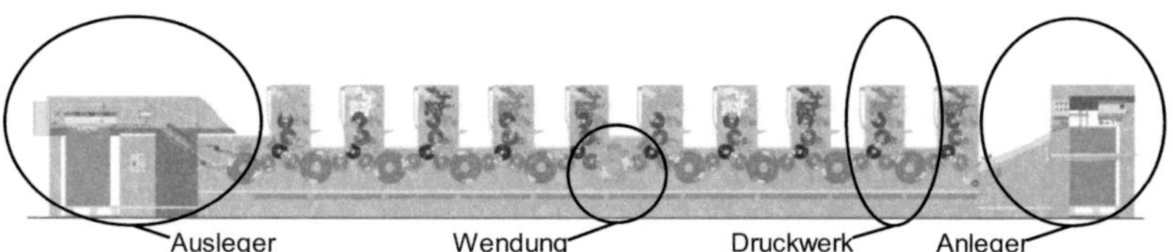

Bild 4-2: Schematische Darstellung Bogenoffsetmaschine (Quelle [Heid-09c])

Die Umsetzung oder Verbesserung der im Folgenden genannten Eigenschaften steigert für Druckereien und deren Kunden den wirtschaftlichen Erfolg und trägt folglich dazu bei, sich gegenüber der Konkurrenz zu behaupten. Gefordert wird im Wesentlichen:

- Papierbögen können einseitig oder beidseitig bedruckt werden.

- Möglichst viele Papierbögen sollen in kürzest möglicher Zeit und in geforderter Qualität bedruckt werden.

- Dabei soll möglichst wenig Makulatur, also Papierausschuss erzeugt werden. (Anmerkung: Unter Makulatur wird in der grafischen Industrie u.a. die Anzahl Papierbögen verstanden, die notwendig sind, um beim Starten eines neuen Auftrags den ersten Papierbogen zu erhalten, der kommerziell verwertet werden kann.)

- Die Rüstzeit, die erforderlich ist, um einen neuen Auftrag einzurichten, soll möglichst kurz sein.

- Möglichst viel Papier jedes Bogens soll zur Bedruckung genutzt werden können. Es soll wenig unbedruckbarer Bogen – also wenig Abfall – entstehen.

Auswahl des Moduls um das Target Costing zu veranschaulichen:

Alle nachfolgenden Ausführungen beziehen sich auf mechatronische Module, die optionaler Bestandteil einer Bogenoffsetmaschine sind. Um die erste Phase im Produktentstehungsprozess zu verdeutlichen (siehe Kapitel 5.2 „Phase A Produktroadmap festlegen"), werden drei unterschiedliche mechatronische Module vorgestellt, wobei eines dieser Module detaillierter beschrieben wird. Alle drei Module erfüllen die Bedingungen, die zu Beginn des vorliegenden Abschnitts genannt wurden:

- **Produkt 1, Synchroner Plattenwechsel:** Um Papier zu bedrucken, werden Druckplatten auf jeweils einen Zylinder, den Plattenzylinder, aufgespannt. Jeder Druckauftrag erfordert eine Druckplatte pro Druckwerk. Um eine Maschine möglichst gut auszunutzen, ist es wichtig, die Druckplatten möglichst schnell zu wechseln, um anschließend den nächsten Druckauftrag zu starten. Da aus Gründen der Schwingungsdämpfung bei vielen Maschinen die Zylinderstellungen der Druckwerke unterschiedlich sind, jedoch die Platten bei genau einer Zylinderstellung entfernt werden können, wurde ein Modul mit folgender Funktion entwickelt: Auskuppeln des Plattenzylinders – automatisches Entfernen der Druckplatte – automatisches Aufspannen der neuen Druckplatte – Einkuppeln des Plattenzylinders. Der Hauptnutzen des Moduls besteht in der Verkürzung der Rüstzeiten.

- **Produkt 4, Dynamische Bogenbremse:** Auch dieses Produkt trägt zur Verkürzung der Rüstzeit bei und hilft, Makulatur zu vermeiden. Anhand dieses Moduls wird das Target Costing hauptsächlich dargestellt und somit wird dieses Modul im Folgenden ausführlich beschrieben.

- **Produkt 7, InpressControl:** Das Modul umfasst eine Farb- und Registerregelung für Bogenoffsetmaschinen direkt in der Druckmaschine (Inline). Die Regelung erfolgt zu Beginn der Einrichtephase und während des Fortdruckes automatisch und online für die jeweilige Bogenoffsetmaschine. Mittels eines Messbalkens wird für jede bedruckte Bogenseite ein Druckkontrollstreifen mit integrierten Registermarken während des Drucks in der laufenden Maschine abgetastet. Mit diesem Modul ist es möglich, die Maschine in kürzester Zeit ohne Interaktion des Maschinenbedieners mit einer deutlichen Makulatureinsparung während der Einrichtephase einzuregeln. Weiterhin wird der Fortdruckzustand überwacht, protokolliert und bei Bedarf automatisch nachgeregelt. Der Hauptnutzen des Moduls besteht in der Verringerung der Makulatur.

- **Produkt 9, Druckmaschine in neuem Format:** Im Unterschied zu den bisher beschriebenen Moduln handelt es sich hier um ein Gesamtprodukt und nicht um ein Modul, das Teil eines Produkts ist. Die neue Druckmaschine kann Papierbögen in einem größeren Format verarbeiten und ist somit ausgerichtet auf den Verpackungsdruck, der bezogen auf die Druckindustrie ein überdurchschnittliches Marktwachstum verspricht. Für die Darstellung des Target Costings ist dieses Gesamtprodukt zu komplex, so dass dieses Produkt lediglich dazu dient, den ersten Schritt des Produktentstehungsprozesses, also die Erstellung der Produktroadmap zu verdeutlichen.

- Produkte 2, 3, 5, 6, 8, 10: Nicht näher spezifiziert.

Vorbemerkungen zum Modul „Dynamische Bogenbremse", das den Target Costing Prozess veranschaulicht:

*Die im Folgenden gemachten Aussagen zum Produktentwicklungsprojekt Dynamische Bogenbremse sind **inhaltlich verfälscht**. Die Verfälschungen beziehen sich auch auf die technischen Angaben wie CAD-Modelle und Produktstrukturen. Zudem entsprechen die Angaben zur Wirtschaftlichkeit des Moduls incl. der Target Costing-Daten nicht der Realität. Der Grund für die Verfälschung besteht darin, dass das Modul ein sehr innovativer Bestandteil einer Bogenoffsetmaschine ist, dessen technische und wirtschaftliche Einzelheiten aus Wettbewerbsgründen nicht veröffentlicht werden. Um die Wirkweise der Dynamischen Bogenbremse dennoch wirklichkeitsnah zu erläutern, werden zur Illustration isometrische Zeichnungen verwendet, die im Ersatzteilkatalog auch an Kunden veröffentlicht werden, so dass hier keine Geheimhaltung vorliegt.*

Produkt 4, Dynamische Bogenbremse:

Das Modul „Dynamische Bogenbremse" ist Bestandteil eines Auslegers. Eine Bogenbremse dient allgemein dazu, die Papierbögen abzubremsen, um diese so exakt in einem Papierstapel abzulegen, dass die Weiterverarbeitung der Papierbögen übergangslos möglich ist. Bisheriger **Stand der Technik**:

- Wesentlicher Bestandteil herkömmlicher Bogenbremsen sind Saugbänder, die sich gleichförmig rotativ bewegen.

- Diese Saugbänder saugen den Papierbogen an; durch die Saugwirkung sowie die Reibung des Papierbogens auf den Saugbändern wird der Papierbogen abgebremst.

Die neue, innovative, **Dynamische Bogenbremse** nimmt den Papierbogen über mehrere Saugbänder auf, wobei die Rotativgeschwindigkeit der Saugbänder der Geschwindigkeit des Papierbogens entspricht. Nach der Aufnahme des Bogens verringern die Saugbänder ihre Geschwindigkeit. Damit werden die an den Saugbändern durch das Ansaugen haftenden Papierbögen verlangsamt und schließlich mit geringerer Geschwindigkeit abgelegt. Die Taktung erfolgt damit entsprechend der jeweiligen Bogenlauffrequenz. Der Antrieb der Saugbänder erfolgt über ein Reibrad, das an der Dynamischen Antriebswelle durch Reibung haftet. **Hauptinnovation** der dynamischen Bogenbremse: Bei einem Output von 5 Druckbogen pro Sekunde (s.o.) ist es erforderlich, dass der Antrieb in sehr kurzer Zeit (konkret: in 10 – 15 Millisekunden) auf Bogengeschwindigkeit beschleunigt, damit der Papierbogen anschließend abgebremst und abgelegt werden kann. Mit der Dynamischen Bogenbremse werden die Eigenschaften einer Bogenoffsetmaschine durch folgende Effekte verbessert:

- Die zum Bremsen benötigte Auflagefläche des Papiers auf der Walze kann verringert werden, da durch die Taktung der Papierbogen effizienter abgebremst wird. Es bedarf einer geringeren Anzahl von Saugbändern, um den Papierbogen abzubremsen. Da das Ansaugen lediglich auf nicht bedruckten Flächen erfolgen kann, wird bei beidseitig bedrucktem Papier also weniger Papierfläche zum Bremsen benötigt.

- Die Druckgeschwindigkeit und damit der Output bei beidseitig bedrucktem Papier kann erhöht werden, da die Bremswirkung höher ist als bei einer nicht dynamischen Walze.

- Durch verbesserte Verstellmöglichleiten verringert die Dynamische Bogenbremse die Rüstzeit, die erforderlich ist, um von einem abgeschlossenen Druckauftrag zum nächsten Druckauftrag zu wechseln.

Anmerkung zur Vorgehensweise:

Der Target Costing Prozess kann anhand des letztgenannten Effekts gut aufgezeigt werden und somit wird dieser Effekt für die Nutzenableitung herangezogen. Grund: Der Kundennutzen dieses Effekts ist monetär ableitbar, ohne zu sehr die für die Arbeit nicht relevanten Hintergründe der grafischen Industrie beleuchten zu müssen.

Einsatzfeld Dynamische Bogenbremse / Differenzkostenbetrachtung:

In der vorliegenden Arbeit wird davon ausgegangen, dass der Papierbogen abzubremsen ist, bevor er auf den Papierstapel abgelegt werden kann. Eine gleichförmig laufende (also nicht-dynamische) Bogenbremse ist der bisherige Stand der Technik, um Papierstapel vor der Ablage zu bremsen. Deshalb sieht die weitere Betrachtung vor, dass zumindest eine nicht-dynamische Bogenbremse zum Einsatz kommen muss, um die geforderte Basisfunktionalität einer Bogenoffsetmaschine zu erreichen. Die Dynamische Bogenbremse ist ein Modul, das Optimierungseffekte für den Kunden bringen kann (siehe nachfolgende Betrachtungen). Bei den Maschinen, bei denen die Dynamische Bogenbremse eingebaut ist, ersetzt diese die herkömmliche – nicht-dynamische – Bogenbremse.

Konsequenz: Das Target Costing im Fall der Dynamischen Bogenbremse ist eine Differenzbetrachtung in Bezug zur herkömmlichen Bogenbremse. Diese

Differenzbetrachtung bezieht sich auf die allowable costs, die drifting costs und auf den erzielbaren Marktpreis.

4.2.3 Komponenten und Wirkweise der Dynamischen Bogenbremse

Zu Beginn des Produktentstehungsprozesses sind zwar die groben Anforderungen aber weder die Funktionsweise noch die technische Umsetzung der Dynamischen Bogenbremse festgelegt. Um die Use Cases besser verstehen zu können, wird dennoch bereits an dieser Stelle der Arbeit das entwickelte Produkt vorgestellt.

Die wesentlichen Komponenten der Dynamischen Bogenbremse sind:

Antrieb (Bild 4-3): Der Antrieb bewirkt die positive und negative Beschleunigung der Saugwalze, dazu gehören:

- Motor,

- verschiedene Befestigungselemente wie Schrauben und Muttern, zudem Befestigungsplatte und Abdeckblech,

- Axiallüfter zur Kühlung des Motors,

- Antriebsleitungen für den Motor (nicht im Bild dargestellt).

Bogenverlangsamungsmodul (Bild 4-3): Dieses Modul überträgt die positive und negative Beschleunigung vom Antrieb auf die Saugwalze über das Reibradprinzip; die wesentlichen Bestandteile des Moduls sind:

- Antriebswelle,

- Zahnriemen mit entsprechender Halterung, um die Antriebsleistung des Motors auf die Antriebswelle zu übertragen,

- Befestigungselemente wie Schrauben und Gewindestifte.

Luftsystem (Bild 4-3): Das Luftsystem saugt Luft entsprechend der geforderten Taktung über die Saugbänder an und ist damit verantwortlich für die dynamische Luftansaugung der Papierbögen über die Saugbänder. Im Bild ist die Luftansaugung nur angedeutet. Das Luftsystem besteht aus: Luftleitungen, Ventilen und entsprechenden Halterungen.

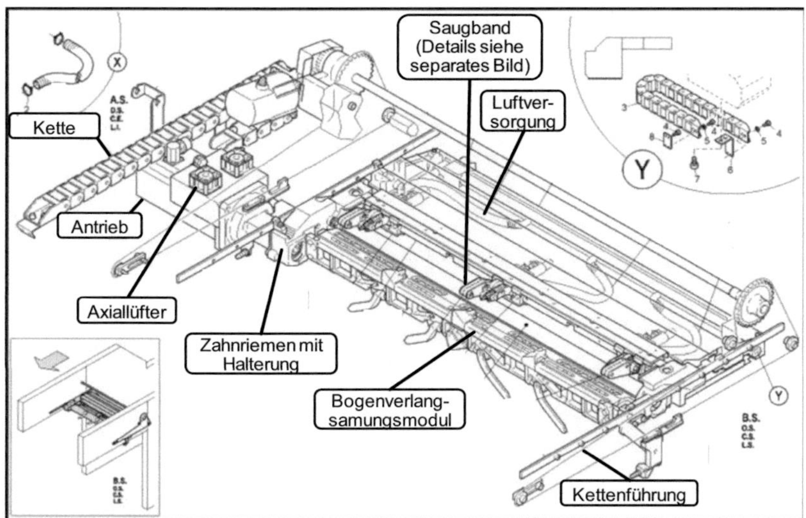

Bild 4-3: Gesamtdarstellung der Dynamischen Bogenbremse (Quelle [Heid-09a])

Saugband (Bild 4-4): Das Saugband bewirkt das Ansaugen und Abbremsen des Papierbogens. Wesentliche Bestandteile sind:

- Eigentliches Saugband, mit Mechanik zum Halten des Saugbands,

- Antriebsteile für das Saugband, insbesondere die Antriebsrolle,

- Reibrad für die Übertragung der positiven und negativen Beschleunigung von der Antriebswelle des Bogenverlangsamungsmoduls zum Saugband,

- Zusätzliche Teile wie Kugellager, Ringe, Scheiben und Schrauben.

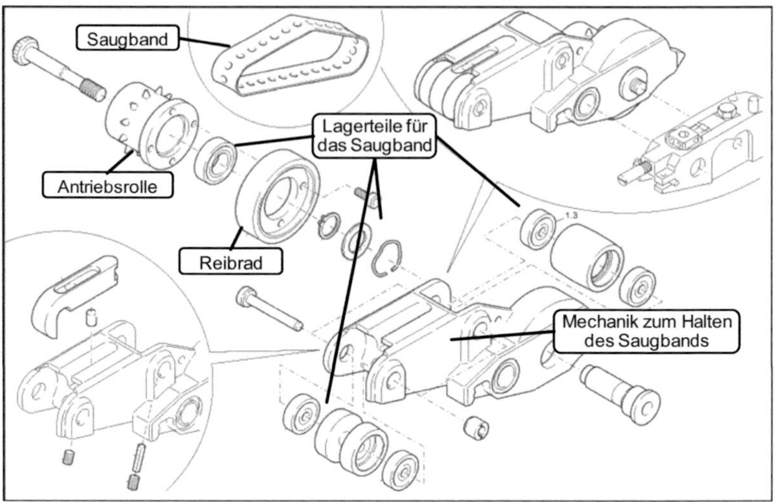

Bild 4-4: Saugband = Modul der Dynamischen Bogenbremse (Quelle [Heid-09a])

Motorsteuerungsmodul (Bild 4-5): Dieses Modul steuert prinzipiell den Motor und dabei insbesondere die positive und negative Beschleunigung des Motors. Das Modul ist im zentralen Schaltschrank der Maschine untergebracht. Wesentliche Komponenten sind:

- Eigentliches Modul.

- Vorgesehener Platz mit Halterung in Steuerpult.

Dieses Modul wird im Rahmen des Target Costings wie folgt behandelt:

- Die **Selbstkosten** werden angerechnet, da das Modul ausschließlich der Steuerung der Dynamischen Bogenbremse dient.

- Das Modul wurde ursprünglich für eine andere Funktion entwickelt. Deshalb werden die **Entstehungskosten** für dieses Modul nicht in die Gesamtentstehungskosten einbezogen („Verursachungsprinzip").

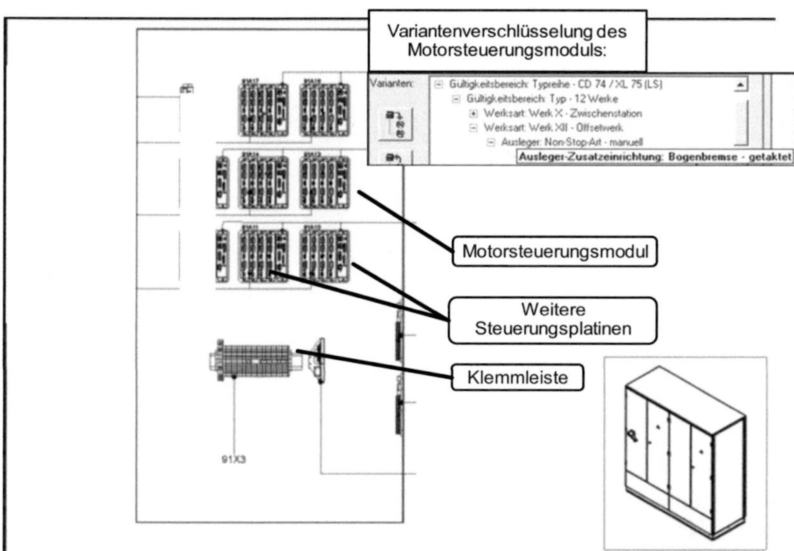

Bild 4-5: Schaltschrank mit Motorsteuerungsmodul (Quelle [Heid-09a])

Zudem unterstützen die Komponenten, die in Tabelle 4-2 beschrieben werden, die Umsetzung der Funktion der Dynamischen Bogenbremse. Die Unterstützung der Funktion erfolgt dabei lediglich anteilig:

Komponente	Berücksichtigung im Rahmen des Target Costings
Kompressor zum Saugen bzw. Blasen der geforderten Luft (nicht dargestellt).	Da für die dynamische Bogenbremse eine gegenüber der nicht-dynamischen Bogenbremse höhere Saugleistung gefordert wird, muss diese Komponente für das Target Costing anteilig berücksichtigt werden.
Kette und Kettenführung (Bild 4-3): Diese Komponenten dienen der Positionierung des Antriebs und des Bogenverlangsamungsmoduls.	Diese Komponenten werden beim Target Costing für die Dynamische Bogenbremse anteilig berücksichtigt, da sie für die Positionierung der dynamischen Bogenbremse höhere Leistungsanforderungen erfüllen müssen.
Zentrale Steuerungskomponenten, wie z.B. Rechnerkarten, Ein-/Ausgabekarten (nicht dargestellt).	Diese Komponenten zählen zur Basisausstattung der Maschine und werden durch die Funktion der Dynamischen Bogenbremse in keinem anderen Umfang benötigt als bei der nicht-dynamischen Bogenbremse. Die Komponenten werden also **nicht** berücksichtigt.

Maschinensteuerungs-Software (nicht dargestellt).	Die Software erzeugt insgesamt lediglich unwesentliche Selbstkosten. Allerdings werden die Produktentstehungskosten für die Steuerung der Dynamischen Bogenbremse in vollem Umfang berücksichtigt.
Seitenwand, in der die Komponenten der Dynamischen Bogenbremse befestigt sind (nicht dargestellt).	Hier werden ebenfalls lediglich die Produktentstehungskosten berücksichtigt. Die Selbstkosten der Seitenwand ändern sich durch die Dynamische Bogenbremse nur unwesentlich.

Tabelle 4-2: Komponenten mit eingeschränkter Target Costs-Berücksichtigung

Aus der Auflistung der Komponenten, die lediglich anteilig zur Funktion Dynamische Bogenbremse beitragen, ergibt sich folgende Lösungsidee, die in Abschnitt 5.3.4.5 „Schritt B3.4 Varianten ausprägen" ausführlicher dargestellt wird:

Lösungsidee:

*Es werden so genannte **„Informationsvarianten"** eingeführt. Diese Informationsvarianten sagen aus, zu welchem Anteil die jeweilige Komponente für die Erfüllung einer jeweiligen Funktion verantwortlich ist. Dabei wird vorgeschlagen, dass die Syntax der Abbildung der Informationsvarianten der Syntax der eigentlichen Produktstrukturvarianten entspricht (siehe Kapitel 3.5.4 „Variante"). Die Informationsvarianten stellen keine echte Variantenverschlüsselung dar, da diese Komponenten in der Produktstruktur überhaupt nicht variant sein müssen. Die Informationsvarianten dienen lediglich dazu, auszudrücken, welche Funktionen die jeweilige Komponente unterstützt. Zudem braucht man einen Faktor der ausdrückt, zu welchem Prozentsatz die jeweilige Komponente die entsprechende Funktion unterstützt.*

Alle nachfolgenden Betrachtungen werden anhand des Moduls Dynamische Bogenbremse dargestellt und verdeutlicht.

4.3 Target Costing Sheet

4.3.1 Grundsätzliches Konzept

!!! Prozessinnovation: *Target Costing Sheet.*

Im vorliegenden Abschnitt wird der Informationsträger vorgestellt, der dazu dient, alle relevanten Target Costing Informationen aufzunehmen und durch den Produktentstehungsprozess zu transportieren. Das Target Costing ist nicht nur ein Prozess, sondern umfasst Elemente, die im Verlauf des Produktentstehungsprozesses entstehen und festgehalten werden müssen. Viele dieser Elemente verändern sich im Verlauf des Produktentstehungsprozesses. Diese Veränderungen sind zu dokumentieren, um Entwicklungen oder Trends zu sehen und daraus Entscheidungen ableiten zu können. Es bedarf eines Trägers, der die relevanten Informationen zu den Target Costs aufnimmt und verwaltet. Als **Träger der Information** wird das **Target Costing Sheet** vorgeschlagen. Dieser Informationsträger ist so ausgestaltet, dass er sich als eigenständiges Objekt innerhalb des Produktentstehungsprozesses anlegen, ändern und verwalten lässt. Bild 4-6 gibt einen Überblick über das Target Costing Sheet:

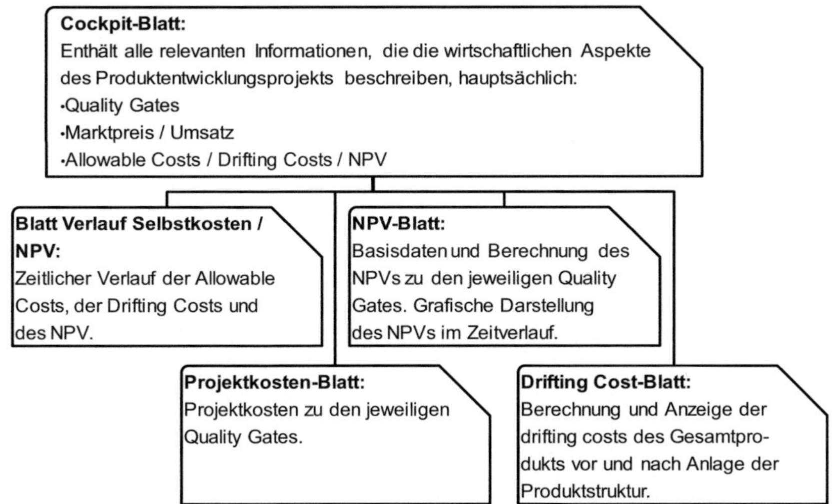

Bild 4-6: Target Costing Sheet – Überblick über alle Blätter

Das Target Costing Sheet besteht aus mehreren physischen Blättern, die im Verlauf eines Produktentwicklungsprojekts unterschiedlichen Systemen und Elementen zugeordnet sind. Das Target Costing ist unterteilt in fünf eigenständige Bereiche („Blätter"), die jeweils einen Aspekt der Target Costing Information beinhalten. Das vorliegende Kapitel stellt das Target Costing Sheet vor. Die Inhalte des Target Costing Sheets werden in Kapitel 5 „Target Costing Integration mit Anwendung auf ein mechatronisches Modul" auf Basis durchgängiger Use Cases erläutert. Die einzelnen Blätter des Target Costing Sheets sowie die Verweise zu den jeweiligen Beschreibungen sind in Tabelle 4-3 abgebildet.

Blätter des Target Costing Sheets	Prinzipielle Ausgestaltung	Inhalte im Verlauf des Projekts	Inhalt zum Projektende
Cockpit-Blatt	4.3.2 „Cockpit-Blatt"	____	5.5.2.2 „Target Costing Sheet – Cockpit-Blatt"
Blatt Verlauf Selbstkosten / NPV	____ (nicht erforderlich)	____	5.5.2.3 „Target Costing Sheet – Blatt Verlauf Selbstkosten / NPV"
Projektkosten-Blatt	4.3.3 „Projektkosten-Blatt"	5.3.5 „Schritt B4 Steuerungssoftware implementieren"	5.5.2.4 „Target Costing Sheet – Projektkosten-Blatt"
NPV-Blatt	3.2.9 „Net Present Value (NPV)" und 4.3.4 „NPV-Blatt"	5.2.3.7 „Schritt A6.7 Zielkosten ableiten"	5.5.2.5 „Target Costing Sheet – NPV-Blatt"
Drifting Cost-Blatt	4.3.5 „Drifting Cost-Blatt"	5.3.4.4 „Schritt B3.3 3D-CAD Baugruppen modellieren"	5.5.2.6 „Target Costing Sheet – Drifting Cost-Blatt"

Tabelle 4-3: Verweise zur Erläuterung der Blätter des Target Costing Sheets

Hinweise:

- *Aus Gründen der guten Lesbarkeit kann das drifting cost-Blatt im Hauptteil der Arbeit nicht vollständig dargestellt werden. Deshalb werden im Hauptteil immer nur Ausschnitte dieses Blattes gezeigt. Das vollständige drifting cost-Blatt ist in kleinerer Schriftart im Anhang, Abschnitt 7.1.1 „Vollständige Produktstruktur mit drifting costs" abgebildet.*

- *Das vorliegende Kapitel beschreibt die einzelnen Blätter des Target Costing Sheets prinzipiell. Das vollständige Verständnis für die Ausgestaltung der Blätter kann erst mit der inhaltlichen Ausgestaltung erreicht werden.*

4.3.2 Cockpit-Blatt

Das Hauptblatt des Target Costing Sheets ist das **Cockpit-Blatt** (Bild 4-7). Das Cockpit-Blatt fasst die wichtigsten Target Costing Informationen zusammen:

- **Identifikationsbereich:** Der obere Teil des Target Costing Sheets identifiziert die Information. Der Identifikator ist die Materialnummer, wobei klar ist, dass zu Beginn eines Produktentwicklungsprojekts die Materialnummer noch nicht zwingend vorliegen muss. Ergänzt wird die Materialnummer durch die Benennung. Somit könnten zu Beginn eines Produktentwicklungsprojekts dort auch die Projektnummer und die Projektbezeichnung stehen, siehe Abschnitte 3.5.2 „Definition und Grundlagen zu PLM-Objekten", 7.4.2.3 „Materialnummer" und 7.4.2.4 „Benennung".

- Die eigentlichen **Inhalte** des Cockpit-Blatts sowie aller anderen Blätter sind im unteren Bereich aufgeführt. Hier sind alle erforderlichen wirtschaftlichen Informationen zu dem zu entwickelnden Produkt aufgeführt, also Produktentstehungskosten, Marktpreis, zu erwartender Umsatz, Selbstkosten des Produkts und der sich aus diesen Informationen ergebende Net Present Value des Produkts.

Das Cockpit-Blatt enthält die Informationen zu allen relevanten Zeitpunkten des Produktentstehungsprozesses. Diese Zeitpunkte sind v.a. die Quality Gates. [Grun-02], S. 151 formuliert, dass es anzustreben ist, Daten in der erforderlichen Verlässlichkeit und Verfügbarkeit zu den jeweiligen Meilensteinen bzw. Quality Gates zur Verfügung zu haben.

Komponente:

Materialnummer: Materialkurztext:

Betrachtungszeitpunkt:

Quality Gate	Termine	Produktentwicklungskosten	Marktpreis	Umsatz p.a.	Allowable costs / Drifting costs	Aussagekraft	NPV
Projektstart							
...							
Projektende							

Bild 4-7: Target Costing Sheet – Cockpit-Blatt

4.3.3 Projektkosten-Blatt

Projekttermine und Aufwände für die Projektumsetzung werden i.d.R. in MPM-Systemen gepflegt. Demzufolge werden im Projektkosten-Blatt Aufwände nur dargestellt, um die Wirtschaftlichkeitsaspekte eines Produkts ermitteln zu können. Die Erfassung und Berechnung der Kosten findet im MPM-System statt. Das Projektkosten-Blatt stellt geplante und geleistete Projektaufwände dar und berechnet die Gesamtprojektkosten für das Produktentwicklungsprojekt. Erläuterung des Projektkosten-Blattes:

- **Ressourcen** für die Umsetzung von Projektaufgaben werden in Personentagen (PTs) geplant und erfasst und mittels eines Tagessatzes in Ressourceneinzelkosten umgerechnet. Um eine effiziente Planung und Isterfassung zu ermöglichen, werden für das Ressourcenmanagement folgende Kategorien vorgeschlagen (Tabelle 4-4):

Ressourcen [PTs]	Plan
	Ist
	Rest berechnet
	Rest manuell
	Forecast

Tabelle 4-4: Ressourcenplanung

- Dabei sind:

    o Plan: Geplante Anzahl von PTs

    o Ist: Zum jeweiligen Zeitpunkt geleistete PTs

    o Rest berechnet: Wird nach folgender Methode berechnet:

> *Wenn Aufgabe beendet = „NEIN"*
> *Dann: [Wenn (Plan – Ist) > 0*
> *   Dann Rest berechnet = (Plan – Ist)*
> *   Sonst Rest berechnet = 0]*
> *Sonst Rest berechnet = 0*
> *Um eine korrekte Berechnung zu ermöglichen, muss bei Ist > Plan gewährleistet sein: Aufgabe beendet = JA <oder> Rest manuell > 0. Ansonsten ist es nicht möglich, den Forecast und damit die Gesamtkosten zu berechnen.*

    o Rest manuell: Manueller Eintrag der zum jeweiligen Zeitpunkt abgeschätzten Restaufwände

    o Forecast: Entspricht den Gesamtaufwänden an PTs für das Projekt und wird nach folgender Methode berechnet:

> *Wenn Aufgabe beendet = „NEIN"*
> *Dann: [Wenn Rest manuell > 0*
> *   Dann Forecast = (Ist + Rest manuell)*
> *   Sonst Forecast = Plan]*
> *Sonst Forecast = Ist*

- Aus Vereinfachungsgründen werden in den Use Cases die geplanten Projektkosten lediglich in die **Bereiche** Steuerungssoftware, Mechanik und Elektromechanik aufgeteilt. In der Praxis sind in Produktentwicklungsprojekten wesentlich mehr Bereiche beteiligt. Wie beschrieben, sind dies Produktmanagement, Service, Produktion, u.v.m. sowie weitere Projektmitglieder aus dem Forschungs- und Entwicklungsbereich.

Ebenso wie das Cockpit-Blatt gibt es auch ein Projektkostenblatt, das im Zeitverlauf des Produktentstehungsprozesses zunehmend gefüllt wird.

Hinweis:

Weitere Erläuterungen zum Projektkosten-Blatt finden am praktischen Beispiel statt, siehe die Kapitel 5.3.5 „Schritt B4 Steuerungssoftware implementieren" und 5.5.2 „Schritt D2 Produktentwicklungsprojekt beenden".

4.3.4 NPV-Blatt

Das NPV-Blatt in Bild 4-8 zeigt die Basisdaten und die Berechnung des NPV zu jeweils genau einem Zeitpunkt des Produktentstehungsprozesses. Der NPV als wichtige Kennzahl zur Bewertung der Wirtschaftlichkeit von Produktentwicklungsprojekten und die zugrunde liegende Berechnungsmethode wurde bereits in Kapitel 3.2.9 „Net Present Value (NPV)" erläutert. Das NPV-Blatt erfüllt drei Aufgaben:

- Grafische Darstellung des NPVs im Zeitverlauf.

- Darstellen der Informationen, aus denen der NPV berechnet wird, d.h. Produktentstehungskosten als Ergebnis des Projektkosten-Blatts, Prognostizierte Absatzmengen p.a., Selbstkosten des Produkts und Marktpreis des Produkts.

- Ableiten der NPV-Berechnungen aus den Eingangsinformationen: CashFlow, Abgezinster CashFlow, Abgezinster kumulierter CashFlow.

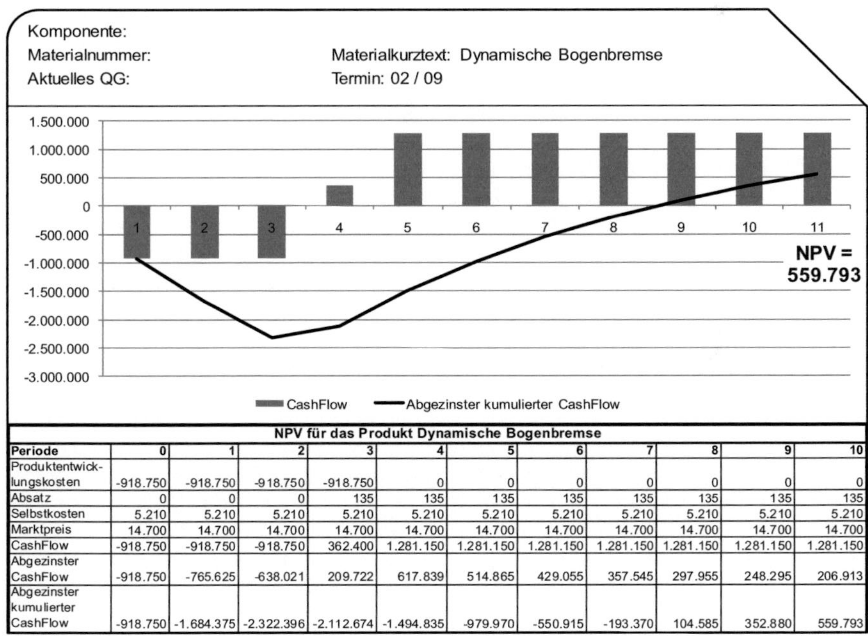

NPV für das Produkt Dynamische Bogenbremse										
Periode	0	1	2	3	4	5	6	7	8	9	10
Produktentwicklungskosten	-918.750	-918.750	-918.750	-918.750	0	0	0	0	0	0	0
Absatz	0	0	0	135	135	135	135	135	135	135	135
Selbstkosten	5.210	5.210	5.210	5.210	5.210	5.210	5.210	5.210	5.210	5.210	5.210
Marktpreis	14.700	14.700	14.700	14.700	14.700	14.700	14.700	14.700	14.700	14.700	14.700
CashFlow	-918.750	-918.750	-918.750	362.400	1.281.150	1.281.150	1.281.150	1.281.150	1.281.150	1.281.150	1.281.150
Abgezinster CashFlow	-918.750	-765.625	-638.021	209.722	617.839	514.865	429.055	357.545	297.955	248.295	206.913
Abgezinster kumulierter CashFlow	-918.750	-1.684.375	-2.322.396	-2.112.674	-1.494.835	-979.970	-550.915	-193.370	104.585	352.880	559.793

Bild 4-8: Target Costing Sheet – NPV-Blatt

Hinweis zum NPV im hier gewählten Ansatz:

Es geht in der Arbeit vornehmlich darum, die Integration des Target Costings in den Produktentstehungsprozess darzustellen, sowie Methoden zu dessen Optimierung zu erarbeiten. Somit werden beim eigentlichen Target Costing

Prozess folgende Vereinfachungen gegenüber der Umsetzung in der Praxis vorgenommen:

- *Grundsätzlich werden keine Effekte berücksichtigt, die durch diverse Formen der Unternehmensbesteuerungen entstehen.*

- *Die Selbstkosten des Produkts beinhalten die Herstellkosten und diverse Zuschläge auf diese Herstellkosten, wie dies in Kapitel 3.2.7 „Elemente des Target Costings" beschrieben ist.*

- *Eigentlich zu den Herstellkosten gehörend, werden die Montagekosten deshalb separat behandelt, weil sie Besonderheiten der Produktstrukturierung und der Ermittlungsmethoden unterliegen, siehe Kapitel 5.4.3 „Schritt C3 Montageplanung durchführen".*

Im Unterschied zu den bisher beschriebenen Blättern ist das NPV-Blatt eine zeitpunktbezogene Momentaufnahme. Demzufolge gibt es jeweils ein physikalisches NPV-Blatt pro betrachtetem Zeitpunkt, z.B. einem Quality Gate.

4.3.5 Drifting Cost-Blatt

Das drifting cost-Blatt zeigt und berechnet die drifting costs des Gesamtprodukts. Dabei werden zwei Zeiträume der Betrachtung unterschieden:

- **Zeitraum vor der Anlage einer Produktstruktur:** In diesem Zeitraum basieren die Schätzungen der drifting costs auf den geforderten Vorgaben, die im Lastenheft beschrieben sind, sowie den Festlegungen zur Realisierung der Vorgaben, die im Pflichtenheft abgebildet werden. Der letztendlich gültige Stand der drifting costs ohne Produktstruktur wird als aufrufbare Version abgespeichert.

- **Zeitraum ab Anlage einer Produktstruktur bis Projektende:** Der hauptsächliche Träger der Information, der die inhaltliche Ausgestaltung des Produkts beschreibt, ist hier die Produktstruktur. Somit enthält die Produktstruktur auch die Kosteninformation für jede Komponente und für das Gesamtprodukt. Die Aussagekraft der drifting costs ist eine wichtige Besonderheit, um beurteilen zu können, wie gut die jeweilige Abschätzung ist. Die Produktstruktur wird durch Änderungsabgrenzungen fortgeschrieben. Damit können der jeweils aktuelle Stand sowie eingefrorene Zustände während des Produktentstehungsprozesses aufgerufen werden.

Die drifting costs des zu entwickelnden Produkts sind neben den Projektkosten die zweite Quelle für die Kosteninformationen. Auf diesen Kostenbestandteilen basiert die Wirtschaftlichkeitsbetrachtung des Gesamtprodukts, die im NPV-Blatt errechnet wird.

4.3.6 Target Costing Office

In Kapitel 3.6.2 „Aufbauorganisation zur Unterstützung von MPM und PLM"
wurde beschrieben, wie das PMO bzw. die Normungs- und Grunddatenstelle
in Unternehmen ausgestaltet ist. An dieser Stelle wird vorgeschlagen, dass
eine der beiden Stellen – vorzugsweise das PMO – die zusätzliche Rolle des
„Target Costing Office" übernimmt. Dieses Office wird mit den Aufgaben
ausgestattet, die in dieser Arbeit beschriebenen Prozesse des Target Costings
zu unterstützen. Gemeinsam mit den jeweiligen Projektleitern der Produktenwicklungsprojekte hat das Target Costing Office die Aufgabe, für eine hohe
Qualität der Target Costing-Daten zu sorgen, und damit eine gute Entscheidungsgrundlage für das Projektportfolio zu bereiten.

Die genaue Ausgestaltung dieses Office ist firmenspezifisch umzusetzen. Dies
ist nicht Gegenstand der vorliegenden Arbeit.

4.4 Integration in die IT-Umgebung

4.4.1 Target Costing Sheet in der IT-Umgebung

!!! Prozessinnovation: Target Costing Sheet in der IT-Umgebung.

Ein wichtiges Ergebnis des Konzepts besteht darin, die Voraussetzungen für
den bestmöglichen Einsatz von IT-Systemen im Produktentstehungsprozess
zu definieren. Letztlich gelingt ein optimaler Systemeinsatz allerdings nicht dadurch, dass optimale Systeme für spezielle Teilanforderungen innerhalb des
Produktentstehungsprozesses eingeführt werden, sondern dadurch, dass diese Systeme bestmöglich integriert werden, um das Target Costing im Produktentstehungsprozess zu unterstützen. Wie in den vorherigen Abschnitten erläutert, ist das Target Costing Sheet ein Objekt im Produktentstehungsprozess. In
diesem Abschnitt werden die Eigenschaften dieses Objekts beschrieben, um
den bestmöglichen Einsatz im Produktentstehungsprozess zu erreichen. Tabelle 4-5 benennt diese Eigenschaften:

Fachliche Anforderung (= Lastenheftanforderungen)	Vorschläge für technische Umsetzung (= Pflichtenheftansätze)
Das Target Costing Sheet muss ein umzusetzendes Projekt während des gesamten Produktentstehungsprozesses von der Projektauswahl bis zur Serieneinführung begleiten. Im Verlauf dieses Prozesses sind i.d.R. unterschiedliche IT-Systeme im jeweiligen Fertigungsunternehmen im Einsatz. So formuliert [Abra-06], S. 16, dass PLM „durch eine Vielzahl verschiedener integrierter oder verteilter PLM-Werkzeuge unterstützt" wird.	Das Objekt „Target Costing Sheet" ist ein Dokument, das alle beschriebenen Informationen enthält. Eigenschaften des Dokuments: • Das Dokument „Target Costing Sheet" muss eigenständig lebensfähig sein. • Das Target Costing Sheet muss verknüpft werden können mit den Systemen und deren Objekten, die im Produktentstehungsprozess eingesetzt werden. Beispiele: ERP-, PLM-, MPM-System. • Das Target Costing Sheet könnte beispielweise eine MS Excel-Arbeitsmappe sein, siehe Abschnitte 3.5.2 „Definition und Grundlagen zu PLM-Objekten" und 7.4.3 „Dokument".
Das Target Costing Sheet enthält alle Informationen zum Target Costing wie drifting costs und allowable costs zu den unterschiedlichen Zeitpunkten eines Produktentwicklungsprojekts. Diese Informationen werden originär im Target Costing Sheet eingegeben.	Das Target Costing Sheet verfügt über Eingabemöglichkeiten. Die Eingaben müssen geführt und standardisiert erfolgen. Eine strukturelle Veränderung des Target Costing Sheets bei Benutzereingaben muss verhindert werden.
Das Target Costing Sheet übernimmt für bestimmte Berechnungen Informationen eines zugrunde liegenden Systems, beispielsweise des PLM-Systems. So ist die Produktstruktur nicht originär im Target Costing Sheet abgebildet, sondern das Target Costing greift auf diese Informationen zu, um die beschriebenen Berechnungen durchzuführen.	Informationen aus anderen IT-Systemen, z.B. dem PLM-System werden automatisch in das Target Costing Sheet übernommen. Es können im Target Costing Sheet Mapping-Vorschriften hinterlegt werden, um zu beschreiben, welche Informationen in welcher Form vom PLM-System in das Target Costing Sheet übertragen werden können.

Das Target Costing Sheet ist nicht nur passiv im Sinne von Informationsverwaltung, sondern „agiert" in gewissem Rahmen.	Das Target Costing Sheet ist in der Lage, selbstständig Warnungen zu erzeugen, wenn bestimmte Ereignisse eintreten. Bsp.: Warnung bei unvollständig vorhandener Information, Warnung bei Überschreitung von drifting costs, usw. Diese Warnungen können beispielsweise in Form elektronischer Mails automatisch erzeugt werden, sobald zuvor definierte Toleranzschranken überschritten werden.
Berechnungen innerhalb des Target Costing Sheets sind automatisiert umzusetzen.	Der Anstoß für Berechnung wird über Statuswechsel von Komponenten oder Produktstrukturen erzeugt. Somit ist gewährleistet, dass Veränderungen Neuberechnungen von drifting costs erzeugen.
Implementieren eines Warnungsmanagers	Mit vom System ausgegebenen Warnungen können unterschiedliche Aktionen verbunden sein, z.B.: • Manuelle Bearbeitung durch Systemanwender. • Ignorieren der Warnung. • Zurückstellen der Warnung auf späteren Zeitpunkt oder auf späteres Ereignis.

Tabelle 4-5: Realisierung des Target Costing Sheets

Wie in Tabelle 4-5 beschrieben, wird das Target Costing Sheet mit unterschiedlichen IT-Systemen gekoppelt. Im Verlauf des Produktentstehungsprozesses nehmen Informationen zu und die Güte der Informationen steigt. Typischerweise wechseln damit auch die Hauptträger für das Target Costing Sheet. Bild 4-9 verdeutlicht beispielhaft, welchen IT-Systemen das Target Costing Sheet in welchem Zeitraum zugeordnet wird. Die Pfeile am unteren Teil der Grafik symbolisieren, dass das Target Costing Sheet per se dasselbe bleibt, wenngleich die Inhalte während des Prozesses zunehmen und das Target Costing Sheet unterschiedlichen existierenden IT-Systemen „angehängt" wird. Die jeweils nach rechts abgehenden, horizontalen Pfeile an den Systemen „Strategie-Datenbank", „MPM-System" und „PLM-/ERP-System" symbolisieren, in welchem Zeitraum des Produktentstehungsprozesses das jeweilige System aktiv verwendet wird. Erläuterungen:

- Im Auswahlprozess ist das Target Costing Sheet den auszuwählenden Projekten, also dem zur Auswahl stehenden Projektportfolio zugeordnet. Das System hierzu wird **Portfolio-Datenbank** genannt.

- Das **MPM-System** trägt alle Informationen des Produktentwicklungsprojekts.

- Während des eigentlichen Konstruktionsprozesses ist das **PLM-/ERP-System** der Hauptträger der Information. Das Target Costing Sheet ist in dieser Phase den jeweiligen Produktstrukturen zugeordnet.

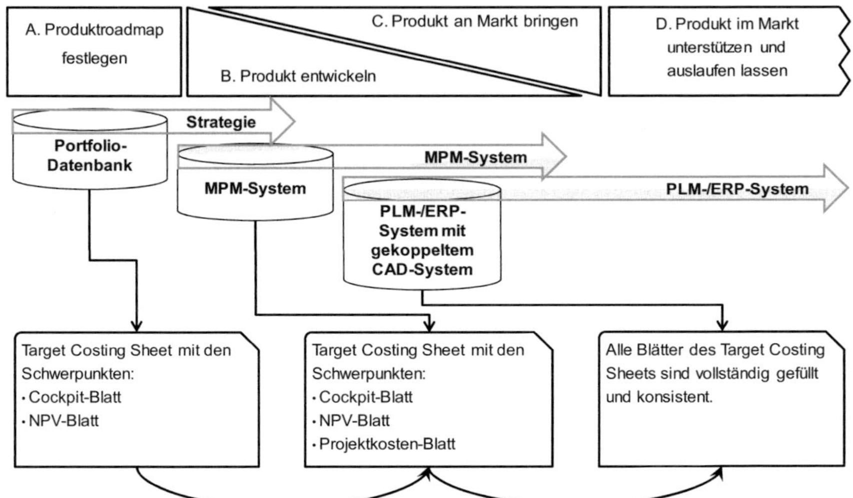

Bild 4-9: Zuordnung des Target Costing Sheets zu IT-Systemen

[GeGr-09], S. 1-80 beschreiben als zu unterstützende Schnittstellen ihrer change-management-orientierten Produktstruktur die Systeme CAD, PLM und ERP. Wie gezeigt wurde, sind aus Sicht des gesamten Produktentstehungsprozesses auch die – soweit vorhandenen – Systeme „Portfolio-Datenbank" und „MPM-System" in die Betrachtung einzubeziehen.

4.4.2 Datenmodell

Die Anforderungen an die IT-Integration des Target Costings werden im vorliegenden Abschnitt anhand eines Datenmodells beschrieben. Das Datenmodell in Bild 4-10 integriert das Target Costing Sheet mit den Lebenszyklus-Objekten.

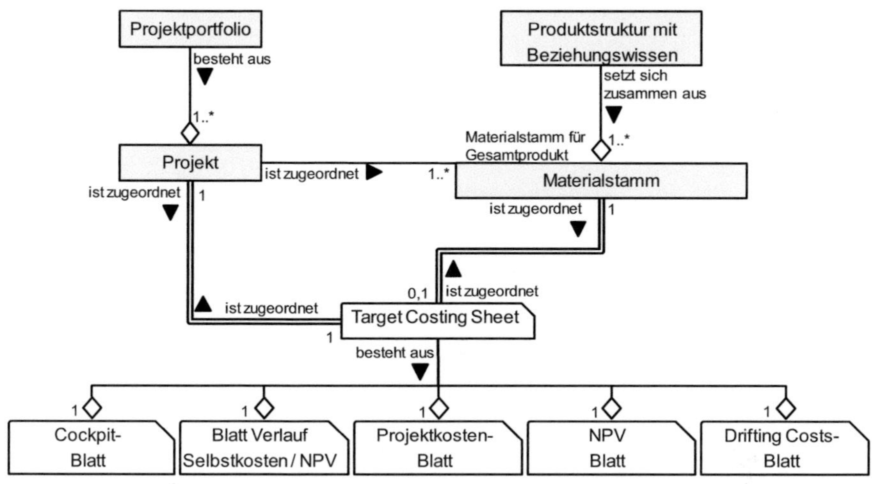

Bild 4-10: Datenmodell mit Lebenszyklus-Objekten und Target Costing-Objekten

Prinzipielle, semantische und inhaltliche Erläuterung des Datenmodells:

- **Prinzipiell:** Das Datenmodell stellt den Zusammenhang zwischen den Lebenszyklus-Objekten und den Target Costing-Objekten dar. Die für diesen Zusammenhang nicht relevanten Einzelheiten abstrahiert das Datenmodell, z.B. den Zusammenhang zwischen Produktstruktur und Materialstamm. Eine mögliche Modellierung einer Produktstruktur zeigt [Schi-02], S. 120. Weitere Erläuterungen zum Datenmodell, insbesondere zur Versionierung von Projekt und Materialstamm sowie zu den durch die Methoden des Target Costings erforderlichen Attributen, zeigen die weiteren Bilder des vorliegenden Abschnitts mit den jeweiligen Erläuterungen.

- **Semantik:** Die Semantik entspricht der UML (Unified Modelling Language), siehe Erläuterungen in Abschnitt 5.1 „Grundsätzliche Vorgehensweise" und [Schi-02], S. 180ff. Ausnahmen:

  o Um die Lebenszyklus-Objekte von den Target Costing-Objekten optisch unterscheiden zu können, werden die beiden Objekt-Typen mit unterschiedlichen Symbolen dargestellt, siehe Legende des Datenmodells.

  o Die Verbindungen innerhalb der Lebenszyklusobjekte und innerhalb der Target Costing Objekte werden durch einfache Linien verdeutlicht, wohingegen die Verbindungen zwischen den Lebenszyklusobjekten und den Target Costing Objekten durch Doppellinien gekennzeichnet sind.

- Inhaltliche Erläuterungen:

    o Das Projektportfolio besteht aus vielen Projekten.

    o Die Produktstruktur setzt sich aus vielen Materialstämmen zusammen.

    o Ein Projekt ist einem oder mehreren Materialstämmen zugeordnet. Zu beachten ist:

        ▪ Ein Projekt ist lediglich dem oder den Materialstämmen des Gesamtprodukts zugeordnet; aus diesem Grund steht über dem eigentlichen Objekt „Materialstamm" die Bemerkung „Materialstamm für Gesamtprodukt".

        ▪ Ein Projekt kann mehreren Materialstämmen zugeordnet sein, da sich dieses Projekt evtl. nicht an einem einzigen Wurzel-Materialstamm anpacken lässt. Siehe hierzu die Erläuterungen im Use Case, Abschnitt 5.3.2 „Schritt B2 Vorversuche durchführen, Pflichtenheft erstellen".

- **Target Costing Sheet:** Das Target Costing Sheet enthält die in den vorherigen Abschnitten beschriebenen Einzelblätter „Cockpit", „Projektkosten", „NPV" und „Drifting Costs". Die Verbindung zwischen den Einzelblättern und dem Target Costing Sheet wird durch die weiße Raute symbolisiert, da es sich hier um eine „Aggregation" handelt – das Target Costing Sheet fasst also die einzelnen Blätter zusammen, siehe [Schi-02], S. 186.

- **Zuordnung von Projekt zu Target Costing Sheet:** Jedes Projekt ist genau einem Target Costing Sheet zugeordnet. Wie bereits in Bild 4-9 gezeigt und erläutert, ist das Target Costing Sheet zu Beginn des Projekts nur rudimentär gefüllt.

- **Zuordnung von Materialstamm zu Target Costing Sheet:** Jedes Target Costing Sheet ist in späteren Projektphasen – dann nämlich, wenn Produktstrukturen und Materialstämme vorliegen – genau einem Materialstamm zugeordnet; nicht jedem Materialstamm dagegen ist ein Target Costing Sheet zugeordnet.

Die folgenden Bilder zeigen die Datenmodelle des Projekts, des Materialstamms und des Target Costing Sheets. Dabei zeigen die Datenmodelle des Projekts und des Materialstamms auf, wie diese beiden Lebenszyklusobjekte zu erweitern sind, um die Belange des Target Costings abzudecken.

Datenmodell **Projekt** (Bild 4-11): Um die zeitlich unterschiedlichen Zustände und Inhalte des Projekts voneinander abzugrenzen, werden Projektversionen angelegt und dem Projekt zugeordnet. Das Symbol der schwarzen Raute macht deutlich, dass die unterschiedlichen Projektversionen nicht ohne das Projekt existieren können (= „Komposition", siehe [Schi-02], S. 186). Einem Projekt sind viele Projektversionen zugeordnet. „Allowable Costs", „Marktpreis" und „NPV" sind diejenigen Attribute, mit denen die Projektversionen aufgrund der Anforderungen des Target Costings versehen sind. Diese Attribute sind den Projektversionen und nicht dem Projekt zugeordnet, da sie sich im Verlauf des Projekts ändern können und diese Veränderungen in den jeweiligen Versionen festgehalten werden.

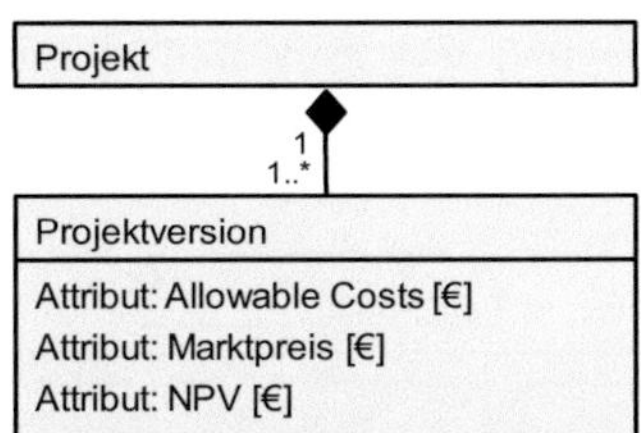

Bild 4-11: Datenmodell Projekt

Datenmodell **Materialstamm** (Bild 4-12): Ebenso wie das Projekt wird auch der Materialstamm versioniert, um die zu unterschiedlichen Zeitpunkten gültigen Zustände voneinander abzugrenzen. Drei Attribute sind direkt mit dem Materialstamm verknüpft („Montagekostenrelevanz", „Montagekosten-Referenz" und „Informationsvariante"), da diese Attribute keiner Versionierung unterliegen, sondern für den jeweiligen Materialstamm gelten. Die weiteren Attribute („Eingetragene Drifting Costs", „Resultierende Drifting Costs", „Gütegrad Drifting Costs" und „Aussagekraft") sind – vergleichbar mit den Attributen des Projekts – den Versionen des Materialstamms zugeordnet, da es von entscheidender Bedeutung ist, die unterschiedlichen zeitlich gültigen Zustände des Materialstamms voneinander abzugrenzen und deren Veränderung im Projektverlauf überprüfen und anpassen zu können.

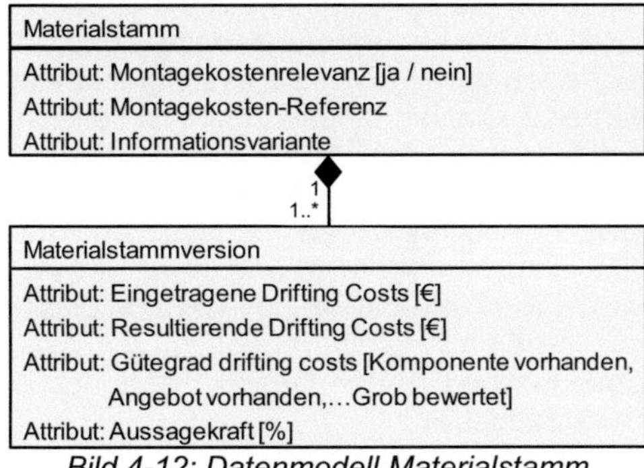

Bild 4-12: Datenmodell Materialstamm

Datenmodell **Blätter des Target Costing Sheets** (Bild 4-13): Außer dem Cockpit-Blatt und dem Blatt Verlauf Selbstkosten / NPV unterliegen die einzelnen Blätter des Target Costing Sheets ebenso wie das Projekt und der Materialstamm einer Versionierung; einem Blatt sind also jeweils mehrere Blatt-Versionen zugeordnet. Das Cockpit-Blatt hat deshalb keine Versionen, weil seine Eigenschaft gerade darin besteht, alle relevanten Target Costing Informationen über den gesamten Projektverlauf hinweg aufzunehmen und darzustellen. Die einzelnen Inhalte der Blätter des Target Costing Sheets wurden in Abschnitt 4.3 „Target Costing Sheet" beschrieben. Die Blätter „Verlauf Selbstkosten / NPV", „Projektkosten" und „Drifting Costs" werden erst im Verlauf des Produktentwicklungsprozesses benötigt, siehe Bild 4-9. Zu Beginn des Produktentwicklungsprojekts existieren lediglich das Cockpit- und das NPV-Blatt. Deshalb ist nur die Beziehung des NPV-Blattes mit seiner Version 1 : 1..*, während die anderen Beziehungen zwischen den Objekten und ihren Versionen 1 : 0..* sind.

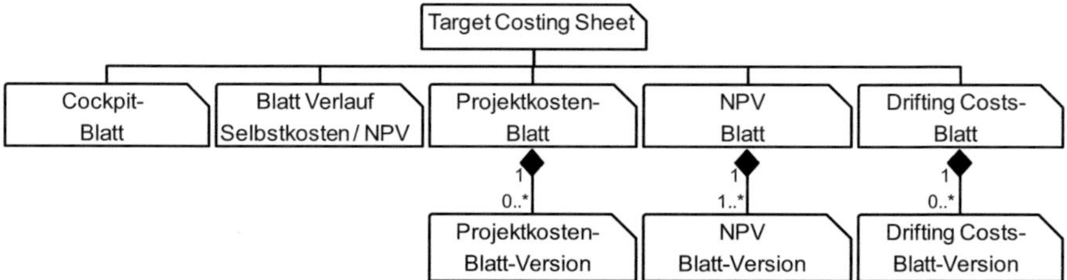

Bild 4-13: Datenmodell der Blätter des Target Costing Sheets

4.5 Algorithmen bei unvollständigen Informationen

*!!! **Prozessinnovation**: Algorithmen bei unvollständigen Informationen.*

4.5.1 Anforderungen

Während des Produktentstehungsprozesses liegen zu den meisten Zeitpunkten weder vollständige noch exakte Informationen vor. [ScKü-08], S. 715 beschreiben die Konstruktion eines Produkts als „reifenden Prozess, der durch Wissenszuwachs und zahlreiche Änderungen im Zeitablauf gekennzeichnet ist." Gerade deshalb ist es wichtig, zu jedem Zeitpunkt eine möglichst große Entscheidungssicherheit zu haben. Insbesondere ist es wichtig, zu bestimmten Überprüfungszeitpunkten über eine gute Datengrundlage zu verfügen, um Entscheidungen sinnvoll treffen zu können. Siehe die Ausführungen zu „Quality Gates (QGs)" in Abschnitt 3.4.3. In kritischen Projektphasen oder in Projektphasen, in denen große Veränderungen im Projekt stattfinden, genügen diese offiziellen Quality Gates allerdings nicht; in diesen Phasen müssen die Daten zwischen den Quality Gates ebenfalls von hoher Güte sein. Zwischen folgenden Optionen wird zu den Quality Gates und ggf. auch zwischen den Quality Gates entschieden:

- Das Produktentwicklungsprojekt wird unverändert **fortgesetzt**, da in Bezug auf die Projektziele (Qualität, Kosten Termine) das Projekt im Plan ist.

- Es werden **Korrekturmaßnahmen** eingeleitet, da eines oder mehrere Ziele des Produktentwicklungsprojekts – incl. der in der Arbeit betrachteten finanziellen Ziele – gefährdet sind oder nicht mehr erreicht werden können.

- Das Produktentwicklungsprojekt wird **gestoppt**, da die Abweichungen von der geplanten Zielerreichung so gravierend sind, dass es sich für das Fertigungsunternehmen nicht mehr lohnt, das Projekt fortzusetzen.

Diese Entscheidungssicherheit wird durch zwei Aspekte unterstützt:

- Zum einen ist es wichtig, Veränderungen – ganz gleich, durch welche Faktoren diese impliziert werden – so rasch wie möglich zu erfassen und zu verarbeiten. Dieser Aspekt wurde in den letzten Abschnitten ausführlich behandelt.

- Ein zweiter Aspekt ist der Umgang mit unsicheren Informationen. Zu Beginn des Produktentstehungsprozesses sind die drifting costs bestenfalls geschätzt; vermutlich gibt es nicht einmal Schätzkosten für alle Komponenten. [Nißl-06], S. 134 beschreibt, dass die zu entwickelnden Komponenten über das Werkzeug „Ähnlichkeitsanalyse" mit Kosten bewertet werden. Im Verlauf des Produktentstehungsprozesses nehmen die Datenqualität und damit die Aussagekraft der Informationen zu; d.h. die drifting costs werden zunehmend genauer. In dieser Phase liegen die Kostenanteile auf unterschiedlichen Ebenen der Produktstruktur möglicherweise in unterschiedlicher Güte und Aussagekraft vor.

Um die drifting costs effizient zu erzeugen, stellen die nächsten Abschnitte einen Algorithmus vor, der zunächst Folgendermaßen definiert wird:

Definition „Algorithmus bei unvollständigen Informationen":

Der Algorithmus bei unvollständigen Informationen dient dazu, aussagekräftige drifting costs des zu entwickelnden Produkts zu jedem Zeitpunkt bei unsicherer Informationslage während des Produktentstehungsprozesses zu berechnen und zur Verfügung zu stellen.

4.5.2 Regelwerk

Die folgenden Ausführungen stellen ein Regelwerk vor, das dazu dient, aussagekräftige drifting costs zu jedem Zeitpunkt des Produktentstehungsprozesses zu erzeugen. Das Regelwerk ist anpassbar, um die jeweiligen Belange des Fertigungsunternehmens abzubilden.

Vorgehensweise in der Arbeit:

1. *Grundlagen und prinzipielle Erläuterung von Regeln, die angewandt werden, um drifting costs in Produktstrukturen zu berechnen. Beispielhafte Formulierung von Regeln.*

2. *Darstellung der Berechnungsmethode, die auf diesen Regeln basiert.*

3. *Anwendung der Regeln im folgenden Hauptkapitel 5 „Target Costing Integration mit Anwendung auf ein mechatronisches Modul", um die drifting costs zu berechnen.*

Zu 1, Grundlagen / Beispielhafte Ausgestaltung:

Die erste Grundlage des Regelwerks ist das Attribut „Gütegrad drifting costs":

Definition „Gütegrad drifting costs":

Der Gütegrad drifting costs ist ein Attribut, das verbal kennzeichnet, wie aussagekräftig die drifting costs von Komponenten sind. Basierend auf dem Attribut Gütegrad drifting costs werden Regeln definiert, um die drifting costs zu berechnen.

Für die Betrachtungen in den Use Cases der Arbeit hat das Attribut „Gütegrad drifting costs" die folgenden Werte. Betrachtet man die Werte in der Auflistung von oben nach unten, so nehmen der Gütegrad und damit die Aussagekraft der drifting costs ab:

- Komponente vorhanden,

- Angebot vorhanden,

- Schätzung (Entwicklung),

- Schätzung (Konzept),

- Berechnet,

- Noch nicht bewertet.

Für die Berechnung der resultierenden drifting costs wird zudem das Attribut „Aussagekraft" benötigt:

Definition „Aussagekraft":

Mit „Aussagekraft" wird prozentual ausgedrückt, wie gut ein drifting cost-Wert ist. Für eine worst case Betrachtung der drifting costs wird der ermittelte Kostenwert durch die Aussagekraft dividiert. Die Aussagekraft wird mithilfe des Gütegrads und des darauf basierenden Regelwerks berechnet. Damit erhält man eine Spreizung der drifting costs in einen realistic case und einen worst case Ansatz:

- *Realistic case: Allowable costs mit Aussagekraft-Bewertung 100%.*

- *Worst Case: Allowable costs mit individueller Aussagekraft-Bewertung.*

Die zudem erforderlichen Werte zur Berechnung der drifting costs für das Gesamtprodukt sind die eingetragenen und die resultierenden drifting costs:

Definition „eingetragene drifting costs" und „resultierende drifting costs":

- *„Eingetragene drifting costs" sind diejenigen drifting costs, die den jeweiligen Komponenten der Produktstruktur des zu entwickelnden Produkts zugordnet werden. Die eingetragenen drifting costs für das Gesamtprodukt bilden den realistic case, der in der Definition „Aussagekraft" eingeführt wurde.*

- *„Resultierende drifting costs" werden ermittelt mit Hilfe der Anwendung der Attribute „Gütegrad drifting costs" und „Aussagekraft". Die resultierenden drifting costs für das Gesamtprodukt bilden den worst case, der in der Definition „Aussagekraft" eingeführt wurde.*

Der „Gütegrad drifting costs", die „Aussagekraft", die „eingetragenen drifting costs" und die „resultierenden drifting costs" werden dazu verwendet, während des Produktentstehungsprozesses die drifting costs der jeweils aktuellen Produktstruktur zu berechnen.

Folgende Grundbegriffe einer Produktstruktur sind für die drifting costs Berechnungen erforderlich (Bild 4-14). Zu den Grundlagen bzgl. „Produktstruktur / Stückliste" siehe Abschnitt 3.5.3.

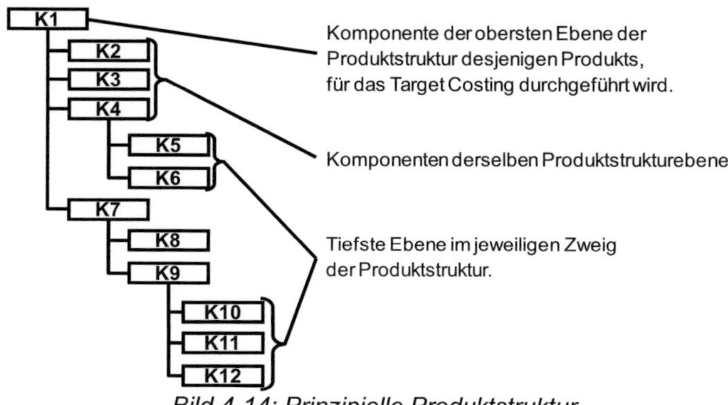

Bild 4-14: Prinzipielle Produktstruktur

Zu 2, Darstellung der Berechnungsmethode:

Bild 4-15 verdeutlicht, wie die Berechnung der drifting costs erfolgt. Erläuterungen:

- Die Anweisung oberhalb der gestrichelten Linie wird bei Neuanlagen oder Änderungen von Komponenten durchgeführt. Solche Änderungen können über das im Anhang beschriebene Änderungsmanagement gesteuert werden, siehe hierzu die Ausführungen zum „Änderungsmanagement" in Kapitel 7.4.4.

- Die Komponenten der untersten Ebene der Produktstruktur dürfen nicht den Gütegrad drifting costs „Berechnet" sondern einen der anderen Werte tragen. Somit kann die Berechnung erst ab der zweittiefsten Produktstrukturebene durchgeführt werden.

- Die erläuterte Iteration stellt sicher, dass allen Komponenten der Produktstruktur jeweils aktuelle drifting costs zugeordnet sind.

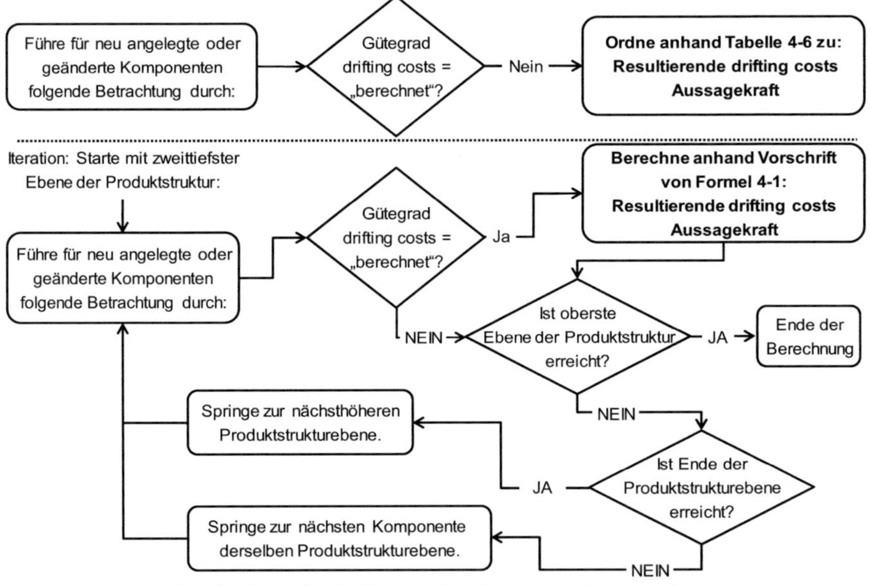

Bild 4-15: Regeln für Target Costing in Produktstrukturen

Die Ausführungen in Tabelle 4-6 mit den anschließenden Erläuterungen und Formel 4-1 stellen für die Werte des Gütegrads drifting costs vor, wie die resultierenden drifting costs ermittelt werden:

Gütegrad drifting costs	Erläuterung	Aussagekraft	Algorithmus zur Berechnung der Drifting costs
Komponente vorhanden	Komponente existiert bereits, d.h. sie wird in bestehenden Produkten verwendet und im neuen Produkt wiederverwendet.	100%	• Drifting costs (Komponente) = Selbstkosten, die mit der Komponente verknüpft sind.
Angebot vorhanden	Es gibt ein Angebot eines externen oder internen Lieferanten. (Interner Lieferant ist z.B. Teilefertigung).	90%	• Kosten der Komponenten, die in der Produktstruktur unterhalb der betrachteten Komponente liegen, werden für die Kostenberechnung ignoriert.
Schätzung (Entwicklung)	Drifting costs sind auf Basis der durchgeführten Produktentwicklung (z.B. CAD-Modell) geschätzt. Es gibt noch kein konkretes Angebot eines externen oder internen Lieferanten.	80%	• Resultierende drifting costs = (Eingetragene drifting costs) dividiert durch (Aussagekraft).
Schätzung (Konzept)	Drifting costs sind auf Basis des erarbeiteten Konzepts geschätzt durch den Entwickler. Eigentliche Produktentwicklung (z.B. im CAD-System) wurde noch nicht durchgeführt.	70%	
Berechnet	Komponentenkosten werden mit Hilfe des beschriebenen Algorithmus berechnet.	Wird durch Berechnung ermittelt. Methode siehe Formel 4-1.	• Berechnung der drifting costs für die Komponente wird durchgeführt. • Resultierende drifting costs werden durch Berechnung ermittelt.

Grob bewertet	Komponente ist noch nicht mit drifting costs bewertet. Die Kosten sind nur grob bewertet, aber weder qualifiziert geschätzt noch errechnet.	____
		(= kein Wert)
			• Komponenten werden folgende Kostenklassen zugeordnet:
			  o sehr teuer,
			  o teuer,
			  o mittelteuer,
			  o günstig.
			• Mit jeder Kostenklasse ist ein konkreter monetärer Betrag verknüpft.

Tabelle 4-6: Ausprägungen des Attributs Gütegrad drifting costs

Tabelle 4-6 bedarf der folgenden Ergänzungen:

1. Möglicher Regelzusatz, der nicht weiter betrachtet wird: Folgender Zusatz dieser Regel könnte berücksichtigt werden, findet aber im hier vorgestellten Regelwerk explizit keine Anwendung: Durch die weitere Verwendung der Komponente im neuen, zu kalkulierenden Produkt, steigt vermutlich der Bedarf für diese Komponente. Durch Skaleneffekte könnten also die Komponentenkosten sinken.

2. Umgang mit **unbewerteten Komponenten**: Um zu gewährleisten, dass die drifting costs zu jedem Zeitpunkt eine gewisse Aussagekraft haben, genügt es nicht, die noch nicht bewerteten Komponenten einfach mit 0,- € zu kalkulieren, sondern diese Komponenten müssen separat ausgewiesen werden.

3. **Vollständigkeit** der Information: Während des Produktentstehungsprozesses ist nicht unmittelbar klar, wie vollständig die Informationen sind, die für die Gesamtkostenbewertung herangezogen werden. Insbesondere in den früheren Phasen des Produktentstehungsprozesses sind nicht alle Komponenten des Produkts definiert. Selbst bei vollständiger Kalkulation aller Komponenten des Produkts werden damit die drifting costs als zu niedrig ausgewiesen, da noch nicht alle Komponenten angelegt sind. Für diesen Fall muss eine Pseudo-Komponente angelegt werden, die die Kostenwerte für ungeplante Komponenten beispielsweise summarisch abschätzt.

4. Folgende Regel wird im weiteren Verlauf der Arbeit nicht angewandt, könnte jedoch das Regelwerk ergänzen, um die Qualität der Informationen zu erhöhen: Entsprechend Tabelle 4-6 wird die zusätzliche Berechnung der drifting costs bei den Gütegrad-Werten „Schätzung (Entwicklung)" und „Schätzung (Konzept)" durchgeführt. Diese Berechnung dient dazu, zu entscheiden, ob die **angegebene Aussagekraft** für die Berechnung der resultierenden drifting costs herangezogen wird oder die im folgenden **berechnete Aussagekraft** (Formel 4-1). Dabei gilt: Wenn angegebene Aussagekraft < berechnete Aussagekraft:

   - Dann: Nehme berechnete Aussagekraft.

   - Ansonsten: Nehme angegebene Aussagekraft.

   D.h., dass prinzipiell der bessere der beiden Werte als tatsächliche Aussagekraft für die Berechnung der drifting costs zugrunde gelegt wird. Es wird also davon ausgegangen, dass der „bessere" Wert die tatsächlichen Gegebenheiten eher abbildet, als der im jeweiligen Fall schlechtere Wert. Durch die Divisionsregel ergeben sich mit dem besseren Wert für die betrachtete Komponente geringere drifting costs.

Formel 4-1 stellt die Berechnungsmethode für die Komponenten mit dem Gütegrad drifting costs = „Berechnet" vor:

Berechnung der **drifting costs** von Komponenten mit dem Gütegrad drifting costs = „Berechnet":

$$Res.\,drift.\,costs(Komp.\,(Stufe-1)$$
$$= \sum_{Komp.=1}^{\#\,Komp.(Stufe)} Menge(Komp.) * res.\,drift.\,costs(Komp.)$$
$$+\, Montagekosten(Komp.\,(Stufe-1)$$

$$Eing.\,drift.\,costs(Komp.\,(Stufe-1)$$
$$= \sum_{Komp.=1}^{\#\,Komp.(Stufe)} Menge(Komp.) * eing.\,drift.\,costs(Komp.)$$
$$+\, Montagekosten(Komp.\,(Stufe-1)$$

Berechnung der **Aussagekraft** von Komponenten mit dem Gütegrad drifting costs = „Berechnet":

$$Aussagekraft(Komp.) = \frac{eing.\,drift.\,costs(Komp.)}{res.\,drift.\,costs(Komp.)}$$

<u>Wobei folgendes gilt:</u>

Komp.	=	Komponente
Komp.(Stufe-1)	=	Komponente, in die die Komponente Komp. eingeht
Menge	=	Menge der Komponente Komp. in übergeordneter Komponente
res.drift.costs	=	resultierende drifting costs
eing.drift.costs	=	eingetragene drifting costs
# Komp.(Stufe)	=	Gesamtanzahl der Komponenten in Stufe

Die Berechnungen sind nur dann möglich, wenn die Baugruppe, für die die Berechnungen durchgeführt werden, untergeordnete Komponenten innerhalb der Produktstruktur besitzt.

Formel 4-1: Rechenvorschriften bei Komponenten mit Gütegrad „Berechnet"

Ändern sich Inhalte an Komponenten – z.B. während der Konstruktionsphase – dann werden die bisherigen drifting costs dieser Komponenten markiert, so dass klar ist, welche drifting costs-Werte ggf. angepasst werden müssen.

5 Target Costing Integration mit Anwendung auf ein mechatronisches Modul

5.1 Grundsätzliche Vorgehensweise

Hinweis zur Prozessbeschreibung:

Um das Target Costing im Produktentstehungsprozess zu beschreiben, wird eine Prozessbeschreibung gewählt, die auf der UML-Methode basiert. UML steht für Unified Modelling Language. Den Hauptgrund, UML als Prozessbeschreibungssprache zu benutzen, nennt [Holt-05], S. 13: „The UML is the most widely used modelling language in the world today". Weitere Gründe, die UML-Methode anzuwenden, sind die internationale Akzeptanz, die intuitive Notation, sowie die ISO Standardisierung, die UML zugrunde liegt. Die in der Arbeit angewandte Methode lehnt sich an die „process behaviour view" an, die [Holt-05], S. 72-74 beschreibt. Zur UML-Methode siehe auch [Schi-02], S. 180ff.

In Kapitel 3.5.1 „Die Begriffe Produktentwicklung und Produktentstehung" wurde erläutert, wie die Begriffe **Produktentstehung** und **Produktentwicklung** in der Literatur [SpKr-97] verwendet werden. Die Prozessintegration des Target Costings findet im Wesentlichen in der Phase der Produktentwicklung statt, wobei die Produktionsplanung als Teil der Produktherstellung und damit der Produktentstehung Bestandteil des Konzepts ist. Damit werden im Folgenden die Begriffe **Produktentstehung**, **Produktentstehungsprozess** und **Produktentstehungskosten** verwendet, wenngleich sich die Phasen Produktionssteuerung und Produktionstechnik, die von [SpKr-97] ebenfalls als Teil der Produktentstehung genannt werden, im Konzept nicht wiederfinden. Bild 5-1, das auf der Erläuterung von [SpKr-97] basiert, zeigt, welche Phasen im Konzept verwendet werden:

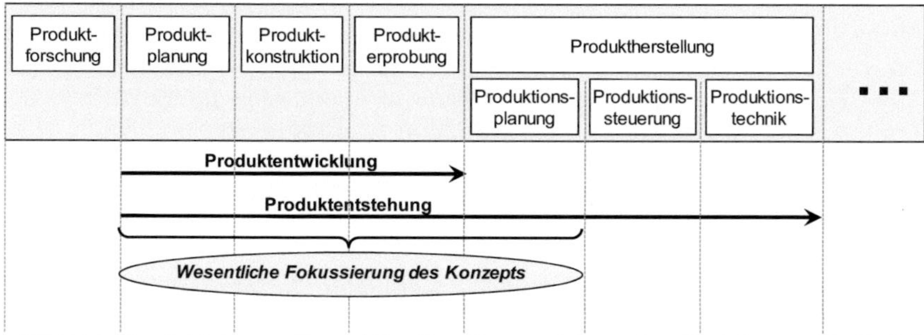

Bild 5-1: Produktphasen Target Costing Prozessintegration (Anlehnung [SpKr-97])

Was macht es nun erforderlich, im Folgenden eine eigenständige Prozessbeschreibung für die Prozessintegration des Target Costings zu erstellen und nicht auf vorhandene Beschreibungen oder Begriffe zurückzugreifen:

- **Kein universell eingesetztes Vorgehensmodell vorhanden**: Wie in Kapitel 3.5.1 „Die Begriffe Produktentwicklung und Produktentstehung" dargestellt, gibt es kein universell eingesetztes Vorgehensmodell in der Produktentwicklung. [Lind-09] weist darauf hin, dass die in der Entwicklungsmethodik bekannten Vorgehensmodelle meist unter spezifischen Gesichtspunkten erstellt wurden und auf unterschiedliche Zielsetzungen oder Problemstellungen fokussieren. Eben dies ist auch bei der vorliegenden Arbeit der Fall: Das Konzept der Target Costing Integration zielt gerade nicht darauf ab, den Produktentstehungsprozess umfänglich zu beschreiben, sondern die Prozessbeschreibung verdeutlicht die Target Costing Integration.

- **Projektauswahl**: Ein wesentlicher Aspekt der Target Costing Integration besteht darin, die aus Marktsicht, technologischer und wirtschaftlicher Sicht zu entwickelnden Produkte abzuleiten. Um der Bedeutung dieser Phase im Rahmen der Target Costing Integration gerecht zu werden, bedarf es einer eigenen Hauptphase. Es ist nicht zweckmäßig, diesen wesentlichen Schritt als Unterphase der Produktplanung zu behandeln.

- **Phasenüberlappung**: Im Bereich des Sondermaschinenbaus ist es von entscheidender Bedeutung, die Phasen „Produkt entwickeln" und „Produkt an Markt bringen" zu überlappen, um frühzeitig die Produktionsplanung mit den Zwischenergebnissen der Produktkonstruktion vertraut zu machen und um umgekehrt, die Ergebnisse der Produktionsplanung in die Entwicklung einfließen zu lassen. Dieser parallelen Abfolge wird das Konzept der Target Costing Integration gerecht.

!!! Prozessinnovation: Beschreibung des Produktentstehungsprozesses mit Fokus auf Target Costing anhand eines mechatronischen Moduls.

Ziel des Kapitels ist es, den Produktentstehungsprozess abzubilden. Einen Produktentstehungsprozess zu beschreiben, ist generell nicht neu, siehe z.B. [Anna-07], [Kohl-07]. Der besondere Schwerpunkt der vorliegenden Arbeit liegt allerdings auf den Target Costing Aspekten im Produktentstehungsprozess. Die Target Costing Aspekte in den Produktentstehungsprozess zu integrieren, ist neu. Deshalb ist das ganze Kapitel mit der Bemerkung *„!!! Prozessinnovation"* gekennzeichnet. Dies bedeutet:

- Die in Kapitel 3.2 „Target Costing" genannte Ausgestaltung des Target Costings wird berücksichtigt. Basierend auf den beschriebenen Schwächen werden Prozessverbesserungen entwickelt und ausformuliert.

- Die Elemente, die in Kapitel 3 „Grundlagen" benannt wurden, werden in ihrer chronologischen Reihenfolge im Produktentstehungsprozess dargestellt.

- Jedes Kapitel wird durch Use Cases angereichert, um die Target Costing Aspekte praktisch zu beleuchten. Dabei werden die unterschiedlichen Blätter des Target Costing Sheets passend zu den jeweiligen Abschnitten erklärt.

Die im Folgenden verwendete Prozessbeschreibung hat entsprechend der Aufgabenstellung der Arbeit den Fokus auf der Prozessintegration des Target Costings. Die angewandte Methode bietet den Vorteil, dass Prozessschritte, die lediglich grob beschrieben werden, auf einer höheren Abstraktionsebene dargestellt werden, während Prozessbeschreibungen auf tieferen Detaillierungsebenen ebenfalls abbildbar sind. Ermöglicht wird diese Beschreibung auf tieferen Detailebenen dadurch, dass diejenigen Prozesse, die in oberen Ebenen in einem „Kästchen" dargestellt werden, auf tieferen Ebenen in einem eigenen Prozessblatt aufgelöst werden. Die jeweiligen Detaillierungen erfolgen unterhalb der Linie, die in den Prozessdarstellungen als „Line-of-visibility" gekennzeichnet ist.

Damit wird die oberste Ebene der Target Costing Integration gemäß Bild 5-2 beschrieben:

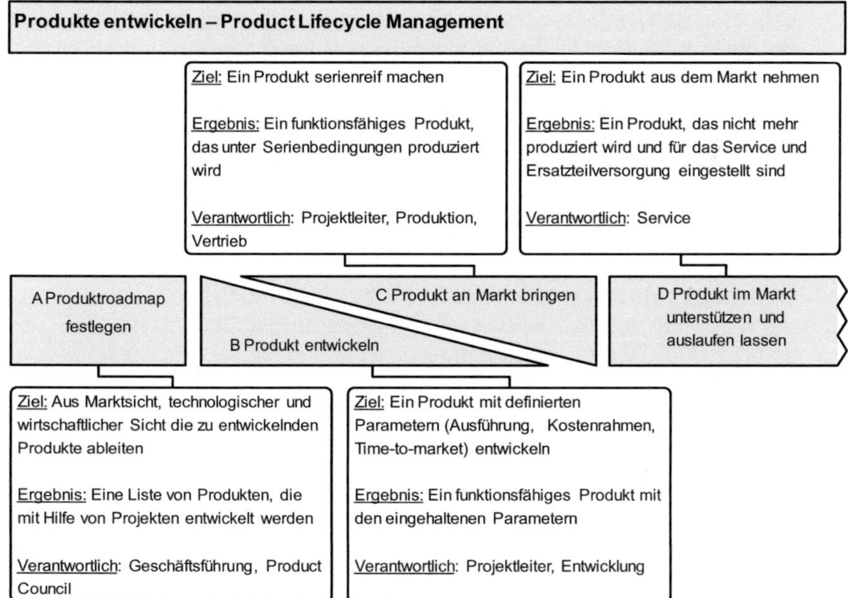

Bild 5-2: Oberste Ebene der Target Costing Integration

Erläuterungen zu den vier Hauptphasen der Target Costing Integration:

- **A. Produktroadmap festlegen:** Das **Ziel** ist, aus einer Vielzahl von Produktideen die Produktroadmap zu erstellen, die die Basis für alle Produktentwicklungsprojekte im Fertigungsunternehmen ist. Dieser Prozessschritt wird durch die Produktstrategie und die Technologiestrategie geprägt, siehe Kapitel 3.3 „Strategie". Das **Ergebnis** dieses Prozessschritts umfasst – im Unterschied zu den weiteren Prozessschritten – nicht nur ein spezifisches Produktentwicklungsprojekt, sondern beinhaltet eine Liste von Projekten, die regelmäßig vom Fertigungsunternehmen überprüft und festgelegt wird. **Verantwortlich** für diesen Prozessschritt ist i.d.R. die Geschäftsführung oder ein von der Geschäftsführung beauftragtes Gremium, das sich beispielsweise aus den obersten Vertretern des Produktmanagements, der Entwicklung, der Produktion, des Controllings und des Service zusammen setzt. Dieses Gremium wird in der Arbeit als Product Council bezeichnet, siehe Kapitel 3.6.2 „Aufbauorganisation zur Unterstützung von MPM und PLM".

- **B. Produkt entwickeln:** Basierend auf der verabschiedeten Produktroadmap wird das Produktentwicklungsprojekt gestartet. Das **Ziel** ist, ein zu spezifizierendes Produkt im vorgegebenen Qualitäts-, Kosten- und Zeitrahmen zu entwickeln. Idealerweise werden zu Beginn des Produktentwicklungsprojekts die meisten Ressourcen investiert („Frontloading"), während die Aktivitäten dieses Prozessschritts mit dem weiteren Fortschreiten des Projekts abnehmen. Dies wird optisch durch das nach hinten spitz zulaufende Dreieck symbolisiert. Im Sinne des „simultaneous engineering" läuft diese Phase parallel zur nächsten „Phase C Produkt an Markt bringen" ab. Das **Ergebnis** dieses Schritts ist ein funktionsfähiges Produkt, das noch nicht unter Serienbedingungen produziert wird. Auch diese Phase wird interdisziplinär umgesetzt. Haupt-**Verantwortlich** für diese Phase ist der Projektleiter des Projekts. Häufig ist dieser Projektleiter organisatorisch dem Produktentwicklungsbereich zugeordnet.

- **C. Produkt an Markt bringen:** Das **Ziel** ist, alle Aktivitäten zu erledigen, die aus Sicht von Produktion und Vertrieb für die Serienproduktion notwendig sind. Wie oben angemerkt ist es sinnvoll, die Produktions- und Marktvorbereitungen parallel zu den eigentlichen Entwicklungsaktivitäten zu starten und voranzutreiben. Aus diesem Grund sind die Phasen B und C zeitlich parallel angeordnet. Während sich die Aktivitäten der eigentlichen Produktentwicklung in ihrer zeitlichen Beanspruchung verringern, nehmen die Aktivitäten in der Phase C zu. Während die „Phase B Produkt entwickeln" die erforderlichen Aktivitäten aus Sicht des Produktentwicklungsbereichs beschreibt, umfasst die „Phase C Produkt an Markt bringen" die Aktivitäten aus Sicht der Produktion. Mit dieser Trennung der Aktivitäten bei gleichzeitiger Parallelität wird impliziert, dass die unterschiedlichen Bereiche im Produktentstehungsprozess zwar verzahnt agieren, aber aufbauorganisatorisch getrennt sind, siehe Ausführungen in Kapitel 3.6.1 „Grundsätzliche Organisationsformen von Unternehmen". Das **Ergebnis** des Prozessschritts ist der Serienanlauf des neuen Produkts im Markt. **Hauptverantwortlich** sind neben dem Projektleiter die Produktion und der Vertrieb.

- **D. Produkt im Markt unterstützen und auslaufen lassen:** Diese Phase startet mit dem Markteintritt des neu zu entwickelnden Produkts und endet mit dessen Marktaustritt. Diese Phase scheint im Sinne des Produktentstehungsprozesses und des Target Costings eine geringere Relevanz zu besitzen. In dieser Phase finden allerdings Produktüberarbeitungen und Weiterentwicklungen statt, die ihrerseits bei entsprechender Größe wie Neuentwicklungsprojekte anzusehen und zu behandeln sind. Solche Weiterentwicklungen sind Projekte, die wie in A bis C beschrieben, umzusetzen sind. Letztendlich ist das **Ziel** dieser Phase, das Produkt aus dem Markt zu nehmen. Als **Ergebnis** wird das Produkt nicht mehr produziert. Zudem wird – ggf. nach einer gesetzlich vorgegeben oder individuell festgelegten Frist – der Support und die Ersatzteilversorgung für das Produkt eingestellt. **Verantwortlich** für die Umsetzung des Prozessschritts ist üblicherweise der Service. Diese Phase wird in der Arbeit lediglich am Rand behandelt, da das Ziel der Arbeit vornehmlich darin besteht, das Target Costing bis zur Serieneinführung eines neuen Produkts zu beschreiben.

Bevor die folgenden Abschnitte die einzelnen Phasen beschreiben, erläutert Bild 5-3 die Systematik, die in den Prozessdarstellungen verwendet wird:

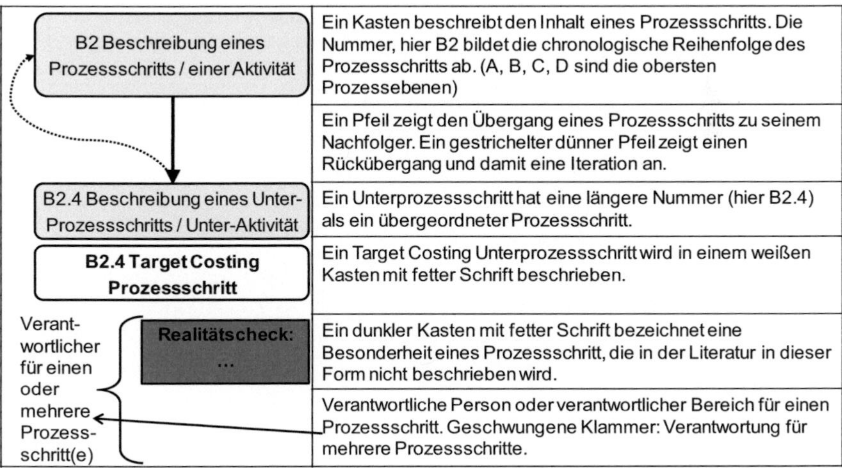

Bild 5-3: Verwendete Systematik in den Prozessdarstellungen

5.2 Phase A Produktroadmap festlegen

Die in Bild 5-4 dargestellte, erste Phase hat zum Ziel, diejenigen Produktentwicklungsprojekte auszuwählen und zu starten, die den größten Erfolg für das Unternehmen versprechen. Anders als in den weiteren Phasen ist der Inhalt dieses Schrittes nicht ein einzelnes Projekt sondern der Prozess, um die umzusetzenden Projekte auszuwählen und zu starten.

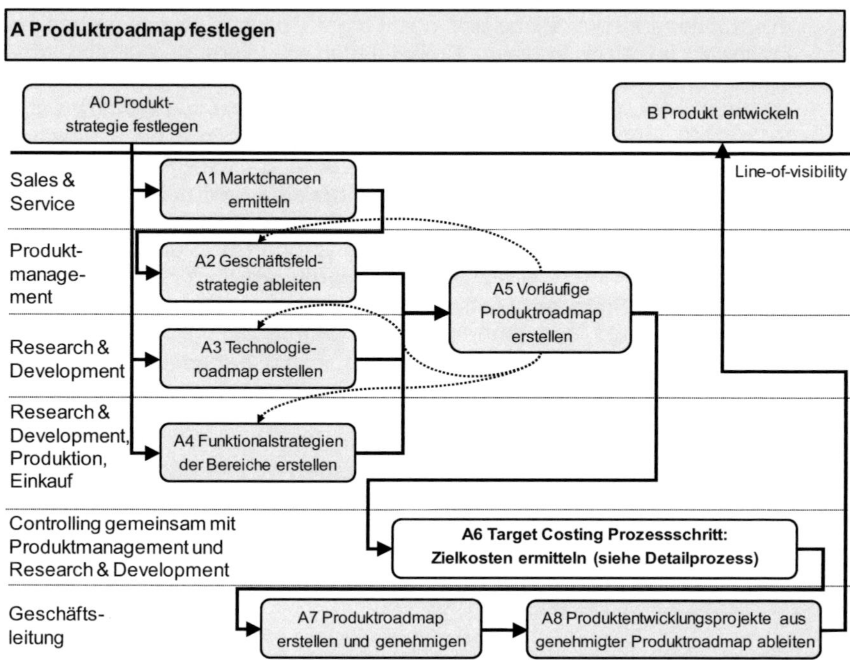

Bild 5-4: Phase A Produktroadmap festlegen

Hinweis:

Die Prozessschritte, die eine große Relevanz für das Target Costing haben, werden ausführlicher beschrieben als diejenigen Prozessschritte, die lediglich hinführenden Charakter besitzen. Für „A Produktroadmap festlegen" bedeutet dies, dass die Schritte A0 bis A4 knapp und Schritte A5 und A8 detailliert formuliert werden.

5.2.1 Schritte A0 bis A4

Vorgehensweise:

Die ersten Prozessschritte beschäftigen sich damit, eine Produktroadmap und damit die Produktentwicklungsprojekte des Unternehmens abzuleiten. An-

*satzweise beschreibt [Woll-01], S. 22ff den Zusammenhang zwischen Strate-
gie und Multiprojektmanagement. Die Prozessmodellierung im vorliegenden
Kapitel geht weiter als [Woll-01], da im Folgenden explizit die Ableitung von
Produktentwicklungsprojekten aus der Produktstrategie beschrieben wird.*

Erläuterung der Prozessschritte:

- **A0 Produktstrategie festlegen:** Wie in Kapitel 3.3.1
  „Unternehmensstrategie und Geschäftsfeldplanung" gezeigt, sind die
  Inhalte der Unternehmensstrategie vielfältig. Ein wichtiger Teil der Unternehmensstrategie ist die Produktstrategie und damit die Produktbereiche, mit denen das Unternehmen erfolgreich sein möchte. Im Fall eines Unternehmens der grafischen Industrie ist z.B. zu entscheiden, ob
  das Unternehmen ausschließlich Bogenoffset- oder auch Digitalmaschi-
  nen produzieren möchte.

- **A1 Marktchancen ermitteln:** Auf Basis von Marktanalysen, Kundenbe-
  fragungen oder anderen Methoden wird analysiert, welche Produkte
  bzw. welche Produktausprägungen von Kunden zukünftig nachgefragt
  werden.

- **A2 Geschäftsfeldstrategie ableiten:** Dieser Prozessschritt beschäftigt
  sich damit, die Marschrichtung für die zukünftigen Produkte festzulegen.
  Im Fall des Maschinenbaus können solche Geschäftsfeldstrategien beispielsweise darin bestehen, Produkte zu entwickeln, deren Rüstzeiten
  kürzer sind, die höhere Geschwindigkeit erlauben oder die vielfältigere
  Materialien verarbeiten können. Die Geschäftsfeldstrategie wird i.d.R.
  führend vom Produktmanagement oder vom Vertrieb erstellt. Natürlich
  gibt es häufig nicht nur eine sondern mehrere Geschäftsfeldstrategien in
  einem Fertigungsunternehmen.

- **A3 Technologieroadmap erstellen:** Hier wird analysiert, welche Technologien für das Unternehmen bedeutsam sind oder sein können und
  wie sich diese Technologien voraussichtlich entwickeln werden. Das Ziel
  ist zu erkennen, mit Hilfe welcher Technologien zukünftige Kundenbe-
  dürfnisse umsetzbar sind bzw. sein werden. Wichtige Technologiefelder
  für Maschinenbauunternehmen sind z.B. Antriebstechnik, Oberflächen-
  technik oder auch Fertigungstechniken wie Fräsen oder Bohren. Aus
  der Technologieroadmap werden die Technologien abgeleitet, die zu
  bestimmten Zeitpunkten vorliegen werden bzw. sollen, um die geforderte Funktionalität im zu entwickelnden Produkt realisieren zu können.

- **A4 Funktionalstrategien der Bereiche erstellen:** In allen – für den
  Produktentstehungsprozess wesentlichen – Bereichen einer Organisation ist es wichtig, Grundsätze der jeweiligen organisatorischen Einheit
  festzuhalten. Für den Produktentwicklungsbereich sind darin Themen
  festgelegt, die die Zusammenarbeit mit Lieferanten, Fragen zur interna-

tionalen Produktentwicklung, Möglichkeiten der Produktstandardisierung, Fragen zur Mitarbeiterentwicklung u.v.m. betreffen.

Nach [MüMa-08], S. 36, besteht ein signifikanter Zusammenhang zwischen der Auswahl der Projekte auf Basis der Unternehmensstrategie und dem Erfolg von Projektportfolios: „Selecting of projects for the portfolio based on the organization's strategy is positively associated with portfolio performance." Damit bestätigt er, dass es sinnvoll ist, den in der Arbeit vorgeschlagenen Prozess umzusetzen, nämlich auf Basis der Unternehmensstrategie Projektportfolios für Produktentwicklungsprojekte zu bilden (und diese erfolgreich umzusetzen).

5.2.2 Schritt A5 Vorläufige Produktroadmap erstellen

Die Produktroadmap ist das Ergebnis der bisherigen Prozessschritte. Die am Ende von Schritt A5 verabschiedete Produktroadmap enthält beispielsweise die Informationen,

- welches **Produkt** oder welche Produktfunktion,

- mit welchen **Ausstattungsmerkmalen**,

- zu welchem **Zeitpunkt**,

- mit welchen **Aufwänden,**

- mit welchem Beitrag zur **Strategieerreichung**

- und mit welchen **wirtschaftlichen Effekten** (z.B. Absatzmengen, Preise, Selbstkosten, Net Present Value) für das Unternehmen

entwickelt, produziert und vertrieben werden soll.

Zum „Schritt A5 Vorläufige Produktroadmap erstellen" liegen von diesen Informationen lediglich die folgenden vor: Produkt bzw. Produktfunktion mit entsprechenden Ausstattungsmerkmalen, dem qualitativ ausformulierten Strategiebeitrag des Produkts sowie den Wunschterminen für die erste Serienauslieferung. Zudem haben diese Informationen vorläufigen Charakter. Die Angaben sind grobe Anhaltswerte, auf deren Basis in den Folgeschritten das umzusetzende Produktportfolio zu bestimmen ist. Insbesondere die Wunschtermine für die erste Serienauslieferung müssen noch mit den zur Verfügung stehenden Ressourcen abgeglichen werden, um eine belastbare Aussage zu generieren.

Praktische Anwendung auf die vorläufige Produktroadmap: Tabelle 5-1. Diese Tabelle verwendet die in Abschnitt 4.2.2 Das Mechatronische Modul „Dynamische Bogenbremse" eingeführten Projektideen.

Pro-dukt	Bezeich-nung	Ausstattungsmerk-mal	Strategie-beitrag	Einsatzgebiet und Wunschtermin für erste Serienauslieferung			
				Bau-reihe 1	**Bau-reihe 2**	**Bau-reihe 3**	**Neue Baureihe**
# 1	Synchroner Platten-wechsel	Wechsel der Druck-platten einer Maschi-ne in weniger als drei Minuten	Rüstzeit-verkürzung	04 / 2010	01 / 2011	n.g.	n.g.
# 2	Neue Ma-schinen-steuerung	Generation neue Maschinensteuerung, die zukünftige Anfor-derungen an Automa-tisierung der Maschi-ne erfüllt	Basis-technologie mit mittelbarem Kundennutzen	noch fest-zule-gen	noch festzu-legen	noch festzu-legen	10 / 2012
# 3	Offen	Offen		-	-	-	-
# 4	Dynamische Bogen-bremse	Einrichtezeit für Bo-genbremseinrichtung verringern. Papierbö-gen sicher, bei hohen Geschwindigkeiten abbremsen.	Rüstzeit-verkürzung, Erhöhung Out-put	n.g.	n.g.	01 / 2012	n.g.
# 5	Offen	Offen		-	-	-	-
# 6	Offen	Offen		-	-	-	-
# 7	Inpress Control	Papierbögen in Ma-schine messen, um Qualitätsabweichun-gen feststellen zu können und schneller in Farbe zu kommen.	Qualitäts-verbesserung, Verringerung Makulatur	-	04 / 2011	04 / 2012	10 / 2012
# 8	Offen	Offen		-	-	-	-
# 9	Druck-maschine in neuem Format	Druckmaschine, die Papierbögen im For-mat 200cm x 120cm verarbeiten kann.	Neues Markt-segment mit großem Wachs-tum: Verpa-ckungsdruck	n.r.	n.r.	n.r.	10 / 2012
# 10	Offen	Offen					

n.g. = nicht geplant   n.r. = nicht relevant

Tabelle 5-1: Beispiel für eine vorläufige Produktroadmap

Die vorläufige Produktroadmap beschreibt die Ausgangssituation, auf deren Basis die folgenden Prozessschritte dargestellt werden. Die Schritte, um die zu Beginn des Abschnitts genannten Informationen, insbesondere die wirt-schaftlichen Aspekte der Produktroadmap, herzuleiten, werden im Folgenden aufgezeigt.

5.2.3 Schritt A6 Target Costing: Zielkostenermittlung

*!!! **Prozessinnovation:** Methodik zur Zielkostenermittlung.*

Die Methode in ihrer Gesamtheit ist eine Prozessinnovation. Insbesondere der „Schritt A6.5 Allowable costs spalten" in Abschnitt 5.2.3.5 basiert auf dem neuen Ansatz, auf Basis des NPV die Gesamtkosten in Produktentstehungs-kosten und Selbstkosten zu unterteilen.

Der erste Hauptschritt des Target Costing Prozesses besteht darin, die Zielkosten des zu entwickelnden Produkts zu ermitteln, siehe Kapitel 3.2.8 „Target Costing Prozess". Die Methode leitet die allowable costs aus den Marktanforderungen ab. Die drifting costs dienen in diesem Prozessschritts dazu, die allowable costs grob zu plausibilisieren. Der vorliegende Abschnitt konkretisiert die Zielkostenermittlung mit dem „Schritt A6 Target Costing: Zielkostenermittlung". Bild 5-5 greift den Bildausschnitt aus Kapitel 3.2.8 nochmals auf.

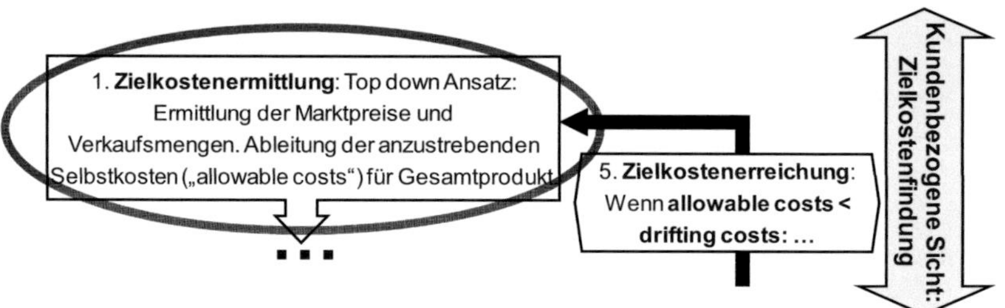

Bild 5-5: Prinzipielle Target Costing Methode – Bildausschnitt

Der Target Costing „Schritt A6 Target Costing: Zielkostenermittlung" ist eingebettet in die erste Phase des Produktentstehungsprozesses, „Phase A Produktroadmap festlegen". Bild 5-6 zeigt die einzelnen Prozessschritte, die im Folgenden erläutert werden. Dabei wird die Berechnung anhand des als Use Case festgelegten mechatronischen Moduls „Dynamische Bogenbremse" vorgenommen.

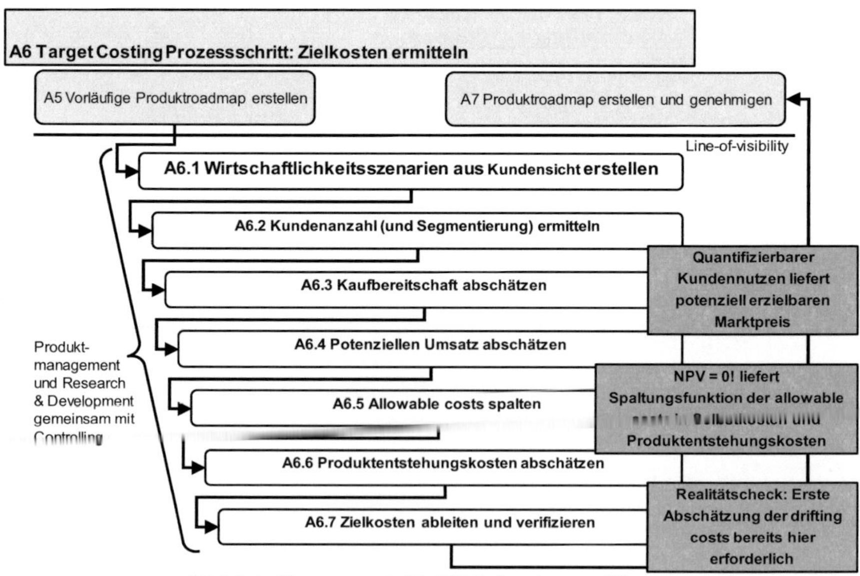

Bild 5-6: Prozessschritt A6 Zielkostenermittlung

5.2.3.1 Schritt A6.1 Wirtschaftlichkeitsszenarien aus Kundensicht erstellen

Ein potenzieller Kundennutzen ist die Voraussetzung für verkaufsfähige Produkte. Aus dieser Erkenntnis wird der erste Schritt abgeleitet. Dieser Schritt besteht darin, ein Szenario zu formulieren, das dem Kunden hilft, bei Einsatz des zu entwickelnden Moduls seinen eigenen wirtschaftlichen Erfolg zu erhöhen. I.d.R. ist ein solches Wirtschaftlichkeitsszenario eine Differenzbetrachtung zu einer bestehenden Situation bzw. zu einer oder mehreren Alternativen. [Jörg-08] beurteilt die Einschätzung des Wertes einer Innovation folgendermaßen: "The customer problem is the potential for future innovation." Es ist also wichtig, den Kundennutzen benennen und quantifizieren zu können. Prinzipiell mögliche quantifizierbare Wirtschaftlichkeitsszenarien im Maschinenbau können u.a. sein:

- Das Produkt erzeugt eine höhere Ausbringungsmenge. Damit kann der Kunde einen höheren Umsatz und einen höheren Gewinn erzielen.

- Das Produkt erhöht die Qualität des Outputs. Damit kann der Output zu einem höheren Preis verkauft werden, was ebenfalls Umsatz und Gewinn steigern.

- Das Produkt kann vielfältiger eingesetzt werden. Im Bogenoffset könnte das z.B. bedeuten, dass ein breiteres Spektrum unterschiedlicher Papier- oder Farbsorten verarbeitet werden kann. Mit diesem breiteren Spektrum kann der Kunde seinerseits ein breiteres Leistungsspektrum anbieten und damit wirtschaftlich erfolgreicher sein.

Praktische Anwendung auf das Modul Dynamische Bogenbremse:

Aus Vereinfachungsgründen wird angenommen, dass die Dynamische Bogenbremse einen und nicht mehrere Effekte für den Kunden auslöst – und zwar den Effekt der **Rüstzeitverkürzung**. Das Modul Dynamische Bogenbremse führt dazu, dass die Rüstzeit für das Gesamtprodukt Bogenoffsetmaschine sinkt, wodurch der Kunde (also die Druckerei) mehr Aufträge in derselben Zeit drucken kann. Durch die Rüstzeitverkürzung werden **Ausbringungsmenge** und damit **Umsatz** gesteigert.

5.2.3.2 Schritt A6.2 Kundenanzahl (und Segmentierung) ermitteln

Dieser Schritt besteht darin, die Gesamtmenge der potenziellen Kunden in einzelne Segmente zu differenzieren, die für die Ermittlung von Marktpreisen unterschiedlich zu betrachten sind. Zudem wird hier die Anzahl der Kunden ermittelt, die zu jedem Segment gehören. Die Segmentierung ist optionaler Bestandteil des Target Costings.

Praktische Anwendung auf das Modul Dynamische Bogenbremse:

Die Kunden werden im vorliegenden Beispiel in drei Segmente eingeteilt. Die Segmente unterscheiden dabei die Kunden lediglich in der Anzahl der Stunden p.a., die die Kunden das Produkt nutzen. Andere, in der Praxis übliche, Segmentierungskriterien werden im Beispiel nicht berücksichtigt. Solche Segmentierungskriterien könnten beispielweise sein:

- Unterschiedliche Qualitätsanforderungen der Kunden.

- Unterschiedliche Kundensegmente, die von den Kunden bedient werden (im Bogenoffset beispielweise Druck von Prospekten, Etiketten, Verpackungen, o.a.).

Tabelle 5-2 enthält neben der Segmentierung die Gesamtanzahl der Kunden, die dem jeweiligen Segment angehören. Die Berechnung der Betriebsstunden p.a. geht von 50 Wochen Nutzungsdauer p.a. aus. Die Anzahl der Druckereien, die dem jeweiligen Segment zuzuordnen sind, wird vom Vertrieb bzw. vom Produktmanagement ermittelt. Diese Ermittlung ist nicht Gegenstand der vorliegenden Arbeit.

Das umgekehrt proportionale Verhältnis von Schichtbetrieb und Auslastung entsteht Folgendermaßen: Je mehr Schichten eine Druckerei fährt, desto mehr Wartungsarbeiten sind erforderlich. Somit sinkt die prozentuale Auslastung während der Betriebszeiten bei den Druckereien stärker, die mehr Schichten fahren.

	Betriebsstunden p.a.	Anzahl Druckereien am Markt
Segment 1: Druckerei mit 3-Schicht-Betrieb, 7 Tagewoche, 70% Auslastung während des Betriebs	=24 x 7 x 50 x 0,7 5.880	2.000
Segment 2: Druckerei mit 2-Schicht-Betrieb, 5 Tagewoche, 80% Auslastung während des Betriebs	3.200	7.000
Segment 3: Druckerei mit 1-Schicht-Betrieb, 5 Tagewoche, 90% Auslastung während des Betriebs	1.800	4.000

Tabelle 5-2: Kundenanzahl und Segmentierung

Formel 5-1 benennt die Grundlagen und Annahmen, die für die Berechnungen in den Schritten A6.1 bis A6.3 benötigt werden:

Kosteneinsparung durch Rüstzeitverkürzung in Kundensegment s
= Gesamtkosten durch den Betrieb des Produkts in Kundensegment s
** prozentuale Auftragsverkürzung bei Einsatz des Moduls*

Gesamtkosten durch den Betrieb des Produkts in Kundensegment s
= Betriebsstunden p. a. in Kundensegment s
** Durchschnittlicher Maschinenstundensatz*

Prozentuale Auftragsverkürzung
$$= 100 * \frac{\text{Rüstzeitverkürzung vor jedem Auftrag}}{\text{Durchschnittliche Druckauftragsdauer}}$$

Betriebsstunden p. a. in Kundensegment s
= Betriebsstunden pro Tag in Kundensegment s
** Betriebstage pro Woche in Kundensegment s * Wochen p. a.*
** Auslastungsgrad in Kundensegment s*

Demzufolge stellen sich die Kosteneinsparungen wie folgt dar:

$$k(s) = GesK(s) * pr = b_a(s) * ma * \left(100 * \frac{rü}{d}\right)$$
$$= b_d(s) * w_a * a(s) * ma * \left(100 * \frac{rü}{d}\right)$$

<u>Dabei sind:</u>

s	= Kundensegment, d.h. Einordnung aller potenziellen Kunden nach einem oder mehreren Kriterien
k(s)	= Kosteneinsparung durch Rüstzeitverkürzung in Kundensegment s
GesK(s)	= Gesamtkosten durch den Betrieb des Produkts in Kundensegment s
pr	= Prozentuale Auftragsverkürzung bei Einsatz des Moduls
rü	= Rüstzeitverkürzung vor jedem Auftrag [min]
d	= Durchschnittliche Auftragsdauer [min]
$b_a(s)$	= Betriebsstunden p.a. in Kundensegment s [h]
$b_d(s)$	= Betriebstage pro Woche in Kundensegment s [h]
w_a	= Arbeitswochen p.a.
a(s)	= Auslastungsgrad in Kundensegment s
ma	= Durchschnittlicher Maschinenstundensatz [€ / h]

Hinweis:

Es wird davon ausgegangen, dass die Auftragsverkürzung dazu führt, dass in der eingesparten Zeit Druckaufträge durchgeführt werden können.

Formel 5-1: Zielkostenermittlung – Wirtschaftlichkeitsszenarien

5.2.3.3 Schritt A6.3 Kaufbereitschaft abschätzen

Praktische Anwendung auf das Modul Dynamische Bogenbremse:

Da das Modul Dynamische Bogenbremse einen Beitrag zur Rüstzeitverkürzung und damit zur Erhöhung des Outputs liefert, ist das Modul für diejenigen Kunden wichtiger, die ihre Maschinen an mehr Betriebsstunden nutzen. Der Vertrieb bzw. das Produktmanagement schätzt in diesem Schritt den prozentualen Anteil der Kunden ab (optional zusätzlich: jedes Kundensegments), die bei unterschiedlichen angenommenen Marktpreisen das Modul kaufen werden.

Bei diesem Schritt wird errechnet, welchen quantifizierbaren Nutzen die potenziellen Kunden durch den Einsatz des Moduls erzielen (Tabelle 5-3). Die Kosteneinsparungen für die Kunden beruhen auf

- einer Rüstzeitverkürzung pro Druckauftrag, die unabhängig vom Kundensegment ist und damit

- der errechneten Kosteneinsparung, die aufgrund der unterschiedlichen Betriebsstunden abhängig vom jeweiligen Kundensegment ist.

Annahmen und daraus errechnete Rüstzeitverkürzung (unabhängig vom Kundensegment)	Durchschnittlicher Druckauftrag incl. Rüstzeit [in h]	Rüstzeitverkürzung vor jedem Auftrag [in min]	Prozentuale Verkürzung jedes Auftrags	Durchschnittlicher Maschinenstundensatz [in €]
	4	3	1,25%	200

Tabelle 5-3: Rüstzeitverkürzung

Bei den in Tabelle 5-3 getroffenen **Annahmen zur Rüstzeitverkürzung** ergeben sich auf Basis der festgelegten Kundensegmente die folgenden möglichen Kosteneinsparungen für die Kunden durch den Einsatz des Moduls. Die Kunden, die eine höhere absolute Kosteneinsparung p.a. durch den Einsatz der Dynamischen Bogenbremse erzielen können, werden also eher bereit sein, das Modul zu kaufen (siehe Tabelle 5-4):

	Gesamtkosten [in €] = Betriebsstunden p.a. * Maschinenstundensatz	**Kosteneinsparung [in €] durch Rüstzeitverkürzung p.a.**
Segment 1	1.176.000	14.700
Segment 2	640.000	8.000
Segment 3	360.000	4.500

Tabelle 5-4: Potenziale durch Rüstzeitverkürzung

Es wird davon ausgegangen, dass Kunden das Modul abhängig von der folgenden Relation kaufen: „Festgelegter Preis" zu „Kosteneinsparung, die die Kunden in ihrem Segment durch den Einsatz des Produkts erzielen können".

Deshalb enthält Tabelle 5-5 die prozentuale Kaufwahrscheinlichkeit der Kundensegmente bei vier unterschiedlichen Preisklassen, die sich jeweils an den realisierbaren Kosteneinsparungen der Kundensegmente orientieren. Kunden, die das Produkt mehr Stunden p.a. nutzen als andere (= Segmentzugehörigkeit), kaufen dabei das Modul prozentual häufiger als Kunden, die das Produkt eine geringere Anzahl von Stunden p.a. einsetzen. Grund: Die Rüstzeitverkürzung ist für Kunden umso wichtiger, je intensiver das Produkt genutzt wird. [FrKr-08], S. 130 zitieren den Motorenchef des Volkswagen-Konzerns Wolfgang Hatz: „Eine Technologie muss sich für den Kunden binnen zwei Jahren amortisieren (..), sonst wird er sie in der Regel nicht kaufen." Die vorliegende Arbeit geht tendenziell von noch strengeren Maßstäben aus, siehe Tabelle 5-5. Die angenommenen Preise in Tabelle 5-5 leiten sich aus den möglichen Kosteneinsparungen p.a. ab, die in jedem definierten Kundensegment erzielt werden können. Der „Preis sehr hoch" ist das 1,5 fache der jährlichen Einsparung, die in Segment 1 erzielt werden kann. Die Schätzungen der prozentualen Anteile der Kunden pro Segment, die das Produkt p.a. kaufen werden, sind Annahmen, die durch entsprechende Marktuntersuchungen ermittelt und untermauert werden müssen. Die Preisbildung im vorgestellten Use Case Dynamische Bogenbremse beinhaltet somit die Annahme, dass ein Marktpreis in Korrelation zu einem quantifizierbaren Kundennutzen steht.

Schätzung des prozentualen Anteils an Kunden pro Segment, die das Modul p.a. kaufen werden.	Preis niedrig: Preis ≤ Einsparung Segment 3	Preis mittel: Einsparung Segment 3 < Preis ≤ Einsparung Segment 2	Preis hoch: Einsparung Segment 2 < Preis ≤ Einsparung Segment 1	Preis sehr hoch: Einsparung Segment 1 < Preis ≤ 1,5 * Einsparung Segment 1
Angenommener Preis	4.500	8.000	14.700	22.050
Segment 1	8,0%	7,0%	5,0%	3,0%
Segment 2	3,0%	1,0%	0,5%	0,1%
Segment 3	1,0%	0,0%	0,0%	0,0%

Tabelle 5-5: Kaufabschätzung abhängig von Kundensegmenten

[Rull-08] führt aus, dass im Preismanagement Handlungsbedarf für eine größere Professionalisierung – beispielsweise durch verstärkte Nutzung von Marktforschung und unternehmensexterner Faktoren – besteht. Weitere Erläuterungen zum Thema Preismanagement tragen zu keinem Erkenntniszugewinn für die Umsetzung des Target Costings im Produktentstehungsprozess bei und unterbleiben somit.

5.2.3.4 Schritt A6.4 Potenziellen Umsatz berechnen

Abhängig von den gewählten Preisszenarien kaufen mehr oder weniger Kunden jedes definierten Kundensegments das Modul. Damit erzielen die unterschiedlichen Szenarien unterschiedliche Umsätze p.a. Die Berechnung des

Umsatzes, der mit dem Modul erzielt werden kann, wird errechnet auf Basis der relativen Kaufabschätzung – abhängig vom Kundensegment – multipliziert mit der Gesamtanzahl der Kunden jedes Segments (Formel 5-2).

Berechnungen im Schritt A6.4 Potenziellen Umsatz berechnen:

$Umsatz\ p.\,a.\,(Segment) =$
 $prozentualer\ Kundenanteil\ pro\ Segm.\,und\ Preiskl.,\,die\ das\ Produkt\ kaufen$
 $* Kosteneinsparung\ p.\,a.\,durch\ Rüstzeitverkürzung\ im\ jeweiligen\ Segment$
 $* Anzahl\ an\ Druckereien\ pro\ Segment$

$$Gesamtumsatz\ p.\,a.\,(Preisszenario) = \sum_{s=1}^{\# S} (Umsatz(s), Preisszenario)$$

<u>Wobei gilt:</u>

\# S   = Gesamtanzahl der Segmente

Formel 5-2: Potenziellen Umsatz berechnen

Praktische Anwendung auf das Modul Dynamische Bogenbremse:

Das Ergebnis im gewählten Use Case zeigt Tabelle 5-6. Diese Tabelle zeigt die erzielbaren Gesamtumsätze und die Absatzmengen p.a., die bei unterschiedlicher Preisgestaltung erzielt werden können. Folgende Punkte sind bis zu diesem Prozessschritt noch unklar:

- Wie hoch sind die maximal erlaubten Kosten – und zwar die Produktentstehungskosten wie auch die Selbstkosten?

- Welcher Gewinn kann durch das Modul erzielt werden?

Diese beiden Punkte werden in den Folgeschritten erörtert.

Umsatz und Absatzmengen unter gewählten Annahmen	Preis niedrig	Preis mittel	Preis hoch	Preis sehr hoch
Angenommener Preis	4.500	8.000	14.700	22.050
Segment 1	720.000	1.120.000	1.470.000	1.323.000
Segment 2	945.000	560.000	514.500	154.350
Segment 3	180.000	0	0	0
Gesamtumsatz p.a.	1.845.000	1.680.000	1.984.500	1.477.350
Absatzmengen p.a.	410	210	135	67

Tabelle 5-6: Kundensegmente mit Umsatz- und Absatzmengenabschätzung

5.2.3.5 Schritt A6.5 Allowable costs spalten

Dieser Schritt geht von folgender Gegebenheit aus: Der Umsatz, den das Modul erzielt, muss sowohl die Produktentstehungskosten als auch die Selbstkosten des Moduls finanzieren. Dabei ist es variabel, wie die Aufteilung zwischen diesen beiden Kostenarten erfolgt. Sind also die Produktentstehungskosten geringer, dann kann sich das Unternehmen höhere Selbstkosten „leisten" und umgekehrt. Bei jedem Preisszenario sieht dabei die mögliche Verteilung zwischen Produktentstehungskosten und Selbstkosten anders aus.

Die Produktentstehungskosten fallen während des Produktentstehungsprozesses zu anderen Zeiträumen an als die Selbstkosten und die durch den Verkauf des Moduls erzielbaren Umsätze. Um richtige Konsequenzen zur Wirtschaftlichkeit ableiten zu können, ist es wichtig, diesen zeitlichen Aspekt bei der Ermittlung der Zielkosten zu berücksichtigen. Diesem Aspekt wird die NPV-Methode gerecht; zu „Net Present Value (NPV)" siehe die Ausführungen in Kapitel 3.2.9. Im vorliegenden Prozessschritt geht es allerdings nicht darum, den erzielbaren NPV zu berechnen, sondern die mögliche Aufteilung zwischen Produktentstehungskosten und Selbstkosten abzuleiten. Dazu werden die folgenden Eingangsgrößen vorgegeben:

- Die im Unternehmen angestrebte Verzinsung des eingesetzten Kapitals.

- Der NPV nach definierter Laufzeit muss mindestens 0,-€ erreichen.

Unter den im Weiteren definierten Angaben sind mit diesen Eingangsparametern die **erlaubten Selbstkosten eine Funktion der Produktentstehungskosten**.

Praktische Anwendung auf das Modul Dynamische Bogenbremse und Erläuterung:

Auf Basis dieser Vorgaben werden szenarioabhängige Funktionen für Produktentstehungskosten und Selbstkosten erstellt. Die Spaltung der Allowable Costs wird Folgendermaßen durchgeführt: Der angestrebte Zinssatz wird zugrunde gelegt; im Use Case sind das 20%. Diese 20% sind eine in der Industrie übliche Mindestverzinsung: Die Heidelberger Druckmaschinen AG setzt diesen Zinssatz (vor Steuer) als mindestens geforderte Verzinsung ihrer Produkte an. Laut [Frei-08], S. 31 fordert das Unternehmen Daimler eine Mindestkapitalrendite von 12%, was ebenfalls etwa einer Verzinsung vor Steuer von 20% entspricht.

Für die vier unterschiedlichen Preisszenarien werden die Werte für die Produktentstehungskosten und die Selbstkosten ermittelt, die sich dann ergeben, wenn der NPV = 0 € beträgt. Den allgemeinen Teil der Berechnungen stellt Formel 5-3 vor.

Auf Basis der Berechnung des NPVs ergibt sich somit, siehe Abschnitt 3.2.9, „Net Present Value (NPV)":

$$\sum_{n=0}^{10} \frac{1}{(1+r)^n} \left(E\left(n\right) - A\left(n\right) \right) = NPV = 0$$

Daraus folgt über die Multiplikation der Gleichung mit dem Faktor: $(1+r)^{10}$

$$\sum_{n=0}^{10} \left(E\left(n\right) - A\left(n\right) \right) * (1+r)^{10-n} = 0$$

Über:

$$\sum_{n=0}^{10} [(m(n) * (p(n) - sk(n)) - PK(n)] * (1+r)^{10-n} = 0$$

Ergibt sich:

$$(1+r)^{10}\big(m(0) * p(0) - PK(0)\big) + (1+r)^9\big(m(1) * p(1) - PK(1)\big) +$$
$$(1+r)^8\big(m(2) * p(2) - PK(2)\big) + \cdots$$
$$= (1+r)^{10}\big(m(0) * sk(0)\big) + (1+r)^9\big(m(1) * sk(1)\big) + (1+r)^8\big(m(2) * sk(2)\big)$$
$$+ \cdots$$

Dabei sind entsprechend den Angaben von Kapitel 3.2.9:

n	=	Periode, in der die jeweilige Einzahlung oder Auszahlung erfolgt
E(n)	=	Einzahlungen in Periode n [€]
A(n)	=	Auszahlungen in Periode n [€]
m(n)	=	Absatzmenge in Periode n [Stück]
p(n)	=	Preis in Periode n [€]
sk(n)	=	Selbstkosten eines Produktexemplars in Periode n [€]
PK(n)	=	Produktentstehungskosten in Periode n [€]
r	=	kalkulatorischer Zinssatz [%]

Formel 5-3: Allowable Costs spalten (allgemein)

Zur **Vereinfachung** für die Berechnung der Allowable Costs werden im Use Case folgende Annahmen getroffen:

- Die Produktentstehungskosten fallen in den ersten vier Jahren des Produktentstehungsprozesses (d.h. in Jahr 0 bis Jahr 3) gleichmäßig an.

- Die Absatzmengen p.a. (= m) fallen ab dem ersten Serieneinführungsjahr ebenfalls gleichmäßig über den gesamten Betrachtungszeitraum an. Das Serieneinführungsjahr ist das Jahr 3. Die Szenarien haben jeweils unterschiedliche Absatzmengen.

- Der Marktpreis gilt ab dem ersten Serieneinführungsjahr während des gesamten Betrachtungszeitraums, wobei die Szenarien unterschiedliche Marktpreise haben.

Diese Vereinfachungen haben folgende Konsequenzen:

- Ein wesentliches Element der Ermittlung der allowable costs – die Zielkostenspaltung in Produktentstehungskosten und Selbstkosten – kann damit gezeigt werden.

- Die für die Erläuterung der Zielkostenspaltung nicht erforderlichen Parameter – z.B. unterschiedliche Produktentstehungskosten p.a. während des Produktentstehungsprozesses oder Schwankungen der Marktpreise – bleiben zunächst unberücksichtigt. Wie bereits besprochen (siehe Kapitel 3.2.8 „Target Costing Prozess"), sind bei der Unschärfe, die die Kostenaussagen zu diesem frühen Zeitpunkt haben, diese Parameter nicht zuverlässig ermittelbar.

Mit diesen Annahmen kann die Berechnung weiter spezifiziert und die Selbstkosten als Funktion der Produktentstehungskosten aufgelöst werden (Formel 5-4).

$$\frac{-PK}{4}[(1+r)^{10} + (1+r)^9 + (1+r)^8 + (1+r)^7] + p*m*[(1+r)^7 +$$
$$(1+r)^6 + (1+r)^5 + (1+r)^4 + (1+r)^3 + (1+r)^2 + (1+r)^1 + (1+r)^0] =$$
$$sk*m*[(1+r)^7 + (1+r)^6 + (1+r)^5 + (1+r)^4 + (1+r)^3 + (1+r)^2 +$$
$$(1+r)^1 + (1+r)^0]$$

Und über:

$$\sum_{n=0}^{3}(1+r)^{10-n}\left(-\frac{PK}{4}\right) + \sum_{n=0}^{7}(1+r)^n(m*p) = \sum_{n=0}^{7}(1+r)^n(m*sk)$$

Folgt schließlich sk als Funktion von PK:

$$sk(PK) = p - \frac{PK}{4*m} * \frac{\sum_{n=0}^{3}(1+r)^{10-n}}{\sum_{n=0}^{7}(1+r)^n}$$

Bei einem Zinssatz von 20% lautet die Funktion:

$$sk(PK) = p - \frac{19{,}2345 * PK}{65{,}9963 * m}$$

Angewandt auf die vier Szenarien ergeben sich damit folgende Funktionen:

Szenario Preis niedrig: $\quad sk_{niedrig}(PK) = 4500 - \dfrac{PK_{niedrig}}{1406{,}768}$

Szenario Preis mittel: $\quad sk_{mittel}(PK) = 8000 - \dfrac{PK_{mittel}}{720{,}5397}$

Szenario Preis hoch: $\quad sk_{hoch}(PK) = 14700 - \dfrac{PK_{hoch}}{463{,}2041}$

Szenario Preis sehr hoch: $\quad sk_{sehr\,hoch}(PK) = 22050 - \dfrac{PK_{sehr\,hoch}}{229{,}8865}$

Formel 5-4: Allowable costs spalten (spezifisch)

Die grafische Darstellung der Funktionen zeigt Bild 5-7. Bei der Forderung NPV = 0 sind die beiden Komponenten der **allowable costs**, also die erlaubten Selbstkosten und die erlaubten Produktentstehungskosten linear umgekehrt proportional voneinander abhängig. An dieser Stelle muss nun ermittelt werden, welches Kostenszenario für das Unternehmen am günstigsten ist. Dieses Szenario wird anschließend im eigentlichen Produktentstehungsprozess weiterverfolgt.

Im Use Case bleiben zwei zu betrachtende Szenarien übrig:

- Die Szenarien „Preis niedrig" und „Preis mittel" sind an keiner Betrachtungsstelle besser als das beste der beiden anderen Szenarien an der jeweiligen Stelle. Deshalb scheiden diese beiden Szenarien aus.

- Das Szenario „Preis hoch" ist dann gut, wenn die Produktentstehungskosten vergleichsweise höher und die Selbstkosten vergleichsweise niedriger sind als bei Szenario „Preis sehr hoch".

- Das Szenario „Preis sehr hoch" ist im umgekehrten Fall gut; also Produktentstehungskosten geringer, Selbstkosten höher als bei Szenario „Preis hoch".

An dieser Stelle wird folgendes Vorgehen vorgeschlagen: Beide Szenarien „Preis hoch" und „Preis sehr hoch" müssen weiterfolgt werden, da zu diesem Zeitpunkt unklar ist, ob eines der beiden Szenarien realistischer zu erreichen ist als das andere Szenario.

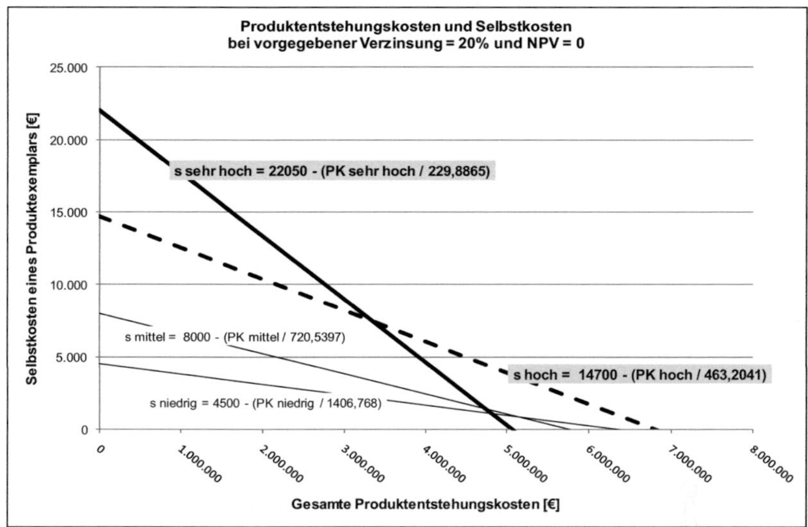

Bild 5-7: Spaltung der allowable costs

5.2.3.6 Schritt A6.6 Produktentstehungskosten abschätzen

Hinweis: *Dieser Prozessschritt läuft anders als in der Literatur vorgeschlagen, siehe folgende Erläuterung.*

Praktische Anwendung auf das Modul Dynamische Bogenbremse:

Die Literatur zum Thema Target Costing **sieht nicht vor**, dass zur erstmaligen Zielkostenermittlung die Produktentstehungskosten herangezogen werden müssen (siehe Kapitel 3.2.8 „Target Costing Prozess"). Aus diesem Grund ist die Prozessabbildung mit dem Kasten „Realitätscheck" gekennzeichnet. Der Hauptgrund, die Produktentstehungskosten bereits zu diesem frühen Zeitpunkt zur Berechnung der allowable costs heranzuziehen, ist der folgende: Im Beispiel schwanken die allowable costs trivialerweise zwischen 0,- € und 22.050,- € (also zwischen Produktentstehungskosten ca. 6,8 Mio € bei Preis hoch und Produktentstehungskosten = 0,- € bei Preis sehr hoch). Ohne die Produktentstehungskosten abschätzen zu können, kann diese Schwankungsbreite nicht verringert werden. D.h.: Ohne eine Abschätzung der Produktentstehungskosten können keine realistischen allowable costs gebildet werden. Demnach müssen die Produktentstehungskosten näherungsweise abgeschätzt werden, um realistische allowable costs zu erhalten. In dieser frühen Produktentwicklungsphase wird vorgeschlagen:

Es ist in dieser Phase unrealistisch, eine konkrete Projekt- und Aufwandsplanung durchzuführen. Die praktikable Möglichkeit, um dennoch zu diesem Zeitpunkt realistische Aussagen für die Produktentstehungskosten zu treffen, besteht darin, aus Erfahrungswerten mit umgesetzten Projekten zu ermitteln, wie viel Aufwand ein vergleichbares Produktentwicklungsprojekt erforderte. Es wird also eine Abschätzung auf Basis von Analogien vorgenommen. Im Beispiel werden **Produktentstehungskosten** in Höhe von **3.500.000,-€** abgeschätzt.

5.2.3.7 Schritt A6.7 Zielkosten ableiten

Hinweis: *Dieser Prozessschritt läuft anders als in der Literatur vorgeschlagen.*

Praktische Anwendung auf den Use Case Dynamische Bogenbremse:

Bei der im Beispiel getroffenen Annahme, dass die Produktentstehungskosten gleichmäßig über eine Produktentwicklungszeit von 4 Jahren anfallen (siehe oben), schneiden sich die Preisszenarien „Preis hoch" und „Preis sehr hoch" an dem Schnittpunkt: (Erlaubte Produktentstehungskosten: ~ 3.354.000,-€ / Erlaubte Selbstkosten (= allowable costs): 7.458,- €). Bei höheren Produktentstehungskosten wird das Szenario „Preis hoch" vorteilhafter, bei niedrigeren Produktentstehungskosten das Szenario „Preis sehr hoch". Vorteilhafter deswegen, weil in diesen beiden Fällen jeweils höhere Selbstkosten erlaubt sind, um den geforderten NPV von 0,-€ zu erreichen.

Zur Verringerung der Unsicherheit wird zusätzlich zu den geschätzten Produktentstehungskosten ein Korridor von +/- 5 % in Bezug auf diese Schätzung angegeben:

Tabelle 5-7 zeigt die allowable costs im abgeschätzten Korridor der Produktentstehungskosten. Markiert sind sowohl der Schnittpunkt der beiden Funktionen als auch die jeweils höheren allowable costs bei variierenden Produktentstehungskosten. Damit ergeben sich im besten Fall (geringere Produktentstehungskosten) allowable costs in Höhe von 7.586,- €, im ungünstigsten Fall betragen die allowable costs dagegen lediglich 6.766,- €.

Aus Gründen der Vorsicht ist zu empfehlen, an dieser Stelle bezüglich der Produktentstehungskosten den worst case Ansatz zu wählen. Die Konsequenz lautet, dass für die **Produktentstehungskosten 3.675.000,- €** und damit für die **allowable costs 6.766,- €** angenommen wird.

Produktentstehungskosten		Selbstkosten Preis hoch	Selbstkosten Preis sehr hoch
Schätzung - 5%	3.325.000	7.522	**7.586**
Schnittpunkt Preisszenarien	3.354.484	**7.458**	**7.458**
Schätzung durch Experten	3.500.000	**7.144**	6.825
Schätzung + 5%	3.675.000	**6.766**	6.064

Tabelle 5-7: Allowable costs bei abgeschätzten Produktentstehungskosten

An dieser Stelle muss überprüft werden, ob die allowable costs plausibel sind. Es ist realitätsfern, lediglich allowable costs abzuleiten und darauf zu vertrauen, dass diese allowable costs während des Produktentstehungsprozesses erreicht werden können. Die Problematik, die allowable costs so früh im Prozess zu plausibilisieren, besteht allerdings darin, dass oft weder die genauen Anforderungen noch die funktionale Umsetzung klar sind und damit die Komponenten nicht beschrieben werden können, die hierzu erforderlich sind. Es gibt keine abschließende Lösung für dieses Problem, nur Annäherungen.

Hinweis:

Die Vorgehensweise an dieser Stelle kann folgendermaßen aussehen:

- *Beschreibung der Anforderungen (=Lastenheft)*

- *Findung und Beschreibung von Lösungsalternativen*

- *Technische / wirtschaftliche Bewertung der Lösungsalternativen*

- *Auswahl einer Lösung*

- *Umsetzung im Rahmen des Produktentwicklungsprojekts*

Es ist nicht sinnvoll, diese Vorgehensweise im Rahmen der Arbeit detailliert zu beschreiben, da dies die eigentlichen Ergebnisse der Arbeit nicht beeinflusst.

Im Rahmen dieser Arbeit wird davon ausgegangen, dass auf Basis der funktionalen Anforderungen eine Lösungsalternative ausgewählt wurde, die nun wirtschaftlich bewertet wird. Um die allowable costs zu verifizieren, wird Folgendes vorgeschlagen:

- Grobe Aufstellung der benötigten Komponenten

- Grobe Kostenbewertung dieser Komponenten

Diese Aufstellung ist zugleich die erstmalige Ermittlung der drifting costs. Da sich die drifting costs über den Zeitraum des Produktentstehungsprozesses ändern, ist es entscheidend, den Zeitpunkt der Ermittlung anzugeben. In Anlehnung an das QG-Konzept wird vorgeschlagen, an dieser Stelle das Quality Gate 0 (=QG0) zur Kennzeichnung des Gültigkeitszeitpunkts zu verwenden. Formel 5-5 zeigt, welche Berechnungen im Prozessschritt A6.7 durchgeführt werden.

$$Drifting\ costs_{QG0}$$

$$= \sum_{Komp.=1}^{\#\,Komp.} drifting\ costs(Komp.)_{QG0} * Menge * anteilige\ Ber\ddot{u}cksichtigung(Komp.)$$

$$- \sum_{entf.Komp=1}^{\#\,entf.Komp.} Selbstkosten(entf.Komp.) * Menge * anteil.Ber\ddot{u}cksicht.(entf.Komp.)$$

Wobei gilt:

Komp.	=	Komponente
entf.Komp.	=	Entfallende Komponente
Menge	=	Menge der Komponente Komp. in übergeordneter Komponente
# Komp.	=	Gesamtanzahl der Komponenten
# entf.Komp.	=	Gesamtanzahl der entfallenden Komponenten

Formel 5-5: Zielkosten ableiten

Angewandt auf die Dynamische Bogenbremse zeigt Tabelle 5-8 die erste Abschätzung der drifting costs.

Wesentliche Komponenten, die für die Dynamische Bogenbremse benötigt werden	Anteilige Berücksichtigung bei der Dynamischen Bogenbremse	Geschätzte Kosten der Komponente	Resultat
Komplexer, leistungsstarker Antrieb	100%	5.500	5.500
Komplexes Bogenverlangsamungsmodul mit Antriebswelle	100%	5.000	5.000
Vier komplexe Saugbandmodule, jeweils mit Reibrad	100%	2.500	2.500
Komplexes Luftsystem zum Saugen und Blasen	100%	500	500
Motorsteuerungsmodul	100%	500	500
Verstärkungen der Kette und der Kettenführung gegenüber Nicht-Dynamischer Bogenbremse	100%	200	200
Kompressor mit höherer Leistung	5%	4.000	200
SUMME			**14.400**

Komponenten der Nicht-Dynamischen Bogenbremse, die bei Verwendung der Dynamischen Bogenbremse entfallen	Anteilige Berücksichtigung	Tatsächliche Kosten der Komponente	Resultat
Einfacher Antrieb	100%	4.000	4.000
Einfaches Bogenverlangsamungsmodul mit Antriebswelle	100%	3.000	3.000
Einfaches Saugbandmodul	100%	1.600	1.600
Einfaches Luftsystem zum Saugen	100%	400	400
Kompressor mit geringerer Leistung	5%	3.800	190
SUMME			**9.190**
Differenzbetrag = Drifting costs der Dynamischen Bogenbremse			**5.210**

Tabelle 5-8: Erste Abschätzung der drifting costs

Im Anwendungsfall Dynamische Bogenbremse entfällt die Nicht-Dynamische Bogenbremse bei Einsatz der Dynamischen Bogenbremse. Deshalb sind die allowable costs der Dynamischen Bogenbremse gemäß Formel 5-6 zu berechnen.

Gesamte allowable costs der Dynamischen Bogenbremse:

Tabelle 5-8 zeigt die tatsächlichen Selbstkosten der Nicht-Dynamischen Bogenbremse. Wie beschrieben, entfällt dieses Modul, wenn die Dynamische Bogenbremse eingesetzt wird (siehe Kapitel 4.2.2 „Das Mechatronische Modul „Dynamische Bogenbremse""). Damit gilt:

$$\text{Gesamte allowable costs}_{\text{Dyn.Bogenbremse}} =$$
$$\text{berechnete allowable costs}_{\text{Dyn.Bogenbremse}} + \text{Selbstkosten}_{\text{Nicht-Dyn.Bogenbremse}}$$
$$= 6.766{,}\text{-} \, € + 9.190{,}\text{-} \, € = 15.956{,}\text{-} \, €.$$

Formel 5-6: Allowable costs Dynamische Bogenbremse

Mit den Werten aus Tabelle 5-8 stellt sich die erste Abschätzung des NPV der Dynamischen Bogenbremse auf der Basis von drifting costs entsprechend Bild 5-8 dar. Zur Berechnung des NPV siehe Kapitel 4.3.4 „NPV".

NPV für das Produkt Dynamische Bogenbremse							
Periode	**0**	**1**	**2**	**3**	**4**	**...**	**10**
Produktentwicklungskosten	-918.750	-918.750	-918.750	-918.750	0		0
Absatz	0	0	0	135	135		135
Selbstkosten	5.210	5.210	5.210	5.210	5.210		5.210
Marktpreis	14.700	14.700	14.700	14.700	14.700		14.700
CashFlow	-918.750	-918.750	-918.750	362.400	1.281.150		1.281.150
Abgezinster CashFlow	-918.750	-765.625	-638.021	209.722	617.839		206.913
Abgezinster kumulierter CashFlow	-918.750	-1.684.375	-2.322.396	-2.112.674	-1.494.835		559.793

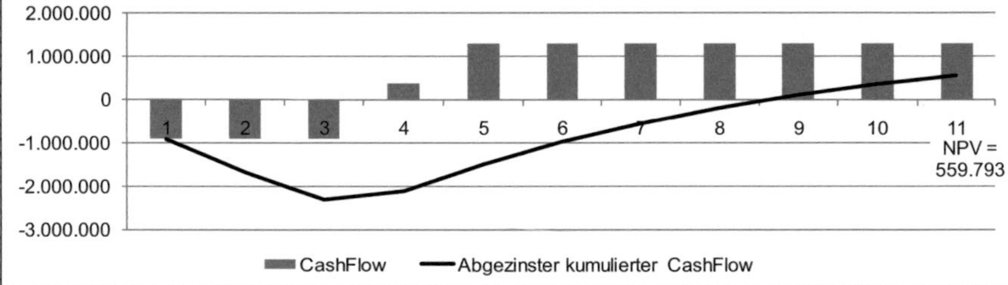

Bild 5-8: NPV der Dynamischen Bogenbremse auf Basis von drifting costs

Der nun erreichte Stand der NPV-Berechnung ist eine erste Abschätzung, die zum Quality Gate 0 („QG0") festgehalten wird. Alle zu diesem Zeitpunkt zugrunde liegenden Parameter können während des Produktentstehungsprozesses variieren:

- Die Parameter der Wirtschaftlichkeitsszenarien aus Kundensicht, die zu Beginn des Abschnitts beschriebenen wurden, können bedingt durch externe oder interne Ereignisse schwanken. Damit verändern sich selbstverständlich auch die allowable costs.

- Die Produktentstehungskosten können tatsächlich höher oder niedriger ausfallen als zu diesem Zeitpunkt geschätzt.

- Die drifting costs können sich aufgrund verschiedener Ursachen verändern (siehe die Aussagen in Abschnitt 3.2.4 „Verfahren zur Kostenplanung und -verfolgung").

- Eine Veränderung kann auch dazu führen, dass während der Umsetzung des Produktentwicklungsprojekts die allowable costs zu Lasten geringerer Produktentstehungskosten erhöht werden können, also eine Verschiebung gemäß „Schritt A6.5 Allowable costs spalten" stattfindet.

5.2.4 Schritt A7 Produktroadmap erstellen und genehmigen

Die bis hierher beschriebenen Schritte sind für alle geplanten und laufenden Projekte durchzuführen bzw. zyklisch zu aktualisieren. Üblicherweise erfolgt eine Aktualisierung abhängig vom Projektstatus bzw. zumindest einmal jährlich für alle Projekte gemeinsam. Für die Produktroadmap werden i.d.R. wenige Kennziffern festlegt, die es erlauben, alle angedachten, geplanten und laufenden Produkte im Überblick zu sehen. Auf dieser Basis kann entschieden werden, welche Produkte als Produktentwicklungsprojekte umgesetzt werden sollen.

Praktische Anwendung auf die erstellte Produktroadmap:

Auf Basis der bisherigen Ausführungen wird als Produktroadmap die Darstellung und die Inhalte von Tabelle 5-9 vorgeschlagen.

Pro-dukt	Bezeich-nung	Strategiebeitrag (verbal)	Strategiebeitrag [gering =1, mittel = 2, hoch = 3]	NPV	Projekt-kosten gesamt
# 1	Syn-chroner Platten-wechsel	Wechsel aller Druckplatten einer Maschine in weniger als drei Minuten	1	0	1.000.000

#					
# 2	Neue Maschinen-steue-rung	Generation neue Ma-schinensteuerung, die zukünftige Anforderun-gen an Automatisierung der Maschine erfüllt	2	120.000	6.000.000
# 3	Offen		3	2.000.000	2.800.000
# 4	Dynami-sche Bogen-bremse	Einrichtezeit für Bogen-brems-einrichtung verrin-gern. Papierbögen si-cher, bei hohen Ge-schwindigkeiten abbrem-sen.	2	560.000	3.675.000
# 5	Offen		2	-500.000	1.400.000
# 6	Offen		1	1.200.000	200.000
# 7	Inpress Control	Papierbögen in Maschine messen, um Qualitäts-abweichungen feststellen zu können und schneller in Farbe zu kommen.	2	1.200.000	700.000
# 8	offen		1	700.000	1.500.000
# 9	Druck-maschi-ne in neuem Format	Druckmaschine, die Pa-pierbögen im Format 200cm x 120cm verarbei-ten kann.	3	-400.000	20.000.000
# 10	offen		3	3.000.000	1.000.000

Tabelle 5-9: Produktroadmap mit strategisch-wirtschaftlicher Bewertung

Aus dieser Produktroadmap lässt sich die Produktportfolio-Darstellung von Bild 5-9 ableiten.

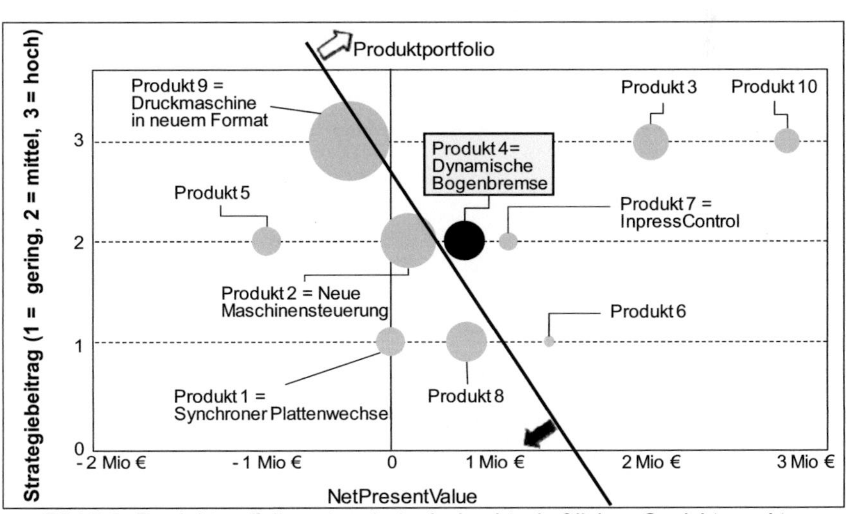

Bild 5-9: Produktportfolio unter strategisch-wirtschaftlichen Gesichtspunkten

Erläuterungen zu Bild 5-9:

- Der NPV für die jeweiligen Produkte ist auf der Abszisse aufgetragen.

- Der numerische Wert des Strategiebeitrags (Ordinate) ist die Einschätzung, wie stark das jeweilige Produkt dazu beiträgt, die vom Unternehmen angestrebte Produktstrategie umzusetzen. Produktentwicklungsprojekte liefern einen geringen, mittleren oder höheren Beitrag, um die Produktstrategie zu erfüllen. Einen hohen Beitrag zur Strategieerreichung liefert ein Produktentwicklungsprojekt dann, wenn damit neue Märkte oder neue Kunden zugänglich gemacht werden können. Wenn es lediglich darum geht, die Produktqualität eines Produkts zu verbessern, ist dagegen der Strategiebeitrag des entsprechenden Produktentwicklungsprojekts eher gering. Der Strategiebeitrag eines Produkts bedarf der Einschätzung durch ein Gremium wie dem beschriebenen Product Council. An dieser Stelle wird vorgeschlagen, den Strategiebeitrag von Produkten lediglich in drei Kategorien einzuteilen: Hoher, mittlerer, geringer Strategiebeitrag. In Bild 5-9 sind diese drei Werte durch die Anordnung der jeweiligen Produkte auf den Ebenen 1 (=gering), 2 (=mittel) und 3 (=hoch) ausgedrückt.

- Der Flächeninhalt des jeweiligen Kreises stellt die Kosten zur Produktentwicklung jedes Produkts dar.

- Das Produkt 4, Dynamische Bogenbremse, ist in der Grafik als schwarzer Kreis zu erkennen, die anderen, namentlich ausgewiesenen, Produkte sind als graue Kreise gekennzeichnet.

- Die Linie, die im Diagramm zwischen Produkt 4 und Produkt 8 liegt, teilt das Diagramm in den Bereich, dessen Produkte entwickelt werden sollen (rechts oberhalb der Trennlinie) und den Bereich, dessen Produkte nicht entwickelt werden sollen (links unterhalb der Trennlinie). Produkt 8 würde damit wegen des geringen Strategiebeitrags also nicht entwickelt werden, obwohl dessen NPV höher ist als der von Produkt 4.

Abhängig von den vorgegebenen Parametern – beispielsweise dem Produktentwicklungsbudget – können mehr Projekte (Parallelverschiebung der Linie in Richtung des kleinen schwarzen Pfeils) oder weniger Projekte (in Richtung des kleinen weiß gefüllten Pfeils) umgesetzt werden.

5.2.5 Schritt A8 Projekte aus Produktroadmap ableiten

Teilweise besteht keine 1:1-Beziehung zwischen den Produkten, die in der Produktroadmap ausgewählt wurden und den umzusetzenden Produktentwicklungsprojekten. Mögliche Gründe für das Auseinanderklaffen von Produktroadmap und Produktentwicklungsprojekten:

- **Vorentwicklungsprojekte:** Die Entwicklung von definierten Produkten erfordert die Umsetzung von Vorentwicklungsprojekten, da bestimmte technische Risiken bestehen, die sinnvollerweise nicht in die eigentlichen Produktentwicklungsprojekte integriert werden sollten. Vorentwicklungsprojekte sind demnach nicht Bestandteil der Produktroadmap, da sie keine verkaufsfähigen Produkte sind. Idealerweise fließen die Ergebnisse von Vorentwicklungsprojekten bei erfolgreichem Abschluss in Serienentwicklungsprojekte ein.

- **Plattformprojekte:** Bestimmte Entwicklungen werden als Plattformprojekte aufgesetzt. Plattformprojekte sind zunächst unabhängig von den eigentlichen Produkten, auf die sie zu späteren Phasen appliziert werden. Zum Thema Plattformprojekte siehe [SkKa-07]. Das Ziel ist, Plattformprojekte in unterschiedliche Produkte einfließen zu lassen. So kann es z.B. sinnvoll sein, Maschinensteuerungen nicht für genau ein Produkt sondern für mehrere oder sogar für alle Produkte eines Maschinenbauunternehmens zu entwickeln. Diese Steuerungen sind nicht als eigenständiges Produkt vermarktbar, sondern ausschließlich zusammen mit den jeweiligen Produkten.

- **Produkte werden in mehreren aufeinander folgenden Projekten entwickelt:** Bestimmte Produkte werden in mehreren Schritten entwickelt. So sind beispielsweise nicht alle möglichen Produktvarianten nach der ersten Entwicklungsphase verfügbar, sondern es bedarf mehrerer Schritte und damit mehrerer Produktentwicklungsprojekte. Um rasch am Markt zu sein, werden zunächst die gängigsten Varianten entwickelt, produziert und vertrieben und erst in den Folgeschritten werden weitere Varianten angeboten. Die Granularität der Produktentwicklungsprojekte ist in diesem Fall höher als die zugrunde liegende Produktroadmap, es werden also mehr Produktentwicklungsprojekte gestartet, als es Produkte in der Produktroadmap gibt.

Um diese Situation abzubilden, ist eine Produkt-/Projektmatrix aufzubauen, die dazu dient, den Zusammenhang zwischen der Produktroadmap und den unterschiedlichen Produktentwicklungsprojekten herzustellen.

Festlegung für das Modul Dynamische Bogenbremse:

Entsprechend Abschnitt 5.2.2 „Schritt A5 Vorläufige Produktroadmap erstellen" wird davon ausgegangen, dass die Produktentwicklung des Moduls Dynamische Bogenbremse in genau einem Produkt umgesetzt wird. Somit besteht in diesem Fall eine 1:1-Beziehung zwischen Produkt und Produktentwicklungsprojekt und so entspricht der NPV des Produkts demjenigen des Produktentwicklungsprojekts.

5.3 Phase B Produkt entwickeln

Über die im vorherigen Kapitel beschriebene, abgeschlossene „Phase A Produktroadmap festlegen" wurden die umzusetzenden Projekte ausgewählt. Im Folgenden wird ausschließlich die Durchführung eines einzigen Projekts aufgezeigt und anhand des Projekts „Dynamische Bogenbremse" praktisch verdeutlicht. Somit werden ab der hier beginnenden Phase des Produktentstehungsprozesses die in Kapitel 4 vorgestellten Methoden, das „Target Costing Sheet" und die „Algorithmen bei unvollständigen Informationen", zur Anwendung gebracht. Bild 5-10 zeigt die Phase „B Produkt entwickeln".

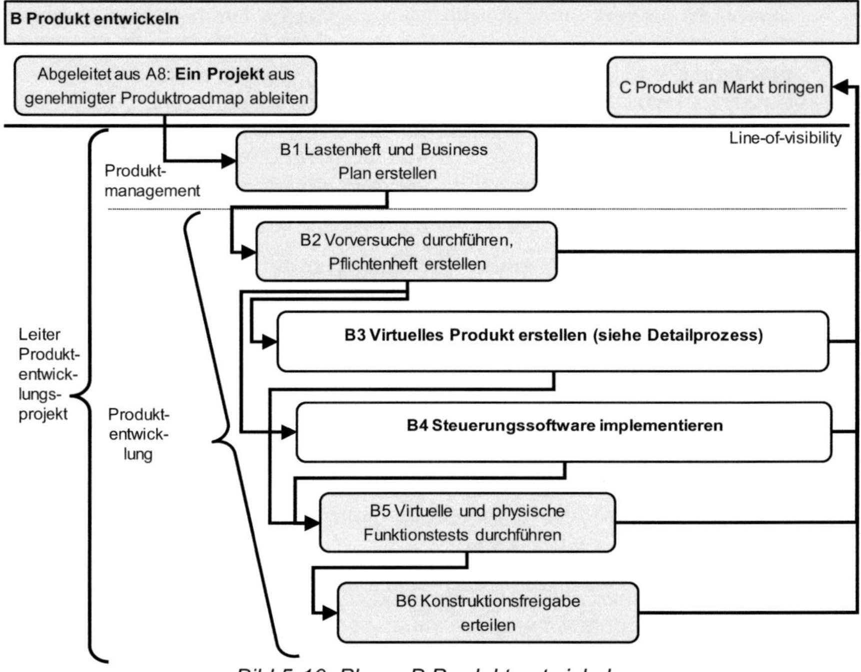

Bild 5-10: Phase B Produkt entwickeln

Die übergreifenden, das Projekt begleitenden, Aktivitäten sind:

- **Projekt leiten** (durch Projektleiter): Die wesentlichen Aktivitäten werden durch den Projektleiter geplant, überwacht und gesteuert. Bei kleineren Projekten übernimmt der Projektleiter auch inhaltliche Aufgabenpakete der Projektumsetzung.

- **Projekt steuern** (i.d.R. durch einen Steuerkreis): Dieses Gremium hat die Aufgabe, die wesentlichen Entscheidungen innerhalb des Projekts zu treffen. Insbesondere sind gravierende Änderungen im Projektverlauf vom Steuerkreis zu genehmigen. In den Quality Gate Reviews überprüft der Steuerkreis regelmäßig das jeweilige Projekt in Bezug auf die Umsetzung der Projektinhalte, die Einhaltung der Kosten und der Termine. Die zu treffenden Entscheidungen können sein: Weiterführen des Projekts wie geplant / Weiterführen mit angepasster Planung / Stopp des Projekts; siehe hierzu die Ausführungen in Abschnitt 3.4.3 „Quality Gates (QGs)".

Beide Aktivitäten erfolgen übergreifend für jede Unterphase und werden im Folgenden nicht detailliert, da dies für die zu behandelnden Target Costing Aspekte nicht erforderlich ist.

5.3.1 Schritt B1 Lastenheft und Business Plan erstellen

Das **Lastenheft** legt die Anforderungen an das Produkt aus Sicht des Kunden fest. Neben den Funktionen, die das Produkt erfüllen muss, beinhaltet das Lastenheft typischerweise eine Analyse der Lösungen der Wettbewerber, eine Patentsichtung sowie eine Risikoanalyse. Zudem wird der Gesamtprojektplan mit den wichtigsten Meilensteinen erstellt und die Projektorganisation festgelegt. Diese Themen werden im Rahmen der Arbeit nicht vertieft, da sie für die Betrachtung der Arbeit nur mittelbare Relevanz haben.

Der **Business Plan** für das Projekt umfasst die Abschätzung aller Mittel für das Gesamtprojekt, die Selbstkosten sowie das Marktpotenzial und damit die Rentabilität des zu entwickelnden Produkts. Aus Sicht des Target Costings wird in diesem Schritt erstmalig eine Wirtschaftlichkeitsbetrachtung auf das Produktentwicklungsprojekt angewandt. Bezogen auf das Target Costing Sheet als Informationsträger der Wirtschaftlichkeitsdaten ist an dieser Stelle hauptsächlich das NPV-Sheet von Bedeutung.

Praktische Anwendung des NPV-Sheets auf das Modul Dynamische Bogenbremse:

Um das gesamte Projektportfolio bewerten und die letztendlich umzusetzenden Projekte auswählen zu können, wurde bereits in Abschnitt 5.2.3.7 „Schritt A6.7 Zielkosten ableiten", ein Business Plan entwickelt. Dieser Business Plan liegt nunmehr der Umsetzung des Produktentwicklungsprojekts für die Dynamische Bogenbremse zugrunde. Im Use Case Dynamische Bogenbremse wird davon ausgegangen, dass die Eingangsparameter und damit die Wirtschaftlichkeitsbetrachtung zum vorliegenden Zeitpunkt sich nicht unterscheiden zu den Werten in der Phase „Schritt A6.7 Zielkosten ableiten". Das NPV-Sheet zeigt die Daten der Wirtschaftlichkeitsbetrachtung in Bild 5-11. Zur Wiederholung werden die Eckwerte des Business Plans, die zu diesem Zeitpunkt vorliegen, hier nochmals wiedergegeben. Diese sind:

- Selbstkosten: allowable costs gegen drifting costs-Schätzung: 5.210,- €.

- Marktpreis: 14.700,- €.

- Produktentstehungskosten gesamt: 3.675.000,- €.

- Absatz p.a. ab Betrachtungsjahr 3: 135 Stück.

- Damit ergibt sich: Net Present Value (NPV) nach 10 Jahren bei geforderter Verzinsung von 20% vor Steuer: 555.793,- €.

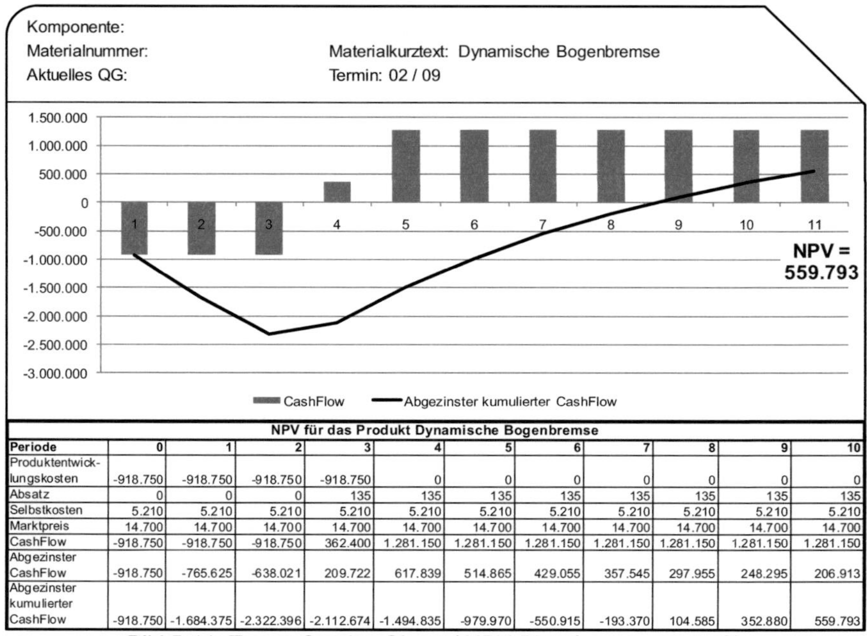

NPV für das Produkt Dynamische Bogenbremse										
Periode	0	1	2	3	4	5	6	7	8	9	10
Produktentwick-lungskosten	-918.750	-918.750	-918.750	-918.750	0	0	0	0	0	0	0
Absatz	0	0	0	135	135	135	135	135	135	135	135
Selbstkosten	5.210	5.210	5.210	5.210	5.210	5.210	5.210	5.210	5.210	5.210	5.210
Marktpreis	14.700	14.700	14.700	14.700	14.700	14.700	14.700	14.700	14.700	14.700	14.700
CashFlow	-918.750	-918.750	-918.750	362.400	1.281.150	1.281.150	1.281.150	1.281.150	1.281.150	1.281.150	1.281.150
Abgezinster CashFlow	-918.750	-765.625	-638.021	209.722	617.839	514.865	429.055	357.545	297.955	248.295	206.913
Abgezinster kumulierter CashFlow	-918.750	-1.684.375	-2.322.396	-2.112.674	-1.494.835	-979.970	-550.915	-193.370	104.585	352.880	559.793

Bild 5-11: Target Costing Sheet / NPV-Blatt (zum Lastenheft)

5.3.2 Schritt B2 Vorversuche durchführen, Pflichtenheft erstellen

Das Pflichtenheft beschreibt die fachliche Umsetzung der geforderten Lasten. Allen Lastenheftanforderungen werden die jeweiligen technischen Realisierungen gegenüber gestellt. Unterstützt wird die Erstellung des Pflichtenhefts durch folgende Aktivitäten:

- Durchführung von Vorversuchen, um kritische Funktionen bereits zu einem frühen Zeitpunkt abzusichern oder um zumindest Ideen für die Umsetzung zu erlangen.

- Führen erster Gespräche mit strategischen Lieferanten, um die prinzipielle Machbarkeit und die Umsetzungsmöglichkeiten der Anforderungen innerhalb des Zielkosten-Korridors zu klären.

Auch diese Phase endet mit der Genehmigung durch den Projekt-Steuerkreis.

Praktische Anwendung auf das Modul Dynamische Bogenbremse:

Im Rahmen der Erstellung des Produktportfolios wurden bereits Eckwerte für das Modul Dynamische Bogenbremse ermittelt, die bei der Erstellung des Lastenhefts ebenfalls zugrunde gelegt wurden, siehe Tabelle 5-8 in Abschnitt 5.2.3.7 „Schritt A6.7 Zielkosten ableiten". Nach der Verifikation der Anforderungen über Vorversuche bzw. mit den strategischen Systemlieferanten werden nun höhere Selbstkosten für das Produkt geschätzt, siehe Tabelle 5-10. Die gegenüber der Ursprungsabschätzung geänderten Angaben sind in Tabelle 5-10 grau unterlegt.

Wesentliche Komponenten, die für die Dynamische Bogenbremse benötigt werden	Anteilige Berücksichtigung bei der Dynamischen Bogenbremse	Geschätzte Kosten der Komponente	Resultat
Komplexer, leistungsstarker Antrieb	100%	8.000	8.000
Komplexes Bogenverlangsamungsmodul mit Antriebswelle	100%	5.000	5.000
Komplexes Saugbandmodul mit Reibrad	100%	3.500	3.500
Komplexes Luftsystem zum Saugen und Blasen	100%	500	500
Motorsteuerungsmodul	100%	500	500
Verstärkungen der Kette und der Kettenführung gegenüber Nicht-Dynamischer Bogenbremse	100%	200	200
Kompressor mit höherer Leistung	5%	4.000	200
SUMME			17.900
Komponenten der Nicht-Dynamischen Bogenbremse, die bei Verwendung der Dynamischen Bogenbremse entfallen	**Anteilige Berücksichtigung**	**Tatsächliche Kosten der Komponente**	**Resultat**
Einfacher Antrieb	100%	4.000	4.000
Einfaches Bogenverlangsamungsmodul mit Antriebswelle	100%	3.000	3.000
Einfaches Saugbandmodul	100%	1.600	1.600
Einfaches Luftsystem zum Saugen	100%	400	400
Kompressor mit geringerer Leistung	5%	3.800	190
SUMME			9.190
Differenzbetrag = Drifting costs der Dynamischen Bogenbremse			8.710

Tabelle 5-10: Abschätzung der drifting costs zum Abschluss des Pflichtenhefts

Die abgeschätzten Selbstkosten werden im Target Costing Sheet – Drifting costs-Sheet – gemäß Bild 5-12 dargestellt. Aus Gründen der Darstellung enthält Bild 5-12 nicht alle Daten von Tabelle 5-10.

Komponente:

Materialnummer: 47.11 — Materialkurztext: Dynamische Bogenbremse

Aktuelles QG: Pflichtenheft — Termin: 04 /09

Wesentliche Komponenten, die für die Dynamische Bogenbremse benötigt werden	Anteilige Berücksichtigung bei der Dynamischen Bogenbremse	Geschätzte Kosten der Komponente	Resultat
Komplexer, leistungsstarker Antrieb	100%	8.000	8.000
Komplexes Bogenverlangsamungsmodul mit Antriebswelle	100%	5.000	5.000
Komplexes Saugbandmodul mit Reibrad	100%	3.500	3.500
...			
SUMME			**17.900**
Komponenten der Nicht-Dynamischen Bogenbremse, die bei Verwendung der Dynamischen Bogenbremse entfallen (incl. Befestigungselemente)	Anteilige Berücksichtigung	Tatsächliche Kosten der Komponente	Resultat
...			
SUMME			**9.190**
Differenzbetrag = Allowable costs der Dynamischen Bogenbremse			**8.710**

Bild 5-12: Target Costing Sheet – Drifting costs-Blatt (zum Pflichtenheft)

Mit diesen höheren Selbstkosten ergibt sich bei ansonsten unveränderten Eckwerten ein negativer NPV, siehe NPV-Blatt in Bild 5-13.

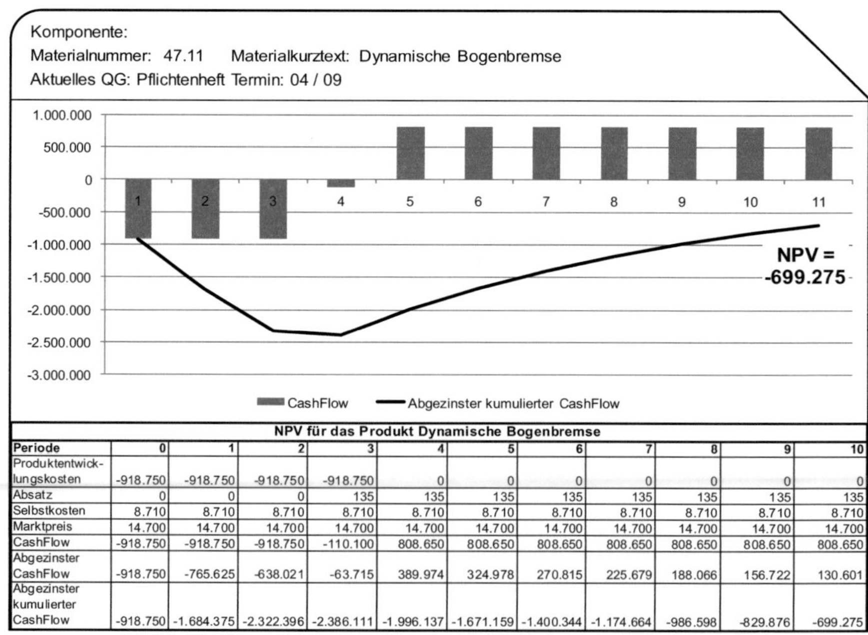

NPV für das Produkt Dynamische Bogenbremse											
Periode	**0**	**1**	**2**	**3**	**4**	**5**	**6**	**7**	**8**	**9**	**10**
Produktentwicklungskosten	-918.750	-918.750	-918.750	-918.750	0	0	0	0	0	0	0
Absatz	0	0	0	135	135	135	135	135	135	135	135
Selbstkosten	8.710	8.710	8.710	8.710	8.710	8.710	8.710	8.710	8.710	8.710	8.710
Marktpreis	14.700	14.700	14.700	14.700	14.700	14.700	14.700	14.700	14.700	14.700	14.700
CashFlow	-918.750	-918.750	-918.750	-110.100	808.650	808.650	808.650	808.650	808.650	808.650	808.650
Abgezinster CashFlow	-918.750	-765.625	-638.021	-63.715	389.974	324.978	270.815	225.679	188.066	156.722	130.601
Abgezinster kumulierter CashFlow	-918.750	-1.684.375	-2.322.396	-2.386.111	-1.996.137	-1.671.159	-1.400.344	-1.174.664	-986.598	-829.876	-699.275

Bild 5-13: Target Costing Sheet / NPV-Blatt (zum Pflichtenheft)

Anmerkung:

In der Praxis hat ein solcher negativer NPV zum Zeitpunkt der Pflichtenheftfreigabe wesentlichen Einfluss auf den weiteren Fortgang des Projekts. Mögliche Entscheidungen zu diesem Quality Gate sind (siehe Abschnitt 3.4.3, Quality Gates (QGs)):

- *Das Projekt wird fortgesetzt, die Geschäftsleitung misst dem Projekt eine wichtige strategische Bedeutung bei. Der negative NPV wird akzeptiert.*

- *Das Projekt wird fortgesetzt mit der Auflage, die Kosten entsprechend dem verabschiedeten Pflichtenheft zu erreichen. Es werden geeignete Maßnahmen eingeleitet, so dass das Produkt am Ende einen positiven NPV erwirtschaften wird.*

- *Das Projekt wird gestoppt.*

5.3.3 Exkurs: Zusammenhang Aufbauorganisation und Produktstruktur

!!! Prozessinnovation: Aufbauorganisation und Produktstruktur.

Es ist anzustreben, die Produktstruktur mechatronischer Produkte gemäß ihrer funktionalen und geometrisch zusammen gehörenden Einheiten aufzubauen. Die wichtigsten Gründe für diesen Aufbau der Produktstruktur sind:

- Mit dieser Gliederung der Produktstruktur kann die Vollständigkeit und die Funktion der jeweiligen Baugruppe am einfachsten sichergestellt werden.

- Es können in den mit der Produktstruktur korrespondierenden CAD-Baugruppen echte statische und dynamische Kollisionsbetrachtungen durchgeführt werden, die alle mechatronischen Komponenten der jeweiligen Baugruppen umfassen.

- Im Sinne des Target Costings können die Selbstkosten den tatsächlich umzusetzenden Maschinenfunktionen zugewiesen werden.

Das bedeutet, dass diejenigen mechanischen, elektronischen, elektromechanischen oder pneumatischen Einheiten, die die Funktion eines Produkts ausmachen, in einer gemeinsamen Produktstruktur zu beschreiben sind. Bild 5-14 stellt den im Maschinenbau immer noch anzutreffenden Zusammenhang zwischen Aufbauorganisation und Produktstruktur dar, wobei [Lyne-08], S. 34 bemerkt: „Aus dem Zusammenwirken der unterschiedlichen Fachdisziplinen ergibt sich zwangsläufig, dass auch in der Produktentwicklung ganzheitlich vorgegangen werden muss. Die früher getrennten Bereiche mechanische Konstruktion und Elektrokonstruktion müssen also eng zusammenarbeiten."

In der Praxis ist in traditionell geprägten Maschinenbauunternehmen häufig folgende Situation anzutreffen:

Ursprünglich bestanden komplexe Produkte der Fertigungsindustrie beinahe ausschließlich aus mechanischen Komponenten. Die Produktstrukturen beinhalteten demzufolge mechanische Baugruppen und deren Komponenten. Die wenigen nicht-mechanischen Komponenten wurden von den Experten der Steuerungstechnik in separaten Produktstruktur-Sammeltöpfen zusammen gefasst. Diese Situation beschreibt auch die VDI-Richtlinie „Entwicklungsmethodik für mechatronische Systeme", VDI 2206, S. 32, indem sie darauf hinweist, dass die mechanische Grundstruktur die Basis darstellte, während die Elektrotechnik und die Informationsverarbeitung später ergänzt wurden.

In den letzten 20 Jahren wurden die Produkte mehr und mehr durch Steuerungssoftware und elektromechanische Komponenten ergänzt. Die Aufbauorganisation der Produktentwicklung blieb dabei allerdings grundsätzlich bestehen und wurde lediglich durch Bereiche und Abteilungen ergänzt, die zum Ziel haben, die elektromechanischen Komponenten, elektronischen Hardwarekomponenten und Steuerungssoftware zu entwickeln und in die Produkte zu integrieren. Die mechanischen Abteilungen verantworten dabei die Mechanikbaugruppen, während die elektromechanischen Abteilungen die Verantwortung für ihre Komponenten tragen, siehe die dargestellte Aufbauorganisation des Produktentwicklungsbereichs in Bild 5-14.

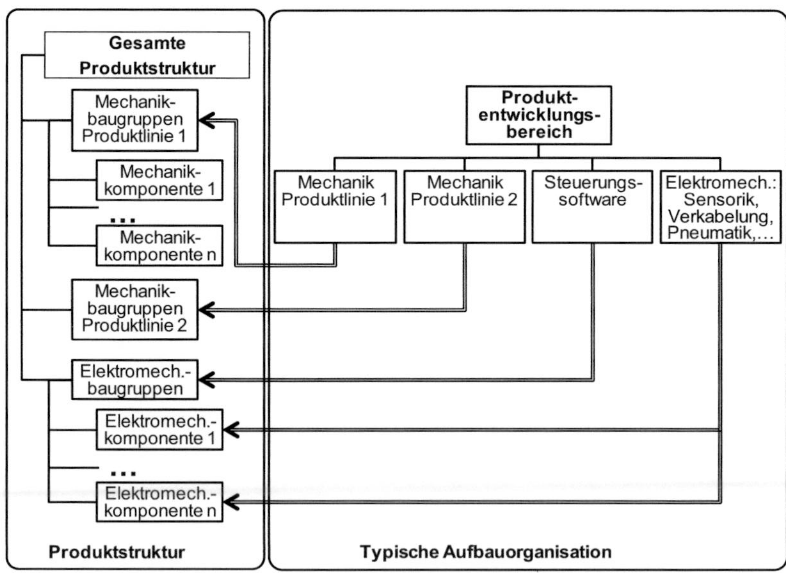

Bild 5-14: Zusammenhang zwischen Aufbauorganisation und Produktstruktur

Konstruktive Verantwortung für Produktbereiche führt häufig zu damit **korrespondierenden Produktstrukturen**, d.h., dass die Produktstrukturen die Verantwortung in der Aufbauorganisation widerspiegeln. (Anmerkung: Es gibt derzeit keine Untersuchung, die diese Behauptung unterstützt. Hiermit wird empfohlen, dieser Behauptung in einer separaten Untersuchung nachzugehen.)

Die Konsequenz dieser Konstellation ist, dass die Produktstruktur die eigentlichen Funktionsbaugruppen in Mechanik-, Steuerungs- und Elektromechanikbereiche zerstückelt. Es gibt also keine reine funktionsorientierte Produktstruktur, die alle relevanten Komponenten für eine Funktion zusammenführt. Damit liegen auch die Produktkosten für Funktionen lediglich in zerstückelter Form vor; es gibt keinen gemeinsamen Produktstrukturknoten für alle Komponenten einer Funktion.

Hinweis:

Die im Folgenden beschriebene Organisation hilft, eine mechatronische Produktstruktur aufzubauen, eine Garantie für deren Umsetzung ist diese Organisationsform nicht.

Ansatz zur Lösung des Problems der zerstückelten, nicht funktionsorientierten Produktstruktur (Bild 5-15):

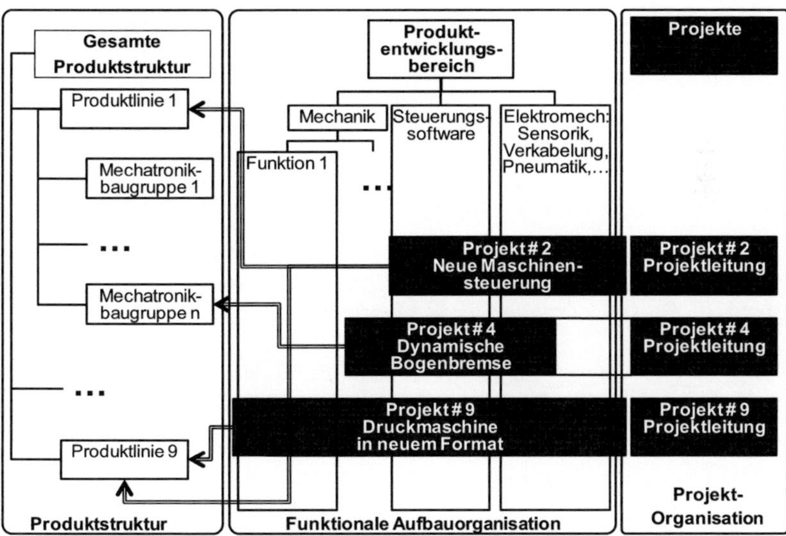

Bild 5-15: Matrixorganisation mit Projektfokus und Produktstruktur

Erläuterungen hierzu:

- Neben der relativ statischen Aufbauorganisation wird eine Projektorganisation gebildet. Die Projektleiter für Produktentwicklungsprojekte sind organisatorisch nicht in der nach Funktionen gegliederten Aufbauorganisation des Produktentwicklungsbereichs sondern daneben organisiert. Die Projektleiter berichten dem Entwicklungsleiter oder dem Leiter Technik. Die jeweiligen Produktentwicklungsprojekte sind personell ausgestattet mit einem Projektleiter und unterschiedlichen Teilprojektleitern und Projektmitarbeitern der funktionalen Bereiche. Neben den Mitarbeitern aus der Produktentwicklung bestehen die Projekte aus Mitarbeitern weiterer Bereiche, z.B. Produktmanagement, Produktion, Einkauf, Qualität, Controlling und Service.

- Die Mechanik ist in sogenannte Funktionsbereiche gegliedert. Diese Funktionsbereiche haben jeweils die produktübergreifende konstruktive Verantwortung für eine Maschinenfunktion. In der Automobilindustrie könnten das beispielsweise die Funktionen Karosserie, Fahrwerk, Antrieb sein; die Druckmaschinenindustrie lässt sich u.a. aufteilen in die funktionalen Bereiche Anleger, Druckwerk, Ausleger, siehe Kapitel 4.2 „Mechatronisches Modul zur Veranschaulichung des Target Costings".

- Projekt # 2, Neue Maschinensteuerung: Dieses Projekt betrifft vornehmlich die Bereiche Steuerungssoftware und Elektromechanik. Damit sind in diesem Projekt keine Mitarbeiter aus der Mechanik eingebunden.

- Projekt # 4, Dynamische Bogenbremse ist ein mechatronisches Projekt. Dieses Projekt wird somit von allen Produktentwicklungsbereichen umgesetzt: Mechanik (Entwicklung Ausleger), Steuerungssoftware und Elektromechanik (Pneumatik, Verkabelung, Hardware).

- An Projekt # 9, Druckmaschine in neuem Format sind alle Bereiche beteiligt.

Die jeweiligen Projekte werden also mit Mitgliedern der funktionalen Einheiten ausgestattet. Dieses Vorgehen fördert Folgendes:

- Die funktionalen Einheiten sorgen aufgrund ihres organisatorischen Zusammenhalts für eine Standardisierung der Produktfunktionen über Produktreihen hinweg.

- Die temporäre Projektorganisation trägt die Verantwortung für das umzusetzende Produkt. Deshalb wird auch die gesamte Produktstruktur mit allen mechatronischen Komponenten von dem jeweiligen Projekt aufgebaut und freigegeben. Eine stark ausgeprägte Projektorganisation ist also eine gute Voraussetzung für eine mechatronische Gesamt-Produktstruktur.

- Die Produktfunktionen und die Produktstrukturen für neue Produkte entstehen im gewollten Spannungsfeld zwischen dem Standardisierungsbemühen der funktionalen Einheiten und dem innovativen Bestreben der Projektteams.

5.3.4 Schritt B3 Virtuelles Produkt modellieren

5.3.4.1 Grundsätzliches

Hinweise zum vorliegenden Kapitel:

- *Die eigentliche Modellierung im CAD-System wird im Rahmen der Arbeit nicht beschrieben, da sie zu keinem zusätzlichen Erkenntnisgewinn bezüglich des Target Costings beiträgt.*

- *Die Funktion der Dynamischen Bogenbremse wurde bereits auf der Basis von isometrischen Serviceteilillustrationen in Kapitel 4.2.2 „Das Mechatronische Modul „Dynamische Bogenbremse"" beschrieben.*

- *Jeder Prozessschritt des vorliegenden Kapitels führt zu einer Verfeinerung der drifting costs. Um das Kapitel nicht mit unnötigen Wiederholungen zu füllen, werden die drifting costs in diesem Kapitel lediglich einmal beschrieben. Dies geschieht im Wesentlichen am Ende des Kapitels.*

Die folgende Prozessdarstellung (Bild 5-16) zeigt die Phase „Schritt B3 Virtuelles Produkt modellieren". Diese Phase kann auch als das eigentliche Kernelement der Produktentwicklung angesehen werden. Der Prozessschritt basiert auf den Aussagen des Lastenhefts, das die Kundenanforderungen definiert und den Festlegungen des Pflichtenhefts, in dem die technische Umsetzung beschrieben ist.

Bei diesem Schritt wird das tatsächlich zu produzierende und auszuliefernde Produkt mit all seinen Ausprägungen modelliert. War das Produkt in den bisherigen Prozessschritten nur grob gegliedert und die Produktbeschreibung vornehmlich verbal formuliert, so ändert sich die Systematik bei diesem Prozessschritt: Der Hauptträger der Produktdokumentation wird mehr und mehr die **Produktstruktur**. Folglich werden der Produktstruktur die **drifting costs** zugeordnet, die mit zunehmendem Arbeitsfortschritt verfeinert werden.

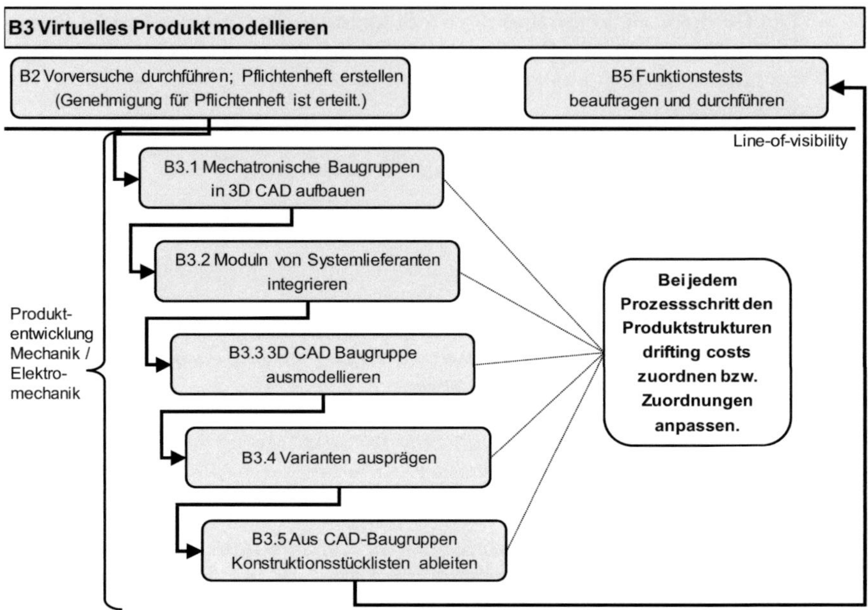

Bild 5-16: Prozessschritt B.3 Virtuelles Produkt modellieren

Grundsätzlicher Hinweis zum Begriff Produktstruktur:

[Send-08], S. 40 verwendet den Begriff „Bill of information". Dieser Begriff bringt zum Ausdruck, dass es nicht ausreicht, Materialstamminformationen und Dokumentdaten wie CAD-Modelle miteinander in Verbindung zu bringen, sondern weitere Informationen eine sinnvolle Produktstruktur anreichern müssen. [Send-08] nennt Themen wie funktionale Beschreibungen des Moduls. In der vorliegenden Arbeit wird diese Bill of information ergänzt um die Target Costing Informationen.

5.3.4.2 Schritt B3.1 Mechatronische Baugruppen in 3D-CAD aufbauen

Bild 5-16 zeigt, dass die erste entstehende Produktstruktur idealerweise die im CAD System modellierte 3D-CAD-Baugruppenstruktur ist. Der Prozessschritt besteht zunächst darin, die im Lastenheft geforderten und im Pflichtenheft technisch beschriebenen Funktionen in Baugruppen und Teile umzusetzen, ohne dabei die Einzelteile bereits zu detaillieren. Im Wesentlichen bestehen die ersten Schritte der Modellierung in 3D-CAD aus folgenden Aktivitäten:

- Lösungsprinzipien skizzieren bzw. die im Pflichtenheft beschriebenen Lösungsprinzipien vorantreiben.

- Wesentliche Dimensionierungsrechnungen durchführen, z.B. Getriebe-
rechnungen.

- Das grobe Design des Produkts festlegen, wenn das Produkt designre-
levante Aspekte in sich trägt (also für den Kunden sichtbar wird).

- Baugruppen auf den oberen Ebenen festlegen.

- Den Bauraum in Bezug auf die jeweiligen Baugruppen definieren.

- Wichtige Einzelteile modellieren. Wichtige Einzelteile können z.B. Teile
sein, deren Produktion viel Zeit in Anspruch nimmt und die damit schon
frühzeitig beschrieben sein müssen, um das Gesamtprodukt rechtzeitig
fertig zu stellen. Solche Teile sind beispielsweise Stahlprofilteile, Guss-
teile oder Karosserieteile, deren Herstellung spezielle Werkzeuge oder
gar neue Werkzeugmaschinen erfordern („Langläuferteile").

- Bereits hier erhalten Systemlieferanten wichtige Daten vom Fertigungsunternehmen, um die Anforderungen an die Funktion des Produkts zu
erfüllen. Beispiele:

  o Der verfügbare Bauraum muss beschrieben sein, damit die Lieferanten ihre Komponenten darin virtuell integrieren können.

  o Schnittstellenbeschreibungen zu denjenigen Komponenten sollten
  vorliegen, die das Fertigungsunternehmen oder andere Systemlieferanten entwickeln.

  o Die technischen Spezifikationen, die der Lieferant zu erfüllen hat,
  müssen vorhanden sein und kommuniziert werden.

  o Zudem erhält der Systemlieferant Kostenvorgaben, um die Zielkosten (allowable costs) für das Gesamtprodukt einhalten zu können.

Den Komponenten des zu entwickelnden Produkts sind nach diesem Schritt
drifting costs zugeordnet. Auf Basis der drifting costs und aller anderen Bestandteile (Projektkosten, Absatzmenge, Marktpreis) wird die gesamte Wirtschaftlichkeitsbetrachtung fortgeschrieben. [ElSu-03] stellen eine Methode vor,
bei der auf der Basis von CAD-Modellen Kosteninformationen abgeleitet werden. Die Methode besteht darin, dass generische Bearbeitungsschritte mit
Kosteninformationen versehen werden. Werden diese Bearbeitungsschritte in
den CAD-Modellen konkreter Komponenten angewandt, dann können die Ge-
samtbearbeitungskosten für die entsprechenden Komponenten abgeleitet
werden. Diese Methode ist ein Unterstützungswerkzeug, um die gefertigten
Teile hinsichtlich der zu erwartenden Fertigungskosten besser abschätzen zu
können. Mit der Methode können Designalternativen von Komponenten hinsichtlich ihrer zu erwartenden Fertigungskosten abgeschätzt werden.

Die zunehmend detaillierte Wirtschaftlichkeitsbetrachtung, die während der Erstellung des virtuellen Produkts entsteht, wird in den Abschnitten 5.3.4.4 „Schritt B3.3 3D-CAD Baugruppen modellieren" bis 5.3.4.6 „Schritt B3.5 Aus CAD-Baugruppen Konstruktionsstücklisten ableiten" dargestellt.

5.3.4.3 Schritt B3.2 Komponenten von Systemlieferanten integrieren

Sehr häufig werden komplexe mechatronische Baugruppen nicht vollständig beim OEM entwickelt und produziert, sondern es werden Komponenten von Systemlieferanten zugekauft, die teilweise von diesen ebenfalls zu entwickeln sind. Der vorausgehende Abschnitt beschreibt, welche Informationen der OEM den Systemlieferanten zur Verfügung stellt, so dass die Systemlieferanten ihre Komponenten zeit- und kostengerecht in der geforderten Qualität liefern und diese in das Produkt integriert werden können. [NiLi-05] erstellen hierzu ein Prozessmodell, bei dem Sourcing Aspekte in das Target Costing integriert werden.

Auf Basis der an den OEM zurückfließenden Information des Systemlieferanten nimmt die Qualität der Kostenaussage zu, d.h. es ist zu erwarten, dass die drifting costs eine höhere Aussagekraft haben. Siehe hierzu Kapitel 4.5 „Algorithmen bei unvollständigen Informationen" und dabei insbesondere die Ausführungen zum Gütegrad drifting costs und zur Aussagekraft.

5.3.4.4 Schritt B3.3 3D-CAD Baugruppen modellieren

Bei diesem Schritt werden die Komponenten der Systemlieferanten mit den Komponenten des OEM zusammengeführt und erstmalig zu dem Gesamtprodukt vereinigt. Alle Komponenten werden in 3D-CAD Baugruppen modelliert. Das Resultat dieses Prozessschritts besteht darin, dass die Dynamische Bogenbremse vollständig in einem mehrstufigen 3D-CAD-Modell beschrieben ist. Das 3D-CAD-Modell dient als Mastermodell für alle weiteren Dokumentationen, z.B.:

- **2D-Zeichnungen**: Wenn noch keine vollständige 3D-Prozesskette vorliegt, dann ist es erforderlich, dass die Systemlieferanten, die Fertigung und die Montage mit verbindlichen 2D-Zeichnungen versorgt werden, siehe Kapitel 7.4.3 „CAD-Integration".

- **Produktstrukturen** in Konstruktion und in Produktion, siehe nächster Prozessschritt.

- **NC- und CAPP-Programme**, die idealerweise automatisiert erzeugt werden – basierend auf 3D-CAD-Daten. Auch dieser Idealzustand wird derzeit nicht vollständig erreicht, NC-Programme erfordern häufig manuellen Erstellungsaufwand oder zumindest manuelle Nacharbeit.

- **CAA-Programme**, mit dem Ziel, die Montageplanung auf Basis von 3D-CAD-Daten zu erstellen.

Im Folgenden werden schrittweise die für das Target Costing relevanten Elemente der Produktstruktur erläutert. Die dargestellten Sichten ergeben zusammen das Gesamtbild Produktstruktur mit integrierten drifting costs. Zunächst zeigt Bild 5-17 das 3D-CAD Modell der Dynamischen Bogenbremse mit entsprechender Produktstruktur.

Hinweise:

- *Die generellen Erläuterungen zu „Produktstruktur / Stückliste" enthält Kapitel 3.5.3.*

- *Die eigentlichen Komponenten der Produktstruktur wurden zuvor erklärt. Siehe hierzu hauptsächlich die Kapitel 4.2.3 „Komponenten und Wirkweise der Dynamischen Bogenbremse" und 5.3.1 „Schritt B1 Lastenheft und Business Plan erstellen".*

Erste Sicht (Bild 5-17): CAD-Modell und zugehörende Produktstruktur der Dynamischen Bogenbremse (ohne drifting costs). Erläuterungen hierzu:

- Die Spalte „Stufe" zeigt die jeweilige Ebene der Produktstruktur. Die Produktstruktur des Produkts Dynamische Bogenbremse umfasst bis zu vier Stufen. Im Bild sind alle Äste der Produktstruktur zugeklappt mit Ausnahme des Astes Dynamische Bogenbremse \ Antrieb \ Motor kpl. \ Motor, usw..

- Die letzte aufgeführte Komponente der Produktstruktur, „Kompressor", liegt auf Ebene 0 und ist damit kein Bestandteil der Produktstruktur der Dynamischen Bogenbremse. Die drifting costs des Kompressors sind dennoch bei der Wirtschaftlichkeitsbetrachtung der Dynamischen Bogenbremse zu berücksichtigen, siehe folgenden Abschnitt 5.3.4.5 „Schritt B3.4 Varianten ausprägen".

- Die Spalte „Menge" zeigt an, wie oft die in einer tieferen Ebene aufgeführte Komponente in die jeweils darüber liegende Komponente eingeht. Die Bemerkung „Variant" in den Zeilen „Dynamische Bogenbremse" und „Kompressor" bringt zum Ausdruck, dass diese Komponenten unter definierten Variantenbedingungen in die jeweils höhere Ebene eingehen. Die Erläuterungen hierzu enthält ebenfalls der folgende Abschnitt 5.3.4.5 „Schritt B3.4 Varianten ausprägen".

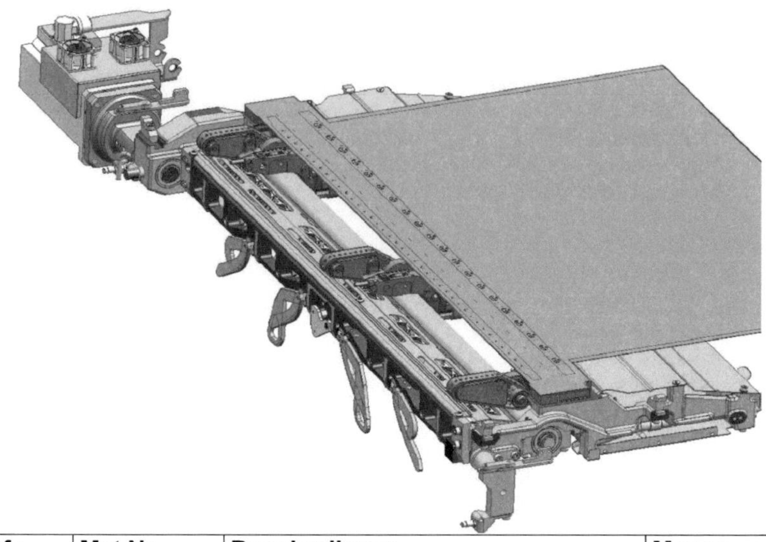

Stufe	Mat.Nr.	Beschreibung	Menge
0	4711	**Dynamische Bogenbremse**	1, Variant
.1	4712	Antrieb	1
..2	4713	Motor kpl.	1
...3	4714	Motor	1
...3	4715	Befestigungsplatte	1
...3	4716	Schraube	8
...3	4717	Mutter	8
..2	4718	Axiallüfter kpl.	2
..2	4722	Axiallüfterplatte	1
..2	4723	Antriebsleitung	1
.1	4724	Bogenverlangsamung	1
.1	4738	Saugbandmodul	4
.1	4752	Luftsystem	1
.1	4757	Motorsteuerungsmodul	1
.1	4759	Energiekette	1
0	4758	**Kompressor**	1, Variant

Bild 5-17: CAD-Modell Dynamische Bogenbremse (Quelle [Heid-09c])

Zweite Sicht: Produktstruktur der Dynamischen Bogenbremse mit Kostenbezug. Erläuterungen zu den Tabellen 5-11 und 5-12:

- Die Werte in Tabelle 5-11, Spalte „**drifting costs eingetragen**", sind die manuell eingetragenen drifting costs. Dieser Eintrag ist dann erforderlich, wenn die drifting costs nicht berechnet werden (s.u.).

- Das in Kapitel 4.5 „Algorithmen bei unvollständigen Informationen" definierte Attribut **„Gütegrad drifting costs"** findet an dieser Stelle Anwendung. Tabelle 5-12 enthält die möglichen Werte des Attributs „Gütegrad drifting costs". Wie beschrieben, werden die eingetragenen drifting costs durch die Aussagekraft dividiert, um die resultierenden drifting costs zu generieren.

- Der Wert **„Berechnet"** wird dadurch gebildet, dass die Komponenten in der Produktstruktur, die der betrachteten Komponente untergeordnet sind, zur Berechnung der drifting costs herangezogen werden. Im Use Case sind diese Komponenten schwarz hinterlegt.

Stu-fe	Beschreibung	Gütegrad drifting costs	Aus-sage-kraft	drifting costs ein-getragen	Relevante Komp. oh-ne drifting costs [JA / NEIN]	drifting costs re-sultierend
0	Dynamische Bogenbremse	Berechnet	86%	14.461,60 €	NEIN	16.614,81 €
.1	Antrieb	Berechnet	89%	7.302,00 €	NEIN	8.193,94 €
.1	Bogenverlang-samung	Berechnet	79%	2.986,80 €	NEIN	3.704,30 €
.1	Saugbandmodul	Berechnet	86%	3.032,80 €	NEIN	3.340,58 €
..2	Saugband	Grob bewertet	60%	100,00 €	NEIN	100,00 €
..2	Antriebsrolle	Schätzung (Entwicklung)	80%	130,00 €	NEIN	162,50 €
...3	Rollenkugellager	Komponente vorhanden	100%	80,00 €	NEIN	80,00 €
...3	Unterlegscheibe	Komponente vorhanden	100%	0,10 €	NEIN	0,10 €
...3	Antriebsrolle	Schätzung (Entwicklung)	80%	44,00 €	NEIN	55,00 €
...3	Passstift	Komponente vorhanden	100%	1,30 €	NEIN	1,30 €
..2	Saugkörper kpl.	Berechnet	90%	407,40 €	NEIN	451,84 €
...3	Saugkörper	Angebot vorhanden	90%	400,00 €	NEIN	444,44 €
...3	Gewindestift	Komponente vorhanden	100%	0,40 €	NEIN	0,40 €
...3	Rundmagnet	Komponente vorhanden	100%	7,00 €	NEIN	7,00 €
..2	Reibrad	(leer)	0%		JA	
..2	Zylinderstift	Komponente vorhanden	100%	0,20 €	NEIN	0,20 €
..2	Rillenkugellager	Komponente vorhanden	100%	120,00 €	NEIN	120,00 €
.1	Luftsystem	Angebot vorhanden	90%	340,00 €	NEIN	377,78 €
.1	Motorsteue-rungsmodul	Schätzung (Entwicklung)	80%	330,00 €	NEIN	412,50 €
.1	Energiekette	Schätzung (Konzept)	70%	270,00 €	NEIN	385,71 €
..2	Kette	(leer)	0%		NEIN	
..2	Verbindungs-blech	(leer)	0%		NEIN	
..2	Zylinderschrau-be	(leer)	0%		NEIN	
..2	Kettenhalter	(leer)	0%		NEIN	
0	Kompressor	Komponente vorhanden	100%	200,00 €	NEIN	200,00 €

Tabelle 5-11: Produktstruktur der Dynamischen Bogenbremse mit drifting costs

Gütegrad drifting costs	Aussagekraft
Komponente vorhanden	100%
Angebot vorhanden	90%
Schätzung (Entwicklung)	80%
Schätzung (Konzept)	70%
Berechnet	
Grob bewertet	

Tabelle 5-12: Ausprägungen „Gütegrad drifting costs" und „Aussagekraft"

Die Berechnung der resultierenden drifting costs wird in Formel 5-7 nochmals gezeigt. Die Formel wurde bereits in Formel 4-1, Kapitel 4.5.2 „Regelwerk" erläutert und dient an dieser Stelle der Wiederholung:

$$Res.drift.costs(Komp.(Stufe-1)$$
$$= \sum_{Komp.=1}^{\#Komp.(Stufe)} Menge(Komp.) * res.drift.costs(Komp.)$$
$$+ Montagekosten(Komp.(Stufe-1)$$

<u>Wobei folgendes gilt:</u>

Komp.	=	Komponente
Komp.(Stufe-1)	=	Komponente, in die die Komponente Komp. eingeht
Menge	=	Menge der Komponente Komp. in übergeordneter Komponente
res.drift.costs	=	resultierende drifting costs
# Komp.(Stufe)	=	Gesamtanzahl der Komponenten in Stufe

Die Berechnung ist nur möglich, wenn die Baugruppe, für die die Berechnung durchgeführt wird, untergeordnete Komponenten innerhalb der Produktstruktur besitzt.

Formel 5-7: Drifting costs bei Gütegrad „Berechnet" (basierend auf Formel 4-1)

- Beträgt der Wert des Gütegrads drifting costs = **„grob bewertet"**, dann werden zur Gesamtberechnung die Werte der Kostenklasse (Tabelle 5-13) herangezogen. Die Methode der Kostenklasse wurde ebenfalls in Kapitel 4.5 „Algorithmen bei unvollständigen Informationen" in Tabelle 4-6 erläutert. Die Kostenklassen ermöglichen es, einen groben Anhaltswert für die drifting costs einer Komponente anzugeben, ohne bereits ein Angebot oder eine Schätzung hinterlegen zu müssen. Für die konkreten, hinterlegten drifting costs der Kostenklasse sind firmen- und produktspezifisch sinnvolle Werte zu ermitteln und zu hinterlegen.

Kostenklasse	drifting costs
Sehr teuer	8.000
Teuer	1.000
Mittelteuer	100
Günstig	1

Tabelle 5-13: Ausprägungen „Kostenklasse" und implizierte drifting costs

- Die in der Produktstruktur untergeordneten Komponenten werden für die Berechnung der drifting costs genau dann berücksichtigt, wenn die jeweils übergeordnete Komponente den Wert „Berechnet" hat. Trägt die übergeordnete Komponente einen der Werte: „Komponente vorhanden", „Angebot vorhanden", „Schätzung (Entwicklung)" oder „Schätzung (Konzept)", dann wird dieser Wert angesetzt, auch wenn bei den untergeordneten Komponenten drifting costs eingetragen sein sollten.

- Umgang mit nicht eingetragenen drifting costs, d.h., die Komponente enthält **keinen Kostenwert**. Hierbei gibt es zwei Fälle:

  o Die in der Produktstruktur übergeordnete Komponente hat einen der folgenden Gütegrade drifting costs: „Komponente vorhanden", „Angebot vorhanden", „Schätzung (Entwicklung)" oder „Schätzung (Konzept)". In diesem Fall ist der fehlende Eintrag der drifting costs auf niedrigeren Produktstrukturebenen irrelevant. Diese Regel gilt auch bei mehrstufigen Produktstrukturen: Sobald ein übergeordneter Produktstrukturknoten einen der o.g. Gütegrade drifting costs trägt, werden die drifting costs aller untergeordneten Komponenten für die Berechnung der drifting costs des Produkts ignoriert.

  o Alle Komponenten ohne drifting costs, für die keine übergeordnete Komponente die drifting costs für die Gesamtbetrachtung liefert, werden **separat ausgewiesen**. In diesem Fall ist der Wert in der Spalte „Relevante Komponente ohne drifting costs [JA / NEIN]" = JA. Die fehlenden drifting costs können die Qualität der Gesamtbetrachtung nachhaltig beeinträchtigen. Im Use Case enthält die Komponente Dynamische Bogenbremse \ Saugbandmodul \ Reibrad keine drifting costs.

Hinweis:

Um den Use Case an dieser Stelle nicht noch zusätzlich zu komplizieren, werden die Montagekosten hier nicht gesondert betrachtet. Es wird davon ausgegangen, dass die Montagekosten impliziter Bestandteil der Komponentenkosten sind. Der Umgang mit Montagekosten wird in den Kapiteln 5.3.7 „Schritt B6 Konstruktionsfreigabe erteilen" und 5.4.3 „Schritt C3 Montageplanung durchführen" erläutert.

[Wage-08] beschreibt die Aufgabe, die mit Hilfe der Software Facton gelöst werden kann. Die Software wird eingesetzt im Produktentstehungsprozess der Fertigungsindustrie komplexer Produkte. Mit Hilfe der Software werden so genannte Cost Mockups erzeugt, mit deren Hilfe die während des Produktentstehungsprozesses erwarteten Herstellkosten simuliert werden.

5.3.4.5 Schritt B3.4 Varianten ausprägen

Die Grundlagen zur Umsetzung von Varianten in PLM-Systemen wurden in Kapitel 3.5.4 „Variante" dargelegt; die folgenden Ausführungen basieren auf diesem Kapitel. Der wichtigste Inhalt dieses Prozessschritts besteht darin, die Produktvarianten in der Form aufzubauen, dass das Produkt vollständig beschrieben ist und es damit möglich ist, mit einem vorliegenden Kundenauftrag das Produkt in seinen Ausprägungen zu konfigurieren, zu produzieren und letztendlich auszuliefern. Dieser Schritt umfasst die folgenden Aktivitäten:

- Zusammen mit dem Produktmanagement legt die Entwicklung fest, welche Varianten den Kunden prinzipiell angeboten werden.

- Die Variantengrunddaten, also die Variantenmerkmale und –ausprägungen werden im PLM-System angelegt, siehe Abschnitt 3.5.4.2 „Variantengrunddaten und Beziehungswissen".

- Ebenso werden über die „Variantentabellen" die für das Produkt zulässigen Variantenkombinationen festgelegt, siehe Anhang, Abschnitt 7.4.5.1.

- Schließlich werden die Produktstrukturen mit den jeweiligen Variantenmerkmalen und -ausprägungen versehen (= Anlage des Beziehungswissens), siehe Abschnitt 3.5.4.2 „Variantengrunddaten und Beziehungswissen".

Im Sinne des Target Costings ist eine zweite Information bedeutsam: Wie in Abschnitt 4.2.3 „Komponenten und Wirkweise der Dynamischen Bogenbremse" ausgeführt, tragen nicht alle Komponenten vollständig zur Realisierung der geforderten Funktion bei. Manche Komponenten tragen lediglich teilweise dazu bei, eine Funktion zu realisieren. Um diesen Sachverhalt konsequent abzubilden, wird folgendes Verfahren vorgeschlagen:

Zusätzlich zu den Variantenmerkmalen und -ausprägungen, mit denen das Produkt versehen ist, werden so genannte **Informationsvarianten** definiert. Die Informationsvarianten unterscheiden sich in zweierlei Hinsicht von den eigentlichen Produktvarianten:

- Einsatzmöglichkeit auch bei Komponenten, die eigentlich nicht variant sind: Auch Komponenten, die standardmäßig Bestandteil des Gesamtprodukts sind, können mit Informationsvarianten behaftet sein. Das ist sinnvoll, wenn zum Ausdruck gebracht wird, zu wie viel Prozent eine solche Komponente zur Umsetzung einer bestimmten Funktion beiträgt.

- Eine Informationsvariante wird mit einem „Anteil" versehen. Dieser Anteil drückt aus, zu wie viel Prozent eine Informationsvariante zur Erfüllung einer Funktion auftritt. Mit Hilfe des Faktors Anteil wird berechnet, mit welchem Betrag eine Komponente zu den gesamten Target Costs eines jeweiligen Produkts beiträgt.

Die Anwendung der Informationsvarianten auf den Use Case Dynamische Bogenbremse zeigt Tabelle 5-14. Erläuterungen hierzu:

- Das gesamte Produkt Dynamische Bogenbremse ist variant. Deshalb hat das Merkmal „Bogenbremse" die Ausprägung „dynamisch". Da diese Ausprägung die einzige Ausprägung der Zeile ist, beträgt der Anteil = 100%.

- Innerhalb des Produkts Dynamische Bogenbremse gibt es keine varianten Anteile; deshalb ist die Spalte bei allen untergeordneten Komponenten leer.

- Anders verhält es sich bei der Zeile Kompressor. Der Kompressor ist nicht Bestandteil der Dynamischen Bogenbremse, trägt jedoch zur Umsetzung der Funktion bei. Neben anderen Merkmalen und Ausprägungen (also: Merkmal „M", Ausprägung „a", x%) hat diese Zeile – ebenso wie das Gesamtprodukt Dynamische Bogenbremse – das Merkmal Bogenbremse mit der Ausprägung „dynamisch"; zudem ist dieses Beziehungswissen mit dem Anteil 5% verknüpft. Das bedeutet, dass der Kompressor zur Funktion Dynamische Bogenbremse 5% der Target Costs beiträgt. Die beiden genannten Beziehungswissenbausteine sind mit dem Booleschen Operator <oder> verknüpft.

Stufe	Beschreibung	Menge	Informationsvariante
0	**Dynamische Bogenbremse**	1, Variant	**Merkmal "Bogenbremse", Ausprägung "dynamisch", 100%.**
.1	Antrieb	1	
.1	Bogenverlangsamung	1	
.1	Saugbandmodul	4	
.1	Luftsystem	1	
.1	Motorsteuerungsmodul	1	
.1	Energiekette	1	
0	**Kompressor**	1, Variant	**(Merkmal "M", Ausprägung "a", x%) <oder> (Merkmal "Bogenbremse", Ausprägung "dynamisch", 5%)**

Tabelle 5-14: Informationsvarianten der Dynamischen Bogenbremse

Informationsvarianten können ein mächtiges Werkzeug sein, um die Wahrscheinlichkeiten des Auftretens bzw. die Anteile festzulegen. Folgende Hinweise sind bei der Anwendung von Informationsvarianten zu beachten:

- Hohe Pflegeintensität: Wenn neue Produktvarianten hinzukommen oder bestehende wegfallen, dann können sich die zuvor festgelegten Anteile der bereits bestimmten Informationsvarianten ändern. Dafür braucht es einen definierten Pflegeprozess. Auf diesen Pflegeprozess wird im Rahmen der Arbeit nicht eingegangen.

- Es muss genau überlegt werden, welche Ausstattungen Basisausstattung des Gesamtprodukts sind, die demnach nicht mit Informationsvarianten versehen werden. Diese Basisausstattungen sind kostenmäßig dem Basisprodukt und nicht einzelnen Funktionen des Produkts zurechenbar.

Nachdem dieser Schritt durchgeführt wurde, sind das virtuelle Produkt und dessen Target Costs erstmals vollständig bestimmt.

5.3.4.6 Schritt B3.5 Aus CAD-Baugruppen Konstruktionsstücklisten ableiten

In den Grundlagen der Arbeit wurde ausgeführt, dass es ein sinnvoller Weg ist, aus CAD-Baugruppen Konstruktionsstücklisten abzuleiten, siehe Kapitel 3.5.5 „CAD-Integration". Diese Ableitung wird jetzt vorgenommen, so dass als Ergebnis die Konstruktionsstückliste der CAD-Baugruppenstruktur entspricht.

!!! Prozessinnovation: *Montagekostenreferenz, Teil 1.*

Im Prozessschritt „Schritt C3 Montageplanung durchführen" wird beschrieben, wie die Montagekosten referenziert werden können. (Bedingt durch den chronologischen Aufbau des vorliegenden Kapitels folgt dieser Prozessschritt erst in Kapitel 5.4.3.) Die Referenz, die dort beschrieben ist, wird nun verwendet, um sie in der konstruktiven Materialstückliste zu verwenden. Zusammen mit den in Tabelle 5-17 (Kapitel 5.4.3) genannten Referenzen und deren anteiligen Montagekosten werden die Komponenten der Konstruktionsstückliste beaufschlagt, siehe Tabelle 5-15.

Stufe	Mat.Nr.	Beschreibung	Montagekosten-Referenz
0	4711	Dynamische Bogen-bremse	
.1	4712	Antrieb	0818 / 4712 ## Seitenwand links / Antrieb
.1	4724	Bogenverlangsa-mung	0820 / 4724 ## Bogentransport / Bogenver-langsamung
.1	4738	Saugbandmodul	0820 / 4738 ## Bogentransport / Saug-bandmodul
.1	4752	Luftsystem	0817 / 4752 ## Ausleger / Luftsystem
.1	4757	Motorsteuerungs-modul	0822 / 4757 ## Schaltschrank / Motorsteue-rungsmodul
.1	4759	Energiekette	0820 / 4759 ## Bogentransport / Energieket-te
0	4758	Kompressor	

Tabelle 5-15: Produktstruktur Konstruktion mit Montagereferenz

Abschließende Anmerkung zum Thema drifting costs in Produktstrukturen:

Wie in Kapitel 4.5 „Algorithmen bei unvollständigen Informationen" erläutert, werden die drifting costs für das zu entwickelnde Produkt hauptsächlich auf Grundlage der Produktstrukturen berechnet. Die Berechnung der drifting costs kann dabei prinzipiell auf jeglicher Art von Produktstruktur erfolgen, d.h. auf Basis

- der 3D CAD-Struktur,

- der abgeleiteten und ergänzten Materialstückliste (Entwicklungsprodukt-struktur) oder

- der erstellten Montageproduktstruktur, siehe Abschnitt 5.4.3 „Schritt C3 Montageplanung durchführen".

5.3.5 Schritt B4 Steuerungssoftware implementieren

Die Implementierung der Steuerungssoftware erzeugt als wesentlichen Kostenbestandteil Projektkosten. Die Projektkosten für die Steuerungssoftware werden dabei hauptsächlich durch die Ressourcenaufwände bestimmt. Typische Unterschritte dieses Prozessschritts werden in der folgenden Aufzählung dargestellt. Diese Schritte gelten nicht nur für Steuerungssoftware, sondern sind ebenso bei anderen Softwareprojekten anzutreffen:

1. Konzept für Entwicklung erstellen (=Lastenheft)

2. Anforderungen an Steuerungssoftware aus dem Lastenheft ableiten

3. Spezifikation für umzusetzende Softwarefunktionen erstellen

4. Softwarefunktionen implementieren

5. Softwarefunktionen zu einem gemeinsamen Softwarerelease integrieren (ab hier: anteilige Berücksichtigung der Funktion an Gesamtkosten)

6. Softwarerelease testen

7. Softwarerelease freigeben

Bild 5-18 zeigt einen im Maschinenbau möglichen Prozess der Umsetzung von Steuerungssoftware. Die im Folgenden beschriebene Releasetaktung wird von Standardsoftwareherstellern wie SAP AG, Microsoft AG u.v.a. seit vielen Jahren durchgeführt. Auch bei Maschinenbauunternehmen mit eigener Steuerungsentwicklung – wie der Heidelberger Druckmaschinen AG – wird dieses Verfahren eingesetzt:

- Jede Funktion der Maschine, die eine Erweiterung oder Anpassung der Maschinensteuerung bewirkt, wird separat implementiert. In der Abbildung wird jede Funktion als Dreieck dargestellt.

- Um zu vermeiden, dass sehr viele unterschiedliche Softwarestände im Feld vorhanden sind, werden verschiedene Funktionen zu einem Softwarerelease gebündelt.

- Der Serienstart eines Softwarereleases unterliegt einer festen zeitlichen Taktung, die z.B. jährlich oder halbjährlich sein kann.

- Für den **Target Costing Prozess** ist dabei eine Tatsache von besonderer Bedeutung: Die oben beschriebenen Schritte 1 bis 4 sind dem Produktentwicklungsprojekt – im vorliegenden Fall der Dynamischen Bogenbremse – **direkt zuordenbar**. Dagegen sind die Prozessschritte 5 bis 7 dazu da, alle Softwarefunktionen zu einem Release zu bündeln (also zu „integrieren"), das gesamte Release zu testen und freizugeben. Tests können deshalb nicht (ausschließlich) funktionsweise durchgeführt werden, da bei Steuerungssoftware neue Funktionen oder Erweiterungen von Funktionen Rückwirkungen auf andere Funktionen haben können.

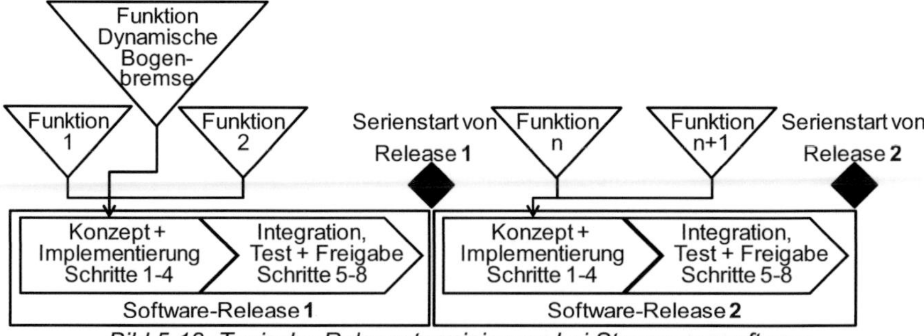

Bild 5-18: Typische Releaseterminierung bei Steuerungssoftware

Konsequenz und Umsetzungsvorschlag:

Die Aufwände für Integration, Test und Freigabe eines Softwarereleases sind nicht direkt den Produktentstehungskosten eines Moduls zuordenbar. Um dennoch die vollständigen Produktentstehungskosten jedes Moduls zu erhalten, wird vorgeschlagen, eine **Zuschlagskalkulation** *durchzuführen – in ähnlicher Weise, wie die Ermittlung der Selbstkosten eines Produkts.*

Mit dieser Vorgehensweise kann ein weiterer Effekt abgedeckt werden: Es gibt Produktentwicklungsprojekte, die kein verkaufbares Produkt hervorbringen, beispielsweise Vorentwicklungsprojekte oder Grundlagenprojekte. Das Projekt „Neue Maschinensteuerung", das in Kapitel 5.2.2 „Schritt A5 Vorläufige Produktroadmap erstellen" beschrieben wird, ist ein solches Projekt. Die Aufwände für Projekte dieser Art können ebenfalls über das beschriebene Zuschlagsmodell denjenigen Produktentwicklungsprojekten zugerechnet werden, deren Ziel es ist, ein verkaufbares Produkt zu entwickeln.

Das „Target Costing Sheet – Projektkosten" in Bild 5-19 veranschaulicht den Umgang mit den Projektkosten im Target Costing Prozess.

Komponente:

Materialnummer: 47.11   Materialkurztext: Dynamische Bogenbremse

Aktuelles QG: Lastenheft   Termin: 02 / 09

Kostenart		Steuerungs-software	Mechanik	Elektromechanik	SUMME
Aufgabe beendet [Ja / Nein]		NEIN	NEIN	NEIN	
Ressourcen [PTs]	Plan	480	1.260	690	2.430
Ressourcen-einzelkosten [€]	Plan	384.082	1.008.214	552.117	1.944.413
Zuschlagssatz auf Ressourcenkosten (Entwicklungsressourcen-Gemeinkosten)		34%	0%	0%	
Ressourcen-kosten [€]	Plan	514.669	1.008.214	552.117	2.075.000
Versuchs-kosten [€]	Plan		700.000	500.000	1.200.000
Serienanlauf-kosten [€]	Plan		400.000		400.000
Gesamt-kosten [€]	Plan	514.669	2.108.214	1.052.117	3.675.000

Bild 5-19: Target Costing Sheet – Projektkosten-Blatt (zum Lastenheft)

Erläuterung zu Bild 5-19:

- An dieser Stelle erfolgt lediglich die Erstplanung. Das Projektkosten-Blatt mit den Ist-Werten wird zum Projektende erläutert, siehe Kapitel 5.5.2 „Schritt D2 Produktentwicklungsprojekt beenden".

- Im Beispiel wird ein einheitlicher Tagessatz in Höhe von 800,17 € für alle Bereiche angesetzt.

- Die Ressourcenkosten, die durch die Integration und den Test der Softwarereleases entstehen, sind nicht direkt zuordenbar (siehe vorliegendes Kapitel oben, *„Konsequenz und Umsetzungsvorschlag"*). Diese Ressourcenkosten werden über einen definierten Zuschlagsatz den Ressourceneinzelkosten der Software zugeschlagen.

- Das Target Costing Sheet – Projektkosten enthält alle geplanten Kosten, also auch diejenigen für die Entwicklung von Mechanik und Elektromechanik, obwohl diese Aspekte nicht Inhalt des vorliegenden Abschnitts sind. Bei den Kosten für Mechanik und Elektromechanik fallen neben den Ressourcenkosten Versuchskosten an. Diese Versuchskosten entstehen aus der Anforderung, Produkte funktional zu qualifizieren, siehe folgenden Abschnitt 5.3.6 „Schritt B5 Virtuelle und physische Funktionstests durchführen".

- Serienanlaufkosten werden verursacht, um die Produktion, den Vertrieb und den Service auf das neue Produkt ein- und umzustellen, siehe Kapitel 5.4.1 „Schritt C1 Projekt aus Sicht Produktion planen". Diese Serienanlaufkosten sind i.d.R. nicht den einzelnen Entwicklungsbereichen Mechanik, Software oder Elektromechanik zuordenbar. Deshalb stehen die Serienanlaufkosten aus Vereinfachungsgründen in der Rubrik Mechanik.

- Die geplanten Gesamtkosten entsprechen den Kosten, die bereits zugrunde gelegt wurden, um die Wirtschaftlichkeitsberechnung für das Produktentwicklungsprojekt Dynamische Bogenbremse zu erstellen, siehe Abschnitt 5.2.3.6 „Schritt A6.6 Produktentstehungskosten abschätzen".

- Um den NPV korrekt zu berechnen (siehe Kapitel 5.2.3 „Schritt A6 Target Costing: Zielkostenermittlung"), ist es erforderlich, die Projektkosten periodengerecht – d.h. geschäftsjahrbezogen – zuzuordnen. Das Projektkostenblatt muss die Information der zeitlichen Zuordnung der Projektkosten berücksichtigen. Bei der Erstplanung des Projekts wurde davon ausgegangen, dass sich die Projektkosten gleichmäßig auf die Projektlaufzeit verteilen. In jeder Periode der Produktenwicklung (Jahr 0 bis Jahr 3) wird demzufolge ¼ der gesamten Projektkosten angesetzt.

5.3.6 Schritt B5 Virtuelle und physische Funktionstests durchführen

Tests können prinzipiell mit zwei unterschiedlichen Verfahren umgesetzt werden:

- Virtuelle Simulationsverfahren wie FEM-Berechnungen, Mehrkörpersimulation (=MKS), Digital Mockup (=DMU) oder andere Methoden aus dem Umfeld des virtuellen Engineerings, siehe [Schi-02], S. 21.

- Physische Testmethoden, die Dauerlauftests und funktionale Tests umfassen.

Virtuellen Simulationsmethoden ist dabei der Vorzug zu geben, da sie geringere Kosten erzeugen, die Gesamtentwicklungszeit reduzieren und flexiblere Testmöglichkeiten bieten [Lind-09], S. 166. Allerdings reichen die virtuellen Verfahren für die Untersuchung bestimmter Aspekte nicht aus, um zuverlässige Ergebnisse zu erhalten. So sind Crashtests in der Automobilindustrie (siehe Produkterstellungsprozess in der Automobilindustrie bei [Zirk-10], S. 9) ebenso weiterhin erforderlich wie Drucktests bei der Entwicklung von Druckmaschinen.

Häufig sind sowohl die virtuellen wie auch die physischen Testmethoden Bestandteil des originären Entwicklungsprozesses. Die Tests verifizieren die in den bisherigen Prozessschritten erzielten Entwicklungsergebnisse und führen somit ggf. dazu, dass die drifting costs angepasst werden.

5.3.7 Schritt B6 Konstruktionsfreigabe erteilen

Die Grundlagen zur Freigabe sind im Anhang in Abschnitt 7.4.4 „Änderungsmanagement" gelegt. Prinzipiell kann ein Produktentstehungsprozess durch mehrere, gestufte Freigaben unterstützt werden. Diese Freigaben dokumentieren den zunehmenden Reifegrad des zu entwickelnden Produkts. Folgende Indikatoren sprechen dafür, mehrere unterschiedliche Freigabeschritte im Produktentstehungsprozess umzusetzen:

- **Produktkomplexität**: Komplexere Produkte bedürfen evtl. mehrerer gestufter Freigabeschritte.

- **Systemlieferanten**: Wenn die zu entwickelnden Produkte durch komplexe Komponenten von Systemlieferanten ergänzt werden, sind ebenfalls mehrere Freigabeschritte erforderlich.

- **Langläuferteile**: Komplexe Einzelteile, deren Produktionsstart vor der Freigabe des kompletten Produkts erfolgen muss, fordern eine einzelteilbezogene Freigabe, siehe Kapitel 5.3.4.2 „Schritt B3.1 Mechatronische Baugruppen in 3D-CAD aufbauen".

Im Sinne des Target Costings ist folgender Aspekt von besonderer Bedeutung:

Alle Komponenten müssen zum Zeitpunkt der letztendlichen Konstruktionsfreigabe eine Mindestausprägung ihres Gütegrads drifting costs aufweisen können. Es wird vorgeschlagen, dass bei der Konstruktionsfreigabe alle relevanten Komponenten den Gütegrad drifting costs „Komponente vorhanden" oder „Angebot vorhanden" haben müssen, um die Voraussetzung zur Konstruktionsfreigabe zu erfüllen. Bei Nichterfüllung dieser Bedingung löst der in Abschnitt 4.4.1 „Target Costing Sheet in der IT-Umgebung" beschriebene Warnungsmanager eine Warnung an die relevanten Anwender aus.

5.4 Phase C Produkt an Markt bringen

Die dritte Hauptphase besteht hauptsächlich darin, aus dem bislang entwickelten virtuellen Produkt ein produktions-, vertriebs- und servicefähiges physisches Produkt herzustellen und im Markt zu platzieren. Bild 5-20 zeigt die gesamte Hauptphase. Die darauf folgenden Abschnitte erläutern den Hauptprozess „C Produkt an Markt bringen".

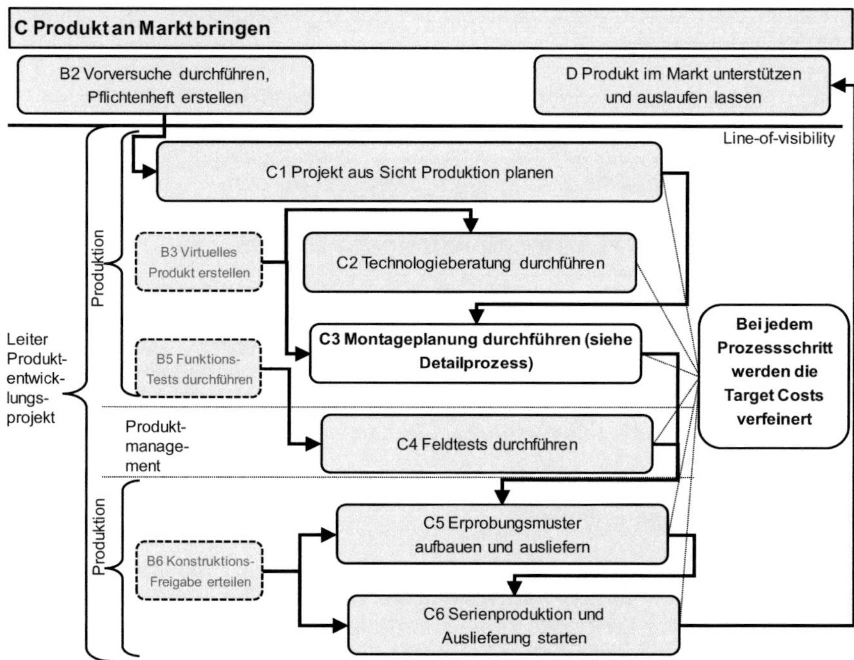

Bild 5-20: Phase C Produkt an Markt bringen

5.4.1 Schritt C1 Projekt aus Sicht Produktion planen

Bestandteil dieses Schrittes sind folgende Aspekte: Geplant werden Produktionsflächen und Produktionsmittel, die zur Produktion des zu entwickelnden Produkts benötigt werden. Aus Sicht des Target Costings ist der Aspekt der **Serienanlaufkosten** bedeutsam. Die Serienanlaufkosten teilen sich auf in unterschiedliche Bereiche; diese Bereiche können sein:

- **Produktion:** Hier sind beispielsweise enthalten: Kosten zur Beschaffung von Produktionsmitteln, Schulung von Produktionsmitarbeitern, Planung der einzelteilbezogenen Fertigung und der baugruppenbezogenen Montage.

- **Vertrieb:** Schulung der Vertriebsmitarbeiter, Vorbereitung von Vertriebskanälen, Anfertigen von Verkaufsprospekten, usw.

- **Service:** Schulung von Servicemitarbeitern, Vorbereitung von Ersatzteilkomplettierungen, Anfertigen von Servicedokumentation.

5.4.2 Schritt C2 Technologieberatung durchführen

Insbesondere bei komplexeren Produkten, die Seriencharakter aufweisen, werden die eigentlichen Produktentwickler durch spezialisierte Technologieberater unterstützt. Die Aufgaben dieser Technologieberater sind folgende:

- Beratung der Entwickler, damit fertigungs- und montagegerechte Produkte entwickelt werden.

- Komponenten mit optimalen Fertigungs- und Montageverfahren produzieren.

- Operative Make-or-Buy Entscheidung der zu entwickelnden Komponenten.

Im Sinne des Target Costings werden Komponenten, die technologisch beraten wurden, mit dem qualitativ besseren Gütegrad drifting costs „Angebot vorhanden" versehen.

5.4.3 Schritt C3 Montageplanung durchführen

5.4.3.1 Grundsätzliches

Nach [Grun-02] zeichnet sich die Montageplanung durch eine besonders hohe Komplexität und einen hohen Abstimmbedarf mit der Produktentwicklung aus. [EhKi-07], S. 275 beschreiben, dass Montagekosten bis zu 50% der Herstellkosten ausmachen können. Der Montageplanung kommt demnach eine Schlüsselrolle im Produktentstehungsprozess zu, die dazu führt, dass im Folgenden eine Methode zu deren Referenzierung in entwicklungsorientierten Produktstrukturen erläutert wird.

Eine wichtige Voraussetzung, um die Montageplanung durchführen zu können ist, dass das zu entwickelnde Produkt virtuell erstellt wurde. Deshalb wirkt der Prozessschritt „Schritt B3 Virtuelles Produkt modellieren" direkt auf den Prozessschritt „Schritt C3 Montageplanung durchführen", Bild 5-21. Dabei werden in aller Regel die Erfahrungen der Montageplanung und anderer Produktionsprozesse dazu führen, dass das virtuelle Produkt angepasst wird. Die Phase

B3 wird also iterativ aufgrund der Erfahrungen anderer Prozessschritte immer weiter verfeinert.

Prozessschritt C3, Montageplanung durchführen: Im Wesentlichen beinhaltet die Montageplanung die folgenden Aktivitäten:

- **Schritt C3.1 Montagearbeitsplan erstellen:** Die Montageplanung legt die Arbeitsschritte fest, die erforderlich sind, um Einzelteile zu Baugruppen und diese wiederum zu dem Gesamtprodukt zu montieren. Die Montageschritte werden dabei idealerweise auf Basis und mit Hilfe der in Schritt B3 erstellten CAD 3D-Baugruppen visualisiert. Der Firma Heidelberger Druckmaschinen dient das eigenkreierte Werkzeug CAA (= Computer Aided Assembly) dazu, die in der Entwicklung erstellten CAD 3D-Baugruppen in 3D-basierte Montagearbeitspläne umzusetzen.

  Bei der Planung der Arbeitsschritte werden i.d.R. zunächst auftragsneutrale, lagerfähige, virtuelle Montagebaugruppen erstellt, die im Zuge der Endmontage auftragsbezogen zu den jeweiligen Endprodukten montiert werden. Die Arbeitsschritte werden mit Montagekosten beaufschlagt. Diese Montagekosten setzen sich zusammen aus:

  o Stundensatz pro Arbeitsplatz (Lohn- und Betriebsmittelkosten)

  o Benötigte Zeiteinheit pro Arbeitsgang

- **Schritt C3.2 Montagestückliste und Materialbedarfe ableiten:** Da der Zweck der Montagestückliste darin besteht, die Materialbedarfe für die einzelnen Arbeitsschritte innerhalb der Montage abzuleiten, ist die Montagestückliste zwangsläufig ein Nebenprodukt des Montagearbeitsplans. Bereits bei der Festlegung der Arbeitsschritte wird festgelegt, welche Komponenten in welchen Mengen bei jedem Arbeitsgang benötigt werden. Das Ziel ist, die Materialbedarfe aus der Montagereihenfolge abzuleiten. Die so pro Arbeitsgang ermittelten Komponenten mit ihren jeweiligen Mengen werden in die arbeitsgangbezogene Montagestückliste eingetragen. Um die Gesamtmengen der benötigten Materialien pro Arbeitsstation zu erhalten, müssen die Mengen pro Arbeitsgang lediglich mit der Anzahl der Produkte multipliziert werden, die pro Zeiteinheit (z.B. Arbeitsschicht, Tag oder Woche) montiert werden.

- **Schritt C3.3 Baugruppen und Endprodukte montieren:** Inhalt dieses Schrittes ist die physische Montage aller Baugruppen und letztes Endes des Endprodukts. Dabei werden die im Montagearbeitsplan vorgegebenen Montagezeiten über Werker-Rückmeldungen überprüft und die Montagearbeitspläne ggf. angepasst. Mit dieser Anpassung verändern sich zwangsläufig die Montagekosten.

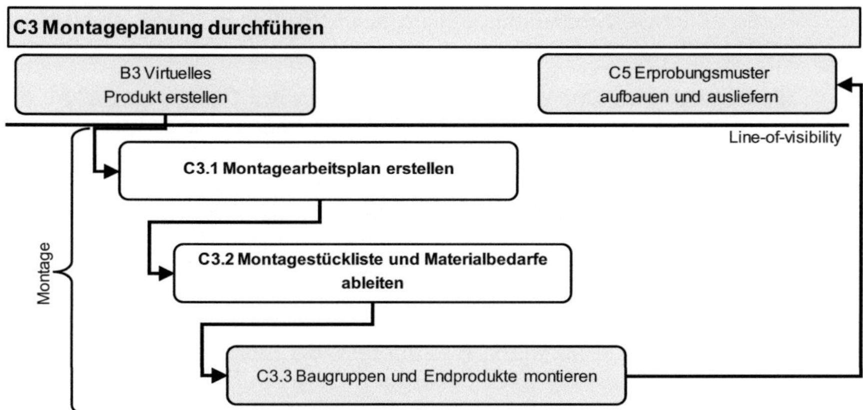

Bild 5-21: Prozessschritt C3 Montageplanung durchführen

5.4.3.2 Montagekosten

In diesem Abschnitt wird beschrieben, was Montagekosten sind. Diese Montagekosten werden in die konstruktiven Produktstrukturen referenziert, siehe Abschnitt 5.3.4.6 „Schritt B3.5 Aus CAD-Baugruppen Konstruktionsstücklisten ableiten". Wie in Kapitel 3.2.2 „Selbstkosten eines Produkts – Vollkostenbetrachtung" dargestellt, setzen sich die Herstellkosten eines Produkts aus den Materialkosten und den Fertigungskosten zusammen. Der in der – vorwiegend betriebswirtschaftlichen – Literatur häufig verwendete Begriff der Fertigungskosten ist ungenau (siehe u.a. [Mach-07], S. 43, S. 52 und S. 137 – 139, [Hans-02], S. 301), da er sowohl die Kosten der eigentlichen Fertigung als auch die Kosten für Montage umfasst. Deshalb werden in der Arbeit folgende Begriffe verwendet:

- **Einzelteilbezogene Fertigungskosten** sind die Kosten, die zur Erzeugung von in-House gefertigten Komponenten benötigt werden. Die Fertigung dieser Komponenten wird über Fertigungsverfahren wie beispielsweise Bohren, Fräsen, Drehen, Sägen, Schleifen erreicht aber auch über verbindende, nicht lösbare Verfahren, wie Schweißen oder Kleben. Die Kosten für solchermaßen im Unternehmen gefertigte Komponenten entsprechen demnach den Materialkosten zugekaufter Komponenten. Ebenso wie die Materialkosten sind die einzelteilbezogenen Fertigungskosten den Teilen direkt zuordenbar.

- Insbesondere in späteren Phasen des Produktentstehungsprozesses ist es erforderlich, die sogenannten „design for X (DFX) Methoden umzusetzen, „where X may correspond to one of dozens of quality criteria such as reliability, robustness, serviceability, environmental impact, or manufacturability. The most common of these methodologies is design for manufacturing (DFM), which is of universal importance because it directly addresses manufacturing costs ([UlEp-08], S. 211), siehe auch [BaMe-07].

Montagekosten sind also diejenigen Anteile der Fertigungskosten, die erforderlich sind, um Einzelteile oder Baugruppen einer jeweils niedrigeren Produktstrukturstufe zusammen zu fügen. [Schn-95]. S. 32f verweist dabei auf die Tatsache, dass die Montagekosten prinzipiell auf jeder Ebene der Produktstruktur auftreten können. Es ist also zwingend erforderlich, Montagekosten auf jeder Produktstrukturebene – außer auf der Ebene der Einzelteile – zuzulassen. Werden Baugruppen zugekauft, dann sind die Montagekosten dieser Baugruppen Bestandteil der Materialkosten. Im Sinne der Produktkalkulation verhalten sich bei zugekauften Komponenten demnach Baugruppen wie Einzelteile. Die Montagekosten sind jeweils auf der Ebene der Produktstruktur abgebildet, unterhalb der die Komponenten aufgelistet sind, die Bestandteil dieser Baugruppe sind.

Es bedarf eines Kennzeichens, um zu dokumentieren, ob eine Baugruppe einen Montagezuschlag erhalten soll oder nicht, das Attribut Montagekosten-Relevanz.

Definition Montagekosten-Relevanz:

Unter Montagekosten-Relevanz wird die Kennzeichnung verstanden, ob eine Baugruppe mit Montagekosten beaufschlagt wird oder nicht. Die Ausprägungen des Kennzeichens sind ja / nein. Dabei gilt:

- *Eigenmontierten Baugruppen wird in aller Regel ein Montageanteil zugeschlagen.*

- *Zugekaufte Baugruppen erhalten keinen Montageanteil.*

Die Ermittlung der Montagekosten wird in der Arbeit nicht behandelt, sondern es wird vorausgesetzt, dass die Montagekosten kalkuliert wurden und als €-Betrag vorliegen.

5.4.3.3 Bildung der Montagekostenreferenz

*!!! **Prozessinnovation:** Montagekostenreferenz, Teil 2 (siehe auch Montagekostenreferenz, Teil 1, Abschnitt 5.3.4.6 „Schritt B3.5 Aus CAD-Baugruppen Konstruktionsstücklisten ableiten").*

Idealerweise sind die Montagebaugruppen, die in der Produktion entstehen, identisch mit den in der Produktentwicklung definierten Baugruppen. In der Praxis ist dagegen häufig anzutreffen, dass sich die Entwicklungs- von den Montagebaugruppen unterscheiden, da sich die funktionsorientierte Entwicklungsproduktstruktur von der Montageproduktstruktur, die sich an der Montagereihenfolge orientiert, unterscheidet. Diese unterschiedlichen Sichtweisen und Anforderungen beschreiben auch [SpKr-97], S. 13. Zur funktionsorientierten, mechatronischen Produktstruktur siehe Kapitel 5.3.3 „Exkurs: Zusammenhang Aufbauorganisation und Produktstruktur".

Die Problematik und der Lösungsvorschlag dieses Problems werden im Folgenden anhand des Use Cases Dynamische Bogenbremse dargestellt. Bild 5-22 zeigt einen Bildausschnitt der Dynamischen Bogenbremse. Die Baugruppe Antrieb im linken oberen Bereich des Bildes ist durch eine Ellipse markiert. Wie gezeigt, gehört der Antrieb funktional zur Dynamischen Bogenbremse. Montiert wird der Antrieb allerdings bei der Seitenwandmontage, während andere Komponenten der Dynamischen Bogenbremse – also die Module Saugband, Bogenverlangsamung und Energiekette – im Zuge des Bogentransports zusammengebaut werden. Zudem werden das Motorsteuerungsmodul bei der Schaltschankmontage und die Komponenten des Luftsystems bei der Endmontage des Auslegers verbaut. Aus Sicht der Montage bildet demnach die Dynamische Bogenbremse keine funktionale Einheit, sondern die Baugruppen werden bei unterschiedlichen Montagearbeitsgängen zusammengefügt.

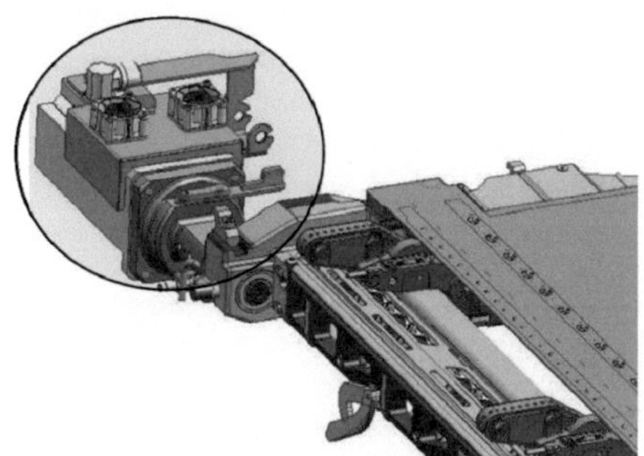

Bild 5-22: Bildausschnitt der Dynamischen Bogenbremse

Tabelle 5-16 zeigt die Montagestückliste der Gesamtmaschine mit Fokus auf die Dynamische Bogenbremse, die sich aus der soeben beschriebenen Montagezugehörigkeit ergibt. Wie in Kapitel 5.4.3 „Schritt C3 Montageplanung durchführen" beschrieben, entsprechen die Montagekosten einer jeweiligen Komponente den Kosten, die anfallen, um alle in der Produktstruktur unterhalb dieser Komponente aufgelisteten Komponenten zu montieren. Um die gesamten Montagekosten der Dynamischen Bogenbremse zu ermitteln, genügen diese Montagekosten nicht, sondern es müssen die Kosten, die beim Montieren der (Haupt-) Komponenten „Antrieb", „Bogenverlangsamung", „Saugbandmodul", „Energiekette", „Luftsystem" und „Motorsteuerungsmodul" entstehen, zusätzlich berücksichtigt werden.

Hinweis:

Die bereits mehrfach genannten (Haupt-)Komponenten der Dynamischen Bogenbremse sind in Tabelle 5-16 hellgrau hinterlegt.

Stufe	Mat.Nr.	Beschreibung	Menge
0	**0815**	**Gesamtmaschine**	
.1	0816	Druckwerk	8
.1	0817	Ausleger	1
..2	0818	Seitenwand links	1
...3	4712	Antrieb	1
...3	0819	...	
..2	0820	Bogentransport	1
...3	4724	Bogenverlangsamung	1
...3	4738	Saugbandmodul	4
...3	4759	Energiekette	1
...3	0821	...	
..2	4752	Luftsystem	1
.1	0822	Schaltschrank	1
..2	0823	...	
..2	4757	Motorsteuerungsmodul	1

Tabelle 5-16: Produktstruktur aus Sicht der Montage (=Montagestückliste)

Um die Montagekosten dieser (Haupt-)Komponenten der Dynamischen Bogenbremse innerhalb der Gesamtmaschine zu beschreiben, ist es erforderlich, eine zusätzliche Referenztabelle aufzubauen. Diese Referenztabelle enthält die Komponente sowie die übergeordnete Komponente und die Montagekosten, um die Komponente in ihre übergeordnete Komponente zu montieren.

Im Sinne des Target Costings sind die Montagekosten sowie die sich daraus ergebenden Veränderungen des NPVs die wichtigsten Ergebnisse dieses Prozessschritts. Die Montagekosten sind bereits bei der Erstellung des virtuellen Produkts zu berücksichtigen; somit wird die Referenz von Tabelle 5-17 bei der Erstellung von Konstruktionsstücklisten verwendet, siehe Kapitel 5.3.4.6 „Schritt B3.5 Aus CAD-Baugruppen Konstruktionsstücklisten ableiten".

Komponente in Baugruppe		Montagekosten,
Mat.Nr.	**Beschreibung**	**anteilig**
0818 / 4712	Seitenwand links / Antrieb	100
0820 / 4724	Bogentransport / Bogenverlangsamung	50
0820 / 4738	Bogentransport / Saugbandmodul	20
0820 / 4759	Bogentransport / Energiekette	40
0817 / 4752	Ausleger / Luftsystem	200
0822 / 4757	Schaltschrank / Motorsteuerungsmodul	5

Tabelle 5-17: Referenztabelle der anteiligen Montagekosten

5.4.4 Schritte C4 bis C6

Die folgenden Prozessschritte können zwar die drifting costs und damit den NPV des Produkts beeinflussen, haben jedoch keinen unmittelbaren Einfluss auf den Target Costing Prozess; somit werden diese Prozessschritte lediglich kurz beschrieben:

- **C4 Feldtests durchführen:** Der Initiator und hauptverantwortliche Bereich dieses Prozessschritts ist das Produktmanagement – oder, wenn nicht vorhanden – der Vertrieb. Die Feldtests werden i.d.R. bei ausgewählten (Konzept-)Kunden durchgeführt. Die Feldtests helfen zu bewerten, ob das Produkt serienreif ist. Rückmeldungen der Feldtests können zu Anpassungen des Produkts führen, die durch den Produktentstehungsprozess umzusetzen sind.

- **C5 Erprobungsmuster aufbauen und ausliefern:** Das Gesamtprodukt wird erstmals unter Serienbedingungen zusammengebaut. Dabei geht es darum, den effizientesten Serienproduktionsprozess auszutesten und festzulegen. Zudem werden die Monteure geschult, damit sie lernen, den Produktionsprozess zu beherrschen. Im Unterschied zum Prozessschritt „Schritt B5 Virtuelle und physische Funktionstests durchführen" liegt der Fokus hier nicht darauf, das Produkt zu testen, sondern das Produkt zu kommerzialisieren. Erprobungsmuster werden an Kunden ausgeliefert. Das Feedback der Kunden wird ebenso wie das Feedback der Feldtests zur Optimierung des Produkts herangezogen.

- **C6 Serienproduktion und Auslieferung starten:** Nach der erfolgreichen Feldtestphase startet die Serienproduktion. Etwaige letzte Änderungen vor der Serienauslieferung sind umgesetzt. Die Auslieferung und die Installation der Produkte starten. Ggf. gibt es eine Hochlaufphase, in der die Ausbringungsmenge des Produkts pro Zeiteinheit kontinuierlich gesteigert wird.

5.5 Phase D Produkt im Markt unterstützen und auslaufen lassen

Die Phase beginnt mit dem Serienanlauf des Neuprodukts und endet damit, dass das Produkt vom Markt genommen wird. Bild 5-23 zeigt die Prozessbeschreibung dieser Phase.

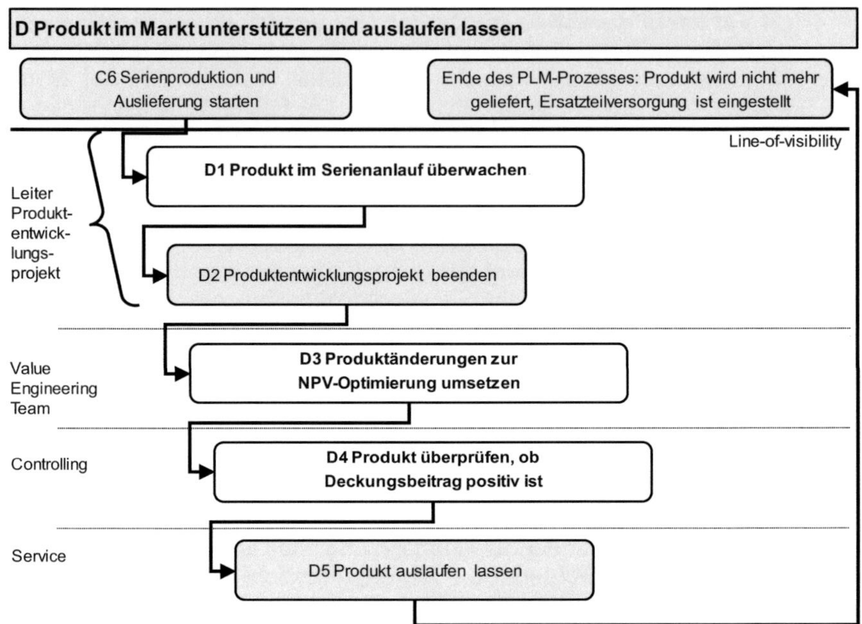

Bild 5-23: Phase D Produkt im Markt unterstützen und auslaufen lassen

Auch nach Serienanlauf eines Produkts ist die Produktentwicklung nicht abgeschlossen. So zeigt [Wild-06a], S. 201 am Fallbeispiel der Elektronikindustrie, „dass 80% der Änderungen nach der Pilotserie erfolgen, obwohl die Pilotserie laut Definition ein verkaufsfähiges Produkt ist." Fast zwei Drittel der technischen Änderungen, die nach Serienanlauf erfolgten, waren dabei erforderlich, weil die Funktion nicht einwandfrei erfüllt war.

Nach [Mond-99], S. 327 ist diese Phase nicht mehr durch Target Costing unterstützt. Er spricht in dieser Phase vom „Kaizen Costing". Da [Mond-99] seine Ausführungen im Wesentlichen auf die Automobilindustrie bezieht, bedeutet Kaizen Costing, „das momentane Kostenniveau aktuell gefertigter Fahrzeuge zu halten und systematisch daran zu arbeiten, die Kosten auf ein gewünschtes Niveau zu senken."

Den Begriff Kaizen beschreibt [Mond-99], S. 329 als Aktivitäten, um kontinuierliche Verbesserungen („Continuous Improvement") zu erreichen. Ein wesentliches Kennzeichen des Kaizen Costing Systems besteht darin, jeden Monat neue Kostensenkungsziele festzulegen, um „die Lücke zwischen den Zielgewinnen (budgetierten Gewinn) und den erwarteten Gewinn (zu) schließen." [Mond-99], S. 329.

5.5.1 Schritt D1 Produkt im Serienanlauf überwachen

Häufig endet ein Produktentwicklungsprojekt nicht mit der Serieneinführung des Produkts. Bei der Heidelberger Druckmaschinen AG läuft ein Produktentwicklungsprojekt abhängig von der Größe und der Komplexität noch einige Monate oder sogar ein Jahr weiter, nachdem das Produkt in Serie eingeführt wurde. Damit wird sichergestellt, dass die Ansprechpartner, die hauptverantwortlich für die Projektinhalte waren, auch während des Produktanlaufs zur Verfügung stehen und unterstützen können.

Im Sinne des Target Costings ist es während des Serienanlaufs wichtig zu überprüfen, ob die Kosten- und NPV-Ziele erreicht werden, die dem Produktentwicklungsprojekt zugrunde gelegt wurden.

5.5.2 Schritt D2 Produktentwicklungsprojekt beenden

5.5.2.1 Grundsätzliches

In der Wahrnehmung eines Konstrukteurs oder Entwicklers ist ein Produkt nie fertig, da sich immer weitere Produktoptimierungen finden und umsetzen lassen. Von daher ist es wichtig, ein Produktentwicklungsprojekt aktiv zu beenden, um nicht schleichend Aufwände in das eigentlich fertig entwickelte Produkt zu stecken. Mit der Beendigung verbunden sind folgende Aktivitäten:

- Auflösung des Projektteams.

- Beendigung von Buchungen auf Projektkonten.

- Information im Unternehmen und ggf. an Zulieferer über die Beendigung des Projekts.

- Alle technischen und betriebswirtschaftlichen Daten und Dokumente zu dem entwickelten Produkt werden eingefroren, so dass dieser Stand jederzeit abgerufen werden kann.

- Ab diesem Zeitpunkt beginnt die Produktpflege, die anderen Regularien unterworfen ist, als dies in einem Projekt der Fall ist. Beispielsweise benötigt die Umsetzung einer Produktpflegemaßnahme den Nachweis eines Business Cases oder eine berechtigte Kundenreklamation, während Verbesserungen des Produkts während des Produktentstehungsprozesses ohne Formalien umgesetzt werden können.

Die folgenden Abschnitte stellen alle Blätter des Target Costing Sheets in ihrer finalen Form vor, wie sie zum Projektende im eingefrorenen Zustand vorliegen.

5.5.2.2 Target Costing Sheet – Cockpit-Blatt

Das Cockpit-Blatt in Bild 5-24 enthält alle relevanten Informationen, die die wirtschaftlichen Aspekte der Dynamischen Bogenbremse beschreiben.

Komponente:

Materialnummer: 47.11   Materialkurztext: Dynamische Bogenbremse

Aktuelles QG: Projektende   Termin: 07 /12

Quality Gate	Termine	Produkt-entwick-lungs-kosten	Markt-preis	Umsatz p.a.	Allowable costs / Drifting costs	Aussage-kraft	NPV
Projektstart	07 / 08						
Zielkostenermittlung - allowable costs	10 / 08	3.675.000	14.700	135	6.766		0
Lastenheft	02 / 09	3.675.000	14.700	135	5.210		559.793
Pflichtenheft	04 / 09	3.675.000	14.700	135	8.710		-699.275
3D Baugruppen modelliert - eingetragen	09 / 09	3.675.000	14.700	135	5.272		537.633
3D Baugruppen modelliert - resultierend	09 / 09	3.675.000	14.700	135	7.425	86%	-236.951
Konstruktionsfreigabe - eingetragen	07 / 11	3.900.000	14.700	120	4.755		148.051
Konstruktionsfreigabe - resultierend	07 / 11	3.900.000	14.700	120	5.444	94%	-72.160
Konstruktionsfreigabe - allowable costs	07 / 11	3.900.000	14.700	120	5.218		0
Projektende	07 / 12	3.819.440	14.000	130	4.755	100%	217.184
Projektende - allowable costs	07 / 12	3.819.440	14.000	130	5.382		0

Bild 5-24: Target Costing Sheet – Cockpit-Blatt (zum Projektende)

Erläuterungen hierzu:

- **Quality Gates:** Hier stehen die definierten QGs. Zum Zeitpunkt Projektstart ist lediglich der Wunsch vorhanden, das Produktentwicklungsprojekt umzusetzen, es existieren somit noch keine Kosteninformationen. Zudem zeigt diese Spalte den Charakter der Kosten, die in der Spalte allowable costs / drifting costs angezeigt werden:

  - Grundsätzlich sind die Angaben in den jeweiligen Zellen drifting costs. Die allowable cost-Zeilen sind als solche gekennzeichnet.

  - Zu den QGs „Pflichtenheft" und „Konstruktionsfreigabe" gibt es jeweils eine Zeile mit „eingetragenen" und mit „resultierenden" drifting costs. Die resultierenden drifting costs sind diejenigen, die sich mit Beaufschlagung durch die Aussagekraft ergeben.

- **Termine:** Hier sind die Projekttermine eingetragen. Im Rahmen der Arbeit wird davon ausgegangen, dass während des Projekts keine Terminverschiebungen stattfinden. Solche Terminverschiebungen tragen zu keinem Erkenntniszugewinn des Target Costing Prozesses bei.

- **Produktentstehungskosten:** Hier ist die Summe der Produktentstehungskosten eingetragen. Vor Beendigung des Produktentwicklungsprojekts sind hier die Forecast-Angaben aufgeführt, zum Zeitpunkt Projektende die erreichten Ist-Kosten. Die Details der Produktentstehungskosten enthält das Target Costing Sheet – Projektkosten (s.u.).

- **Marktpreis:** Die Spalte zeigt den erzielbaren Preis für das Produkt. Dieser Preis kann sowohl vor als auch nach der Markteinführung des Produkts schwanken. Im Fall der Dynamischen Bogenbremse verringert sich der Marktpreis zum QG „Projektende", wodurch der NPV negativ beeinflusst wird.

- **Umsatz p.a.** zeigt die jährlich erzielbare Absatzmenge der Dynamischen Bogenbremse. Auch diese Angabe ist Schwankungen unterworfen, die ebenso wie der Marktpreis durch zyklische Marktforschungen ermittelt wird.

- **Allowable costs / drifting costs:** Wie oben beschrieben, stehen hier die zu den jeweiligen QGs gültigen allowable costs bzw. drifting costs.

- Die Spalte **Aussagekraft** enthält immer dann einen Wert, wenn in der Spalte daneben drifting costs eingetragen sind und wenn diese drifting costs durch „Algorithmen bei unvollständigen Informationen" ermittelt wurden, siehe Kapitel 4.5.

- In Spalte **NPV** schließlich stehen die mit den drifting bzw. allowable costs korrespondierenden NPV-Werte.

5.5.2.3 Target Costing Sheet – Blatt Verlauf Selbstkosten / NPV

Das Blatt Verlauf Selbstkosten / NPV (Bild 5-25) veranschaulicht grafisch den zeitlichen Verlauf der allowable costs bzw. der drifting costs und des NPVs.

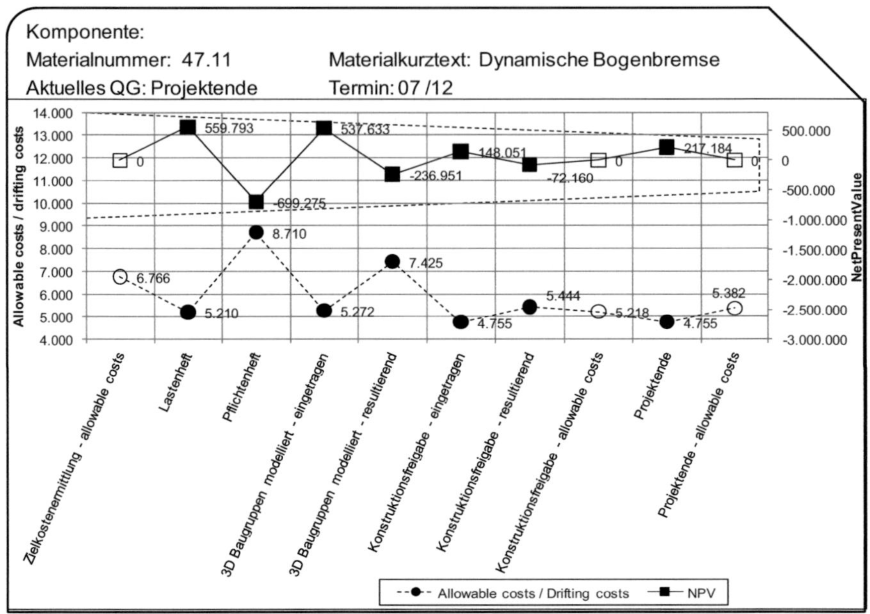

Bild 5-25: Target Costing Sheet – Blatt Verlauf Selbstkosten / NPV (Projektende)

Erläuterungen hierzu:

- Die zeitlich relevanten Punkte sind die jeweiligen Quality Gates.

- Die allowable costs werden durch Kreise ohne Füllung gekennzeichnet, während die drifting costs mittels schwarz ausgefüllter Kreise dargestellt werden.

- Der Net Present Value korrespondiert mit den jeweiligen allowable costs bzw. den drifting cost Werten. Die den allowable cost-Werten entsprechenden NPV-Werte betragen definitionsgemäß immer 0,- €.

- Der Verlauf des NPV, der aus den drifting cost-Werten resultiert, hat zu Beginn des Produktentwicklungsprojekts eine große Schwankungsbreite. Mit zunehmendem Projektfortschritt verringern sich die Ausschläge des NPV, bis er schließlich zum Projektende 217.184,-€ beträgt. Damit entspricht der Verlauf des NPV im Use Case den beschriebenen Eigenschaften im theoretischen Teil der Arbeit, siehe Kapitel 3.2.8 „Target Costing Prozess".

5.5.2.4 Target Costing Sheet – Projektkosten-Blatt

Im Blatt Projektkosten (Bild 5-26) sind alle Aufwands- und Kostenwerte angegeben. Erläutert wurde dieses Blatt bereits in Kapitel 5.3.5 „Schritt B4 Steuerungssoftware implementieren". Im Unterschied zu der Darstellung dort sind die Angaben hier Ist-Werte, da das Produktentwicklungsprojekt zum betrachteten Zeitpunkt beendet ist. Die erreichten Projektkosten sind ein wesentlicher Baustein zur Berechnung des NPV.

Komponente:
Materialnummer: 47.11   Materialkurztext: Dynamische Bogenbremse
Aktuelles QG: Projektende   Termin: 07 /12

Kostenart		Steuerungs-software	Mechanik	Elektromechanik	SUMME
Aufgabe beendet [Ja / Nein]		JA	JA	Ja	
Ressourcen [PTs]	Ist	489	1.110	785	2.384
Ressourcen-einzelkosten [€]	Ist	391.283	888.189	628.133	1.907.605
Zuschlagssatz auf Ressourcenkosten (Entwicklungsressourcen-Gemeinkosten)		34%	0%	0%	
Ressourcen-kosten [€]	Ist	524.319	888.189	628.133	2.040.641
Versuchs-kosten [€]	Ist		590.793	250.000	840.793
Serienanlauf-kosten [€]	Ist		422.456		
Gesamt-kosten [€]	Ist	524.319	1.901.438	878.133	3.303.890

Bild 5-26: Target Costing Sheet – Projektkosten-Blatt (zum Projektende)

Die vollständigen Inhalte des Projektkosten-Blatts, die zu den Prozessschritten „Schritt B1 Lastenheft und Business Plan erstellen" und „Schritt D2 Produktentwicklungsprojekt beenden" gültig sind, werden im Anhang dargestellt, siehe Kapitel 7.1 „Ergänzungen: Prozessintegration des Target Costings".

5.5.2.5 Target Costing Sheet – NPV-Blatt

Das NPV-Blatt in Bild 5-27 stellt die Ergebnisse der Berechnung des NPV sowohl in numerischer Form als Tabelle als auch in Form einer Grafik dar. Zu jeder Zeile des Cockpit-Blatts – also zu jedem QG – wird ein NPV-Blatt gebildet und abgespeichert.

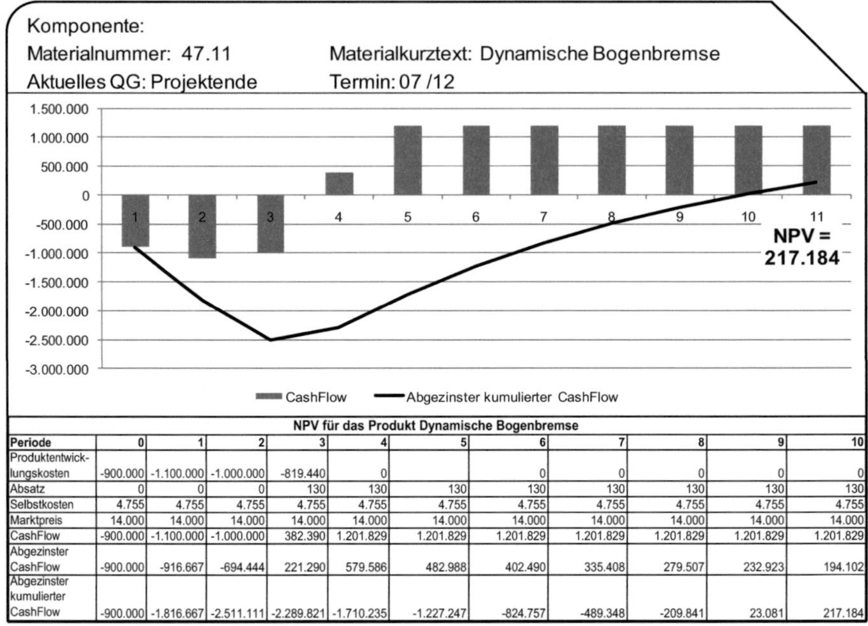

NPV für das Produkt Dynamische Bogenbremse										
Periode	0	1	2	3	4	5	6	7	8	9	10
Produktentwicklungskosten	-900.000	-1.100.000	-1.000.000	-819.440	0		0	0	0	0	0
Absatz	0	0	0	130	130	130	130	130	130	130	130
Selbstkosten	4.755	4.755	4.755	4.755	4.755	4.755	4.755	4.755	4.755	4.755	4.755
Marktpreis	14.000	14.000	14.000	14.000	14.000	14.000	14.000	14.000	14.000	14.000	14.000
CashFlow	-900.000	-1.100.000	-1.000.000	382.390	1.201.829	1.201.829	1.201.829	1.201.829	1.201.829	1.201.829	1.201.829
Abgezinster CashFlow	-900.000	-916.667	-694.444	221.290	579.586	482.988	402.490	335.408	279.507	232.923	194.102
Abgezinster kumulierter CashFlow	-900.000	-1.816.667	-2.511.111	-2.289.821	-1.710.235	-1.227.247	-824.757	-489.348	-209.841	23.081	217.184

Bild 5-27: Target Costing Sheet – NPV-Blatt (zum Projektende)

5.5.2.6 Target Costing Sheet – Drifting Cost-Blatt

Bild 5-28 zeigt das Drifting Cost-Blatt. Der Gütegrad drifting costs kann für jede beliebige Komponente des fertig entwickelten Produkts zum Zeitpunkt Projektende lediglich zwei Werte annehmen:

- „Komponente vorhanden" für alle Komponenten mit zugeordnetem Selbstkostenwert.

- „Berechnet" für alle Komponenten, mit untergeordneten Komponenten, auf deren Basis die Selbstkosten berechnet werden.

Eine mögliche Ausnahme dieser Regel könnte sein, dass zum Zeitpunkt des Projektendes eine Produktoptimierung in Umsetzung ist, siehe Abschnitt 5.5.3 „Schritte D3 bis D5".

Komponente:

Materialnummer: 47.11 — Materialkurztext: Dynamische Bogenbremse

Aktuelles QG: Projektende — Termin: 07 /12

Stufe	Mat.Nr.	Beschreibung	Menge	Gütegrad drifting costs	drifting costs resultierend
0	4711	Dynamische Bogenbremse	1, Variant	Berechnet	13.945,16 €
.1	4712	Antrieb	1	Berechnet	6.925,56 €
.2	4713	Motor kpl.	1	Berechnet	5.945,56 €
...3	4714	Motor	1	Komponente vorhanden	5.888,00 €
...3	4715	Befestigungsplatte	1	Komponente vorhanden	45,00 €
...3	4716	Schraube	8	Komponente vorhanden	0,90 €
...3	4717	Mutter	8	Komponente vorhanden	0,67 €
.2	4718	Axiallüfter kpl.	2	Komponente vorhanden	240,00 €
...3	4719	Axiallüfter	1	Komponente vorhanden	240,00 €
...3	4720	Schraube	4	Komponente vorhanden	0,30 €
...3	4721	Mutter	4	Komponente vorhanden	0,10 €
.2	4722	Axiallüfterplatte	1	Komponente vorhanden	190,00 €
.2	4723	Antriebsleitung	1	Komponente vorhanden	210,00 €
.1	4724	Bogenverlangsamung	1	Berechnet	2.900,80 €
.1	4738	Saugbandmodul	4	Berechnet	3.008,80 €
.1	4752	Luftsystem	1	Komponente vorhanden	360,00 €
.1	4757	Motorsteuerungsmodul	1	Komponente vorhanden	315,00 €
.1	4759	Energiekette	1	Komponente vorhanden	235,00 €
0	4758	Kompressor	1, Variant	Komponente vorhanden	200,00 €

Bild 5-28: Target Costing Sheet – Drifting Cost-Blatt (zum Projektende)

5.5.3 Schritte D3 bis D5

Die letzten Prozessschritte beschäftigen sich damit, NPV-Optimierungen umzusetzen, deren Wirksamkeit zu überprüfen und schließlich das Produkt auslaufen zu lassen. Die Schritte werden nicht mehr detailliert ausgeführt, da vieles davon auf Wiederholungen des bisher Beschriebenen hinausläuft.

- **D3 Produktänderungen zur NPV-Optimierung umsetzen**: Wenn Konkurrenzprodukte den Druck auf die Gewinnmarge des eigenen Produkts erhöhen, können unterschiedliche Maßnahmen ergriffen werden:

    o Selbstkosten senken, um ggf. sinkende Marktpreise kompensieren zu können,

    o Funktionale Eigenschaften des Produkts verbessern, um die Attraktivität des Produkts und damit den erzielbaren Marktpreis zu erhöhen oder zumindest nicht sinken zu lassen.

- **D4 Produkt überprüfen, ob Deckungsbeitrag positiv ist**: Nachdem das Produkt in Serie eingeführt ist und vertrieben wird, ist neben der zeitraumbezogenen Betrachtung des NPV ein weiterer betriebswirtschaftlicher Wert von besonderer Bedeutung: der Deckungsbeitrag. Die Produktentstehungskosten sind geleistet und so ist für die Bewertung der Wirtschaftlichkeit des Produkts entscheidend, ob die variablen Kosten durch den Verkauf des Produkts gedeckt werden können. Siehe hierzu Kapitel 3.2.3 „Teilkostenrechnung".

- **D5 Produkt auslaufen lassen**: Liefert das Produkt keinen positiven Deckungsbeitrag mehr und besteht auch aus strategischen Gründen kein Anlass dafür, das Produkt weiterhin zu produzieren und zu verkaufen, dann läuft das Produkt aus. Dabei sind folgende Auslauftermine und die jeweiligen Verpflichtungen zu unterschieden:

  o Konstruktiver Auslauf: Das Produkt wird seitens der Entwicklung / Konstruktion nicht mehr unterstützt. Es werden keine Optimierungen oder Fehlerbehebung mehr vorgenommen.

  o Produktiver Auslauf: Das Produkt wird nicht mehr produziert. Nur noch bereits produzierte Bestände werden vertrieben.

  o Auslauf Service: Die im Feld vorhandenen Produkte werden weder mit Servicedienstleistungen noch mit Ersatzteilen versorgt. Diese letzte Phase, in der ausgelieferte Produkte noch mit Serviceleistungen und Ersatzteillieferungen versorgt werden, kann sehr lange dauern. Im Fall von Bogenoffsetmaschinen beträgt dieser Zeitraum 20 Jahre und mitunter darüber hinaus.

6 Bewertung des Ergebnisses und Zusammenfassung

6.1 Vorteile durch die Methoden und Prozessverbesserungen

Das in der Arbeit vorgestellte Konzept bringt etliche Vorteile für die Produktentwicklung. Wie profitiert nun die Produktentwicklung von den Konzepten und Prozessverbesserungen? Der direkte Nutzen der vorgestellten Methoden und Prozessverbesserungen sind:

- **Bedienung durch Entwickler:** Aufgrund der Einfachheit des Target Costing Sheets und der Nachvollziehbarkeit des Algorithmus bei unvollständigen Informationen ist das System von einem Entwicklungsingenieur zu bedienen. Es bedarf keiner zusätzlichen Experten, um die unterschiedlichen Informationen einzugeben und zu überwachen.

- **Kein zusätzliches IT-System:** Die Integration der Information in die vorhandenen Systeme des Unternehmens bewirkt, dass alle Ergebnisse in diesen Systemen – hauptsächlich MPM- und PLM-System – verfügbar sind. Kein Anwender muss ein zusätzliches System aufrufen und bedienen oder sich gar Information von Dritten besorgen.

- **Hohe Transparenz und Aktualität der Information:** Die genannte Integration trägt dazu bei, dass die Target Costing Information während der Produktentwicklung direkt und unmittelbar entsteht und genutzt werden kann und damit Produktentwicklungen zu jedem Zeitpunkt eine hohe Transparenz bzgl. der zu erwartenden Kosten und Nutzeneffekte haben. Damit sind Kostensenkungen ebenso wie Kostenerhöhungen für das zu entwickelnde Produkt im Verlauf des Produktentwicklungsprojekts jederzeit sichtbar. Dadurch, dass alle Entwickler mit den Daten arbeiten und die Produktstruktur während ihres Arbeitsprozesses aktualisieren, liegen die relevanten Daten unmittelbar vor und sind jederzeit automatisch so aktuell wie möglich. Unterschiede bzgl. Montagekosten sind transparent und werden nicht lediglich über allgemeine Zuschlagsätze den Produkten zugeschlagen. Somit liegen die wesentlichen Daten aller Projekte des Portfolios vor und können für Projektentscheidungen – beispielsweise zur Weiterführung, zum Stopp oder zur Anpassung von Projekten – genutzt werden.

- **Verbesserung interdisziplinärer Zusammenarbeit in der Produktentwicklung:** Arbeitsfortschritte im Projekt werden auch für Kollegen, Projektleiter oder weitere beteiligte Personen visualisiert. Durch das Target Costing Sheet werden alle Kosteninformationen stets veröffentlicht; es gibt keine lokale Detaillierung. Dieses Ziel im Produktentstehungsprozess benennt [Grun-02], S. 151. Aufgrund der beschriebenen Integration ist das Konzept dazu prädestiniert, die Zusammenarbeit der verschiedenen Abteilungen zu fördern: Entwicklung der Bereiche Mechanik, Elektromechanik, Elektronik, Querschnittsabteilungen, Software und Versuch aber auch Bereiche, die typischerweise organisatorisch außerhalb der Entwicklung angesiedelt sind, z.B. Controlling, Produktmanagement, Service, Arbeitsvorbereitung, Montage und Fertigung.

- **Verbesserung des Projektauswahlprozesses:** Die unter wirtschaftlichen Kriterien richtigen Projekte werden ausgewählt. Damit werden die verfügbaren Ressourcen in der Produktentwicklung für diese Themen eingesetzt und nicht für Projekte, die einen geringeren wirtschaftlichen Erfolg versprechen.

- **Zielerreichung im Projekt:** Die Ziele zu Herstellkosten und Projektkosten werden erreicht oder das Projekt wird rechtzeitig abgebrochen oder umgesteuert. Das ausgewählte Projekt wird so wirtschaftlich wie möglich umgesetzt, da Informationen bezüglich der Kosten und Erträge des Projekts zu frühestmöglichen Zeitpunkten vorliegen. Damit kann früh auf veränderte Situationen reagiert werden. Aus dem Ruder laufende Projekte sind schnell erkennbar; es kann rechtzeitig gegengesteuert werden.

6.2 Überprüfung der Zielerreichung der Arbeit

Zu Beginn der Arbeit, in Abschnitt 1.2 „Ziele und Inhalt der Arbeit", wurde ausgeführt, welche Ziele mit der Arbeit verfolgt werden. Diese Ziele werden im vorliegenden Abschnitt aufgegriffen und in Bezug darauf bewertet, inwiefern sie im Rahmen der Arbeit erreicht werden.

Tabelle 6-1 zeigt im Überblick, welche Ziele mit welchen Problemen im Target Costing verknüpft sind und welche erarbeiteten und vorgestellten Methoden und Prozessverbesserungen dazu beitragen, diese Ziele zu erreichen.

Umsetzung der Ziele der Arbeit: Ziel #1 bis Ziel #5					Probleme im Target Costing	Methode / Prozessverbesserung	Elemente des Produktentstehungsprozesses
#1	#2	#3	#4	#5			
X					a) Fehlende Gesamtwirtschaftliche Sicht und fehlende Periodenzuordnung der Produktentstehungskosten	1. Methode / Prozess zur Zielkostenermittlung (allowable costs)	Strategie, MPM
X					b) Nicht ausreichende Dokumentation	2. Ausgestaltung des Target Costing Sheets	MPM, PLM

				c) Mangelhafte Verfeinerung von drifting costs	3. Algorithmus bei unvollständigen Informationen	PLM
X	**X**					
	X			d) Undifferenzierte Montagekosten	4. Montagekosten in entwicklungsorientierten Produktstrukturen	MPM, PLM
		X		e) Fehlende Integration in Aufbauorganisation	5. Zusammenhang zwischen Aufbauorganisation und Produktstruktur	PLM, Aufbauorganisation
			X	f) Fehlende Systemintegration	6. Einbettung des Konzepts in Systemlandschaft des Unternehmens	Strategie, MPM, PLM
		X	**X**	g) Mangelnde Prozessbeschreibung	7. Modellierung des Target Costings anhand eines mechatronischen Moduls	Strategie, MPM, PLM

Tabelle 6-1: Messung der Konzepte

Zunächst erfolgt die systematische Erläuterung der Spalten:

- **Umsetzung der Ziele der Arbeit:** In dieser Spalte stehen die Ziele, die zu Beginn der Arbeit vorgestellt wurden.

- **Probleme im Target Costing:** Hier stehen die in Kapitel 3.2.10 „Kritische Bewertung des Target Costings" erläuterten Schwächen und mangelnden Detaillierungen.

- **Methode / Prozessverbesserung:** Diese Spalte erläutert, welche Methode bzw. welche Prozessverbesserung welche der genannten Probleme löst.

- **Elemente des Produktentstehungsprozesses:** Gezeigt wird, welche, mit dem Target Costing verknüpften Elemente die jeweilige Methode oder Prozessverbesserung unterstützen, siehe Kapitel 3 „Grundlagen".

Zusätzlich zu den Einträgen in Tabelle 6-1 wird in den folgenden Erläuterungen beschrieben, ob sich die jeweilige Methode oder Prozessverbesserung auf die Effizienz bzw. die Effektivität der Target Costing Integration auswirkt. Die Begriffe Effektivität und Effizienz wurden in Kapitel 3.1 „Einführung" definiert. Im Folgenden werden die Begriffe auf die Integration des Target Costings im Produktentstehungsprozess angewandt:

- **Effektivitätserhöhung:** Die Effektivität im Produktentstehungsprozess zu erhöhen bedeutet, die unter wirtschaftlichen Kriterien richtigen Projekte auszuwählen und umzusetzen.

- **Effizienzerhöhung:** Das Ziel der Effizienzerhöhung im Produktentstehungsprozess besteht darin, ein ausgewähltes Projekt bestmöglich umzusetzen.

Inhaltliche Erläuterung der Tabelle / Zielüberprüfung: Im Folgenden wird erläutert, wodurch die gesetzten Ziele erreicht werden:

Ziel 1: Es sind Methoden vorzustellen, die das Target Costing erweitern und unterstützen. Dieses Ziel wird erreicht durch „1. Methode / Prozess zur Zielkostenermittlung (allowable costs)", „2. Ausgestaltung des Target Costing Sheets" und „3. Algorithmus bei unvollständigen Informationen".

Ziel 2: Es ist zu zeigen, mit welchen Lebenszyklusobjekten das Target Costing im Produktentstehungsprozess zu verankern ist. Dieses Ziel wird erreicht durch „3. Algorithmus bei unvollständigen Informationen" und „4. Montagekosten in entwicklungsorientierten Produktstrukturen".

Ziel 3: Die Methoden sind in den Produktentstehungsprozess zu integrieren; der Prozess ist mit dem Schwerpunkt der Integration des Target Costings zu beschreiben. Dieses Ziel wird erreicht durch „5. Zusammenhang zwischen Aufbauorganisation und Produktstruktur" und „7. Beschreibung des Produktentstehungsprozesses mit Fokus auf Target Costing anhand eines mechatronischen Moduls".

Ziel 4: Es ist zu zeigen, welche Anforderungen an die IT-technische Umsetzung bestehen und wie das Target Costing in die IT-Landschaft eines Fertigungsunternehmens integriert werden kann. Dieses Ziel wird erreicht durch „6. Einbettung des Konzepts in Systemlandschaft des Unternehmens".

Ziel 5: Das Konzept ist anhand geeigneter Anwendungsfälle zu überprüfen. Dieses Ziel wird erreicht durch „7. Beschreibung des Produktentstehungsprozesses mit Fokus auf Target Costing anhand eines mechatronischen Moduls".

Beschreibung der Methoden und Prozessverbesserungen:

1. **Methode / Prozess zur Zielkostenermittlung (allowable costs):** Dieser Punkt, der das Target Costing um die Integration des NPV erweitert und konkretisiert, zeigt eine Lösung für das Problem „Fehlende Gesamtwirtschaftliche Sicht und fehlende Periodenzuordnung der Produktentstehungskosten". Es wird verdeutlicht, wie die Zielkosten aus den Wirtschaftlichkeitsüberlegungen des Kunden abgeleitet werden, siehe Kapitel 5.2.3 „Schritt A6 Target Costing: Zielkostenermittlung". Dabei erfolgt die Spaltung der Zielkosten in die anzustrebenden Produktentstehungskosten und die Produktselbstkosten. Es wird verdeutlicht, dass eine periodengerechte Zuordnung der jeweils entstehenden Kosten zwingend erforderlich ist, um aussagekräftige Ergebnisse zu erhalten, siehe Kapitel 3.2.9 „Net Present Value (NPV)". Konsequenterweise wird aus dieser Erkenntnis abgeleitet,

dass die Produktentstehungskosten und die übrigen Selbstkosten des zu entwickelnden Produkts zu jedem Zeitpunkt im Produktentwicklungsprojekt integriert berechnet und dargestellt werden müssen, um sinnvolle Entscheidungen bzgl. des weiteren Vorgehens im Projekt treffen zu können. Damit kann die Abwägung erfolgen, inwiefern höhere Produktentstehungskosten zugunsten geringerer Selbstkosten akzeptabel sind. Dieser Konzeptpunkt beinhaltet die Bereiche Strategie und MPM, da der Fokus darin besteht, Projekte nach strategischen und wirtschaftlichen Kriterien zu bewerten und auszuwählen.

Die Methode erweitert das Target Costing dahingehend, dass Produktentwicklungsprojekte miteinander vergleichbar gemacht und die umzusetzenden Projekte ausgewählt werden können. Die Methode trägt dazu bei, die Effektivität im Produktentstehungsprozess zu erhöhen.

2. **Ausgestaltung des Target Costing Sheets:** Die Methode zeigt, wie der Informationsträger für die Target Costing Informationen auszugestalten ist, so dass jederzeit aussagekräftige Informationen vorliegen und unterstützt damit den Target Costing Prozess, siehe Kapitel 4.3 „Target Costing Sheet". Die Methode löst das Problem „Nicht ausreichende Dokumentation". Von dieser Methode sind hauptsächlich MPM und PLM betroffen, da hier alle relevanten Informationen von Produktentwicklungsprojekten gehalten und für Steuerungszwecke verwendet werden.

Das Target Costing Sheet wird mit groben, ungenauen und unvollständigen Informationen bereits zu Beginn des Produktentstehungsprozesses gefüllt. Diese Informationen werden im Projektverlauf zunehmend besser und vollständiger und begleiten das Projekt während der gesamten Umsetzung. Das Target Costing Sheet verbessert hauptsächlich die Effizienz, also die Projektumsetzung.

3. **Algorithmus bei unvollständigen Informationen:** Den Produktentstehungsprozess kennzeichnen unvollständige und unsichere Informationen, die im Zeitverlauf konkreter werden. Insbesondere besteht das Problem, dass drifting costs nicht oder nur mangelhaft verfeinert werden. Abhilfe schafft der Algorithmus bei unvollständigen Informationen: Diese Methode berechnet zu jedem Zeitpunkt des Produktentstehungsprozesses die drifting costs des zu entwickelnden Produkts, zeigt dessen Gütegrad auf und vergleicht die drifting costs mit den allowable costs, siehe Kapitel 4.5 „Algorithmen bei unvollständigen Informationen". Auch diese Methode erweitert die Integration des Target Costings. Der Verankerungspunkt für die drifting costs ist das Lebenszyklusobjekt „Produktstruktur", wobei diese Produktstruktur über die in der Literatur beschriebene Funktion einer Stückliste hinausgeht und dadurch als „Bill of information" bezeichnet werden kann. Es werden also die Ziele 1 und 2 erreicht.

Der beschriebene Algorithmus wirkt innerhalb eines Produktentwicklungsprojektes und erhöht damit die Effizienz im Produktentstehungsprozess.

4. **Montagekosten in entwicklungsorientierten Produktstrukturen:** Die Sicht der zu Beginn des Produktentstehungsprozesses entstehenden Produktstruktur ist entwicklungsorientiert. Produktstrukturen, die den Produktionsprozess abbilden, haben i.d.R. andere Gliederungsprinzipien. Wie gezeigt wird, haben Montagekosten einen nicht zu vernachlässigenden Anteil an den Produktselbstkosten. Die Arbeit zeigt einen Weg auf, um bereits in der entwicklungsorientierten Produktstruktur – also eher zu Beginn des Produktentstehungsprozesses – Montagekosteninformationen abzubilden, siehe Kapitel 5.4.3 „Schritt C3 Montageplanung durchführen" und behebt damit das Problem der „undifferenzierten Montagekosten". Die entwicklungsorientierte Produktstruktur beinhaltet hierzu eine Referenz zu den in späteren Entwicklungsphasen zu bildenden Montagebaugruppen. Damit erhalten die Aussagen zu den drifting costs eine höhere Genauigkeit und die Qualität der abgeleiteten Entscheidungen im Rahmen der Projektumsetzung erhöht sich. Betroffen sind MPM und PLM: MPM, da Kosteninformationen von Projekten Bestandteil des Projektmanagements sind; PLM, da die Montagekosten den Produktstrukturen zugeordnet werden. Auch dieser Punkt integriert das Lebenszyklusobjekt „Produktstruktur" in das Target Costing und setzt damit Ziel 2 um.

Ebenso wie beim vorherigen Punkt wird auch hier die Qualität der drifting costs in der Produktstruktur und damit die Effizienz im Projekt erhöht.

5. **Zusammenhang zwischen Aufbauorganisation und Produktstruktur:** Die Arbeit zeigt, dass aufbauorganisatorische Maßnahmen Einfluss auf den Aufbau von Produktstrukturen und damit auf die Ergebnisse im Target Costing haben können, siehe Abschnitt 5.3.3 „Exkurs: Zusammenhang Aufbauorganisation und Produktstruktur". Dabei werden Verbesserungen der Produktstruktur hinsichtlich der Aussagekraft des Target Costings durch geeignete organisatorische Maßnahmen vorgeschlagen. Besonderer Wert wird auf die Einführung einer geeigneten Projekt- und Matrixorganisation gelegt. Berührt werden die Faktoren Aufbauorganisation und PLM, da die Aufbauorganisation die Produktstrukturen und damit den Träger von Kosteninformationen beeinflusst. Dieser Punkt zeigt die aufbauorganisatorischen Integrationsaspekte des Target Costings und trägt dazu bei, Ziel 3 zu erreichen.

Dieser Punkt dient der Effizienzerhöhung in der Produktentstehung. Hiermit wird angeregt, diesen Aspekt des Target Costings in einer separaten Arbeit zu weiterzuführen, da die Arbeit lediglich erste Anregungen geben kann.

6. **Einbettung des Konzepts in Systemlandschaft des Unternehmens:** Im Produktentstehungsprozess eines Fertigungsunternehmens kommen typischerweise unterschiedliche IT-Systeme zum Einsatz. Neben den üblichen Office-Anwendungen sind dies häufig ein oder mehrere CAD-Systeme, ein PLM-System zur Verwaltung von Produktstrukturen, technischen Änderungen, Dokumenten und anderen Objekten, sowie teilweise einem separaten

(Multi-)Projektmanagementsystem. Es ist anzustreben, diese vorhandenen Systeme um die Aspekte des Target Costings zu erweitern und nicht, ein neues System einzuführen. Damit wird das Problem der „Fehlenden Systemintegration" gelöst. Die Arbeit zeigt auf, wie das Target Costing Sheet in die Systemlandschaft integriert wird und wie unsichere Informationen im Zusammenhang mit vorhandenen Produktstrukturen verwendet werden, siehe Abschnitt 4.4 „Integration in die IT-Umgebung". Alle beschriebenen Prozesse des Unternehmens – Strategie, MPM und PLM – werden durch die IT-Systemarchitektur unterstützt, die für eine gute Prozessausgestaltung integriert sein muss. Dieser Punkt adressiert damit Ziel 4.

7. **Beschreibung des Produktentstehungsprozesses mit Fokus auf Target Costing anhand eines mechatronischen Moduls:** Die Arbeit zeigt den gesamten Produktentstehungsprozess und berücksichtigt dabei die Einflussfaktoren auf das Target Costing, siehe Kapitel 5 „Target Costing Integration mit Anwendung auf ein mechatronisches Modul". Damit werden Target Costing Aspekte nicht nur theoretisch betrachtet, sondern in den Gesamtzusammenhang des Produktentstehungsprozesses gebracht. Neben den Überlegungen zur Prozessausgestaltung wird besonderer Wert darauf gelegt, die Erkenntnisse anhand der Produktentstehung eines mechatronischen Moduls darzustellen, siehe Kapitel 4.2 „Mechatronisches Modul zur Veranschaulichung des Target Costings". Die Messung und die Bewertung der Arbeit erfolgen damit über die durchgängigen Use Cases. Anhand dieser Use Cases wird verifiziert, dass alle Methoden und Prozessverbesserungen umsetzbar sind. Dieselbe Verifikationsmethode wählen beispielsweise [Jaku-07] oder [Nißl-06]. Die Arbeit liefert neben den Prozessbeschreibungen die praktische Anwendung. Dieser Punkt bezieht die Elemente Strategie, MPM und PLM ein und erläutert, wie diese Elemente im Hinblick auf die Integration des Target Costings miteinander zu verknüpfen sind.

Die folgende Auflistung zeigt, welche Elemente des Konzepts in welcher Form bereits in der Praxis umgesetzt sind:

- Zu 1.: Ermittlung des NPV: Nach der Meinung von [Pons-08], [Jaco-05] und [ScKü-08] ist diese Methode die am besten geeignete quantitative Bewertungsmethode von Produktentwicklungsprojekten; die NPV-Methode wird in der Praxis für diesen Zweck vielfach eingesetzt. Die Ableitung der Zielkosten aus dem NPV – und dabei insbesondere die Spaltung der Kosten in Produktentstehungskosten und Selbstkosten – ist neu und wird erstmalig im Use Case der Arbeit angewandt.

- Zu 2.: Das Target Costing Sheet ist neu. In Kapitel 5 „Target Costing Integration mit Anwendung auf ein mechatronisches Modul" wird anhand der durchgängigen Use Cases nachgewiesen, dass die Ausgestaltung des Target Costing Sheets praxistauglich umsetzbar ist.

- Zu 3.: Die Methode ist neu. Ebenso wie die Ausgestaltung des Target Costing Sheets erfolgt der Praxisnachweis des Algorithmus bei unvollständigen Informationen auch über die Use Cases in Kapitel 5.

- Zu 4.: Eine bei der Firma Heidelberger Druckmaschinen einsetzte Vorgehensweise besteht darin, in Produktstrukturen der Montage die jeweiligen entwicklungsorientierten Produktstrukturen zu referenzieren. Das wird gemacht, um bei Änderungen entwicklungsorientierter Produktstrukturen rasch deren Auswirkungen auf die – ggf. unterschiedlichen – Montage-Produktstrukturen finden, nachvollziehen und durchführen zu können. Bislang nicht bekannt sind die Referenzierung von Montagebaugruppen in entwicklungsorientierten Produktstrukturen und damit die Rückübertragung der Montagekosten in die konstruktiven Produktstrukturen.

- Zu 5.: Der Zusammenhang zwischen Aufbauorganisation und Produktstruktur wird in der Arbeit analysiert. Insbesondere in kleineren Firmen, deren Ziel es ist, mechatronische Produkte zu entwickeln und zu produzieren, sind Aufbauorganisation und Produktstrukturen anhand der Struktur der mechatronischen Produkte aufgebaut. Ein Beispiel hierfür ist der Bereich Computer-To-Plate der Heidelberger Druckmaschinen AG. Im klassischen Offsetentwicklungsbereich der Heidelberger Druckmaschinen AG dagegen sind sowohl Aufbauorganisation als auch Produktstruktur nach Mechanik-, Elektromechanik- Elektronik- und Softwareabteilungen getrennt.

  Bzgl. des Themas Aufbauorganisation bedürfte es einer eigenen Untersuchung, die insbesondere die Idee des „Target Costing Offices" aufgreift und detailliert.

- Zu 6.: Vielfach in der Praxis umgesetzt ist die Integration des PLM- mit dem CAD-System – bieten doch die Hersteller von CAD-Systemen üblicherweise PLM-Systeme an, die mit deren CAD-Systemen integriert sind. Bei der Firma Heidelberger Druckmaschinen AG wurde darüber hinaus PLM mit ERP integriert. Dies wurde erreicht, indem die erforderlichen PLM-Funktionen mit der Kopplung zum CAD-System Siemens-NX in das vorhandene SAP-ERP-System integriert wurden. Damit ist eine wichtige Basis gegeben, um das in der Arbeit vorgestellte Konzept, insbesondere das Target Costing Sheet und den Algorithmus bei unvollständigen Informationen in die Systemlandschaft zu integrieren.

Bild 6-1 zeigt zusammenfassend die Konzepte in ihrer zeitlichen Einordnung im Produktentstehungsprozess:

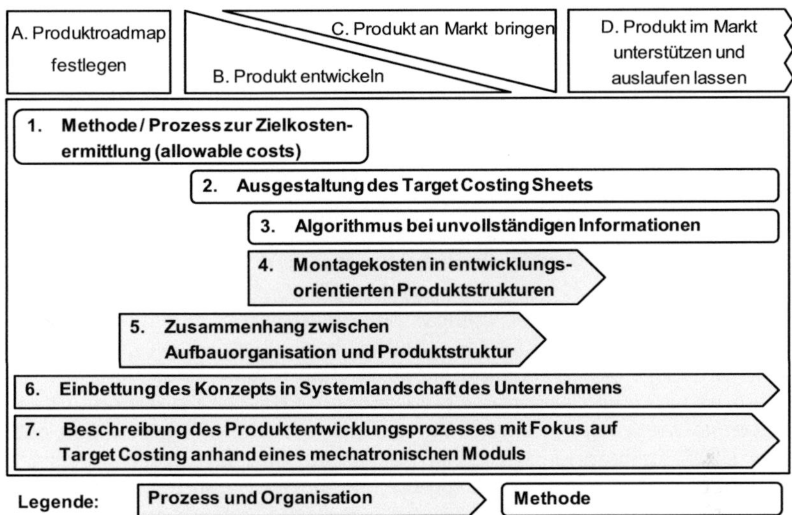

Bild 6-1: Zusammenfassung der Umsetzungsvorschläge der Arbeit

Bild 6-2 fasst den Gesamtprozess in Form sogenannter Thumbnails zusammen. Die Hauptprozessschritte A bis D werden von links nach rechts durchschritten. Die Phasen B und C erfolgen parallel, wobei die Aktivitäten zu Beginn hauptsächlich in Phase B und gegen Ende schwerpunktmäßig in Phase C liegen. Die untergeordneten Phasen A6, B3 und C3 haben ihren Ursprung in den Phasen A, B bzw. C und münden jeweils wieder in diese Phasen.

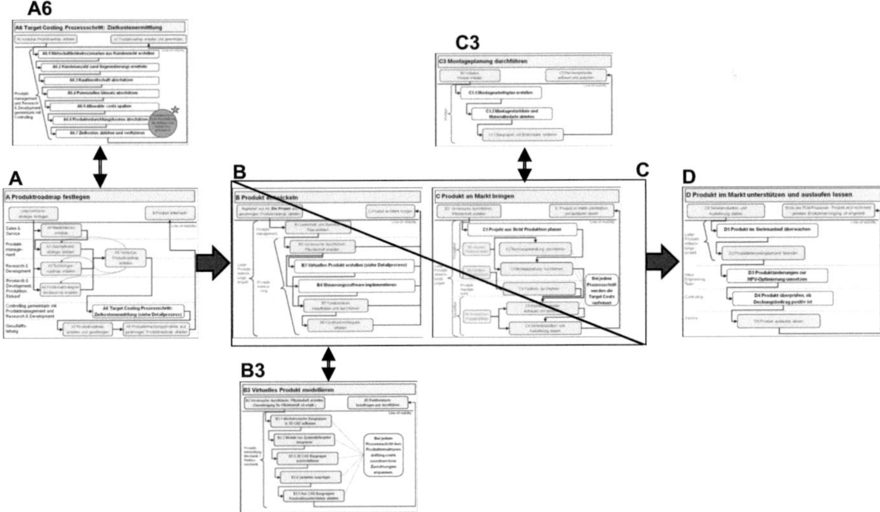

Bild 6-2: Gesamter Produktentstehungsprozess mit Fokus auf Target Costing

6.3 Ausblick

Auch wenn das Target Costing bereits seit geraumer Zeit bekannt ist, fehlten doch Umsetzungsvorschläge für die Integration des Target Costings in den Produktentstehungsprozess. Diese Lücke wird durch die vorliegende Arbeit geschlossen.

Die Systemlandschaft in Unternehmen der Fertigungsindustrie ist vielfach heterogen und wird dies auf absehbare Zeit bleiben. Systembrüche sind historisch gewachsen und werden teilweise nur mühsam mit Hilfe von Schnittstellen überwunden. Die Organisationsstrukturen in Unternehmen ändern sich häufig und sind nicht immer optimal auf die Unternehmensprozesse zugeschnitten. Aufgrund der enormen erforderlichen Investitionen ist nicht davon auszugehen, dass die Systemlandschaft in Unternehmen aufgrund der Anforderungen an einen verbesserten Steuerungsprozess der Zielkosten angepasst wird. Ebenso wenig ist zu erwarten, dass sich die Aufbauorganisation optimal auf den Produktentstehungsprozess ausrichten wird. Zu heterogen sind die Erwartungen unterschiedlicher Stakeholder an die Firmen der Fertigungsindustrie.

Auf Basis dieser Ausgangssituation macht die Arbeit Umsetzungsvorschläge, um die Kosten der zu entwickelnden Produkte zu jedem Zeitpunkt des Produktentstehungsprozesses überwachen, steuern und regeln zu können. Diese Vorschläge sind darauf ausgerichtet, auf Basis des Vorhandenen kontinuierliche Verbesserungen umzusetzen. Die gemachten Vorschläge können umgesetzt werden, ohne die Systemlandschaft auszutauschen oder gravierend zu verändern. Die Vorschläge können einzeln und dabei weitgehend unabhängig voneinander in die bestehenden Systeme integriert werden.

Dabei ist es natürlich hilfreich, wenn die Prozess- und Systemlandschaft bereits für die Veränderungen vorbereitet ist: Umso eher die Prozesse und Systeme integriert sind, desto einfacher ist es, die ausgeführten Prozess- und Methodenverbesserungen umzusetzen, um das Target Costing wirkungsvoll im Produktentstehungsprozess zu verankern. Und genau hier liegt die Erwartung, die mit der Arbeit verbunden ist: Dass einzelne Bausteine der Arbeit von Systemherstellern und Anwendungsunternehmen aufgegriffen und umgesetzt werden und dass damit praktische Erfahrungen gemacht werden, die zur Weiterentwicklung der gemachten Erkenntnisse führen.

Viele Themen konnten im Rahmen der Arbeit lediglich angerissen, jedoch nicht vertieft werden. Wo besteht nach Einschätzung des Autors weiterhin Konzept- und Handlungsbedarf?

- Für die frühe Phase des Produktentstehungsprozesses sollten weitere Umsetzungskonzepte für die Prozessintegration des Target Costings erarbeitet werden. Hier scheinen noch weitere auszuschöpfende Potenziale zu liegen.

- Die Integration der PLM-Objekte in den Target Costing Prozess wurde zwar an vielen Stellen angesprochen. Aber auch an dieser Stelle ist eine Vertiefung erforderlich – wobei dieses Thema angesichts der firmenspezifischen Umsetzung von PLM möglicherweise auch nur firmenspezifisch bearbeitet werden kann.

- Das Target Costing Sheet wurde in der Arbeit hauptsächlich im Hinblick auf dessen inhaltliche Ausgestaltung beschrieben. Die IT-Aspekte wurden lediglich angerissen und bedürfen einer tiefergehenden Beschreibung.

- Der Zusammenhang zwischen der Aufbauorganisation und dem Produktentstehungsprozess in den Fertigungsunternehmen wurde noch nicht quantitativ untersucht. Der wichtige Aspekt der organisatorischen Verankerung eines „Target Costing Office" verdient hierbei eine besondere Berücksichtigung.

Es sind noch viele Effizienz- und Effektivitätsmöglichkeiten zu heben, um die Produkte noch besser auf Marktanforderungen abzustimmen – nicht zuletzt, was die erlaubten Marktpreise und die realisierten Kosten anbelangt. Gerade aus einer Zeit der wirtschaftlichen Krise werden diejenigen Unternehmen gestärkt hervorgehen, denen es gelingt, innovative Produkte zu akzeptablen Preisen zu entwickeln, zu produzieren und zu verkaufen.

Vielleicht – so bleibt zu hoffen – kann das Target Costing auch ausgeweitet werden, um neben den monetären auch ökologische Aspekte verstärkt in den Produktentstehungsprozess zu integrieren, siehe hierzu die Ausführungen zum Life Cycle Assessment (= LCA) von [GüUl-06], S. 86ff. Das erfordert jedoch eine andere Arbeit und v.a. die Umsetzungsbereitschaft in Firmen, Regierungen, Universitäten und weiteren Einrichtungen.

7 Anhang

Wie immer bei Arbeiten, die breit angelegt sind, kann an vielen Stellen darüber diskutiert werden, welche Inhalte in die Arbeit aufgenommen werden sollen und welche nicht. Diese Frage stellt sich insbesondere beim Stand der Technik. Um auch einige Randaspekte zumindest zu erwähnen, sind diese im Anhang aufgeführt. Diese Themen sind nicht im Umfang der eigentlichen Arbeit enthalten, werden jedoch als so wichtig erachtet, um sie an dieser Stelle aufzuführen.

7.1 Ergänzungen: Prozessintegration des Target Costings

7.1.1 Vollständige Produktstruktur mit drifting costs

Um eine gute Lesbarkeit zu ermöglichen, zeigt Abschnitt 5.3.4.4 „Schritt B3.3 3D-CAD Baugruppen modellieren" die Produktstruktur mit integrierten drifting costs lediglich fragmentarisch. Tabellen 7-1 zeigt die gesamte Produktstruktur mit ihren drifting costs.

Tabelle 7-1 zeigt die vollständige Produktstruktur mit allen drifting cost-Informationen aber ohne weitere Attribute:

Stufe	Mat. Nr.	Beschreibung	Menge	Gütegrad drifting costs	Aussagekraft	drifting costs eingetragen	Kostenklasse	Anteilige Kostenanrechnung bei Dynamischer Bogenbremse	drifting costs resultierend	Kostenabschätzung zum Zeitpunkt Lastenheft
0	4711	Bogenbremse	Variant	Berechnet		14.841,60 €			16.614,81 €	14.400,00 €
.1	4712	Antrieb	1	Berechnet		7.302,00 €		100%	8.193,94 €	5.500,00 €
..2	4713	Motor kpl.	1	Berechnet		6.412,00 €			7.112,00 €	
...3	4714	Motor	1	Angebot vorhanden	90%	6.300,00 €			7.000,00 €	
...3	4715	Befestigungsplatte	1	Grob bewertet		100,00 €	mittelteuer		100,00 €	
...3	4716	Schraube	8	Komponente vorhanden	100%	0,90 €			0,90 €	
...3	4717	Mutter	8	Komponente vorhanden	100%	0,60 €			0,60 €	
..2	4718	Axiallüfter kpl.	2	Angebot vorhanden	90%	245,00 €			272,22 €	
...3	4719	Axiallüfter	1	Komponente vorhanden	100%	240,00 €			240,00 €	
...3	4720	Schraube	4	Komponente vorhanden	100%	0,30 €			0,30 €	
...3	4721	Mutter	4	Angebot vorhanden	90%	0,10 €			0,11 €	
..2	4722	Axiallüfterplatte	1	Schätzung (Entwicklung)	80%	190,00 €			237,50 €	
..2	4723	Antriebsleitung	1	Schätzung (Konzept)	70%	210,00 €			300,00 €	
.1	4724	Bogenverlangsamung	1	Berechnet		3.366,80 €		100%	3.704,30 €	5.000,00 €
..2	4725	Antriebswelle kpl.	1	Schätzung (Entwicklung)	80%	3.100,00 €			3.400,00 €	
...3	4726	Antriebswelle	1	Grob bewertet		1.000,00 €	teuer		1.000,00 €	
...3	4727	Synchronscheibe	2	Schätzung (Konzept)	70%	10,00 €			14,29 €	
...3	4728	Rillenkugellager	2	Komponente vorhanden	100%	190,00 €			190,00 €	
...3	4729	Lagerzapfen	2	Schätzung (Konzept)	70%	8,40 €			12,00 €	
...3	4730	Zylinderschraube	4	Komponente vorhanden	100%	0,40 €			0,00 €	
..2	4731	Zahnriemen kpl.	1	Berechnet		266,80 €			304,30 €	
...3	4732	Zahnriemen	1	Grob bewertet		100,00 €	mittelteuer		100,00 €	
...3	4733	Zahnriemenhalterung	1	Schätzung (Entwicklung)	80%	130,00 €			162,50 €	
...3	4734	Spannrolle	1	Schätzung (Entwicklung)	80%	20,00 €			25,00 €	
...3	4730	Zylinderschraube	4	Komponente vorhanden	100%	0,40 €			0,40 €	
...3	4736	Sicherungsring	4	Komponente vorhanden	100%	1,80 €			1,80 €	
...3	4737	Gewindestift	8	Grob bewertet		1,00 €	günstig		1,00 €	
.1	4738	Saugbandmodul	4	Berechnet		3.032,80 €		100%	3.340,58 €	2.500,00 €
..2	4739	Saugband	1	Grob bewertet		100,00 €	mittelteuer		100,00 €	
..2	4740	Antriebsrolle	1	Schätzung (Entwicklung)	80%	130,00 €			162,50 €	
...3	4741	Rollenkugellager	1	Komponente vorhanden	100%	80,00 €			80,00 €	
...3	4742	Unterlegscheibe	1	Komponente vorhanden	100%	0,10 €			0,10 €	
...3	4743	Antriebsrolle	1	Schätzung (Entwicklung)	80%	44,00 €			55,00 €	
...3	4744	Passstift	10	Komponente vorhanden	100%	1,30 €			1,30 €	
..2	4745	Saugkörper kpl.	1	Berechnet		407,40 €			451,84 €	
...3	4746	Saugkörper	1	Angebot vorhanden	90%	400,00 €			444,44 €	
...3	4747	Gewindestift	1	Komponente vorhanden	100%	0,40 €			0,40 €	
...3	4748	Rundmagnet	1	Komponente vorhanden	100%	7,00 €			7,00 €	
..2	4749	Reibrad	1	(leer)						
..2	4750	Zylinderstift	4	Komponente vorhanden	100%	0,20 €			0,20 €	
..2	4751	Rillenkugellager	1	Komponente vorhanden	100%	120,00 €			120,00 €	
.1	4752	Luftsystem	1	Angebot vorhanden	90%	340,00 €		100%	377,78 €	500,00 €
..2	4753	Leitung 1	1	(leer)						
..2	4754	Leitung 2	1	(leer)						
..2	4755	Ventil	2	Komponente vorhanden	100%	24,00 €			24,00 €	
..2	4756	Leitungshalterung	8	Komponente vorhanden	100%	2,00 €			2,00 €	
.1	4757	Motorsteuerungsmodul	1	Schätzung (Entwicklung)	80%	330,00 €		100%	412,50 €	500,00 €
.1	4759	Energiekette	1	Schätzung (Konzept)	70%	270,00 €		100%	385,71 €	200,00 €
..2	4760	Kette	1	(leer)						
..2	4761	Verbindungsblech	1	(leer)						
..2	4762	Zylinderschraube	4	(leer)						
..2	4763	Kettenhalter	1	(leer)						
0	4758	Kompressor	Variant	Komponente vorhanden	100%	200,00 €		0,05 €	200,00 €	200,00 €

Tabelle 7-1: Vollständige Produktstruktur mit drifting cost Werten

7.1.2 Projektkosten

Tabelle 7-2 zeigt die Projektkosten, wie sie zum Prozessschritt „Schritt B1 Lastenheft und Business Plan erstellen" vorliegen. Der zugrunde gelegte Tagessatz für einen Personentag (PT) beträgt ca. 800,17 €. Dieser Tagessatz wurde auch gewählt, um konsistente Aussagen erzielen zu können.

Kostenart		Steuerungs-software	Mechanik	Elektromechanik	SUMME
Aufgabe beendet [Ja / Nein]		NEIN	NEIN	NEIN	
Ressourcen [PTs]	Plan	480	1.260	690	2.430
	Ist	100	300	300	700
	Rest berech-net	380	960	390	
	Rest manuell	350			
	Forecast	450	1.260	690	2.400
Ressourcen-einzelkosten [€]	Plan	384.082	1.008.214	552.117	1.944.413
	Ist	80.017	240.051	240.051	560.119
	Rest	280.059	768.163	312.066	
	Forecast	360.076	1.008.214	552.117	1.920.408
Zuschlagssatz auf Ressourcenkosten (Entwicklungsressourcen-Gemeinkosten)		34%	0%	0%	
Ressourcen-kosten [€]	Plan	514.669	1.008.214	552.117	2.075.000
	Ist	107.223	240.051	240.051	587.325
	Rest	375.280	768.163	312.066	
	Forecast	482.502	1.351.007	739.837	2.573.346
Versuchs-kosten [€]	Plan		700.000	500.000	1.200.000
	Ist		100.000	250.000	350.000
	Rest berech-net		600.000	250.000	
	Rest manuell			400.000	
	Forecast		700.000	650.000	1.350.000
Serienanlauf-kosten [€]	Plan		400.000		400.000
	Ist				
	Rest berech-net		400.000		
	Rest manuell				
	Forecast		400.000		400.000
Gesamt-kosten [€]	Plan	514.669	2.108.214	1.052.117	3.675.000
	Ist	107.223	340.051	490.051	937.325
	Rest	375.280	2.110.956	899.786	3.386.022
	Forecast	482.502	2.451.007	1.389.837	4.323.346

Tabelle 7-2: Projektkosten zum Stand Lastenheft

Folgende Tabelle 7-3 zeigt die vollständigen Projektkosten zum Prozessschritt „Schritt D2 Produktentwicklungsprojekt beenden":

Kostenart		Steuerungs-software	Mechanik	Elektromechanik	SUMME
Aufgabe beendet [Ja / Nein]		JA	JA	Ja	
Ressourcen [PTs]	Plan	480	1.260	690	2.430
	Ist	489	1.110	785	2.384
	Rest berech-net	0	0	0	
	Rest manuell	0			
	Forecast	489	1.110	785	2.384
Ressourcen-einzelkosten [€]	Plan	384.082	1.008.214	552.117	1.944.413
	Ist	391.283	888.189	628.133	1.907.605
	Rest	0	0	0	
	Forecast	391.283	888.189	628.133	1.907.605
Zuschlagssatz auf Ressour-cenkosten (Entwicklungsres-sourcen-Gemeinkosten)		34%	0%	0%	
Ressourcen-kosten [€]	Plan	514.669	1.008.214	552.117	2.075.000
	Ist	524.319	888.189	628.133	2.040.641
	Rest	0	0	0	
	Forecast	524.319	1.190.173	841.699	2.556.191
Versuchs-kosten [€]	Plan		700.000	500.000	1.200.000
	Ist		590.793	250.000	840.793
	Rest berech-net		0	0	
	Rest manuell			400.000	
	Forecast		590.793	250.000	840.793
Serienanlauf-kosten [€]	Plan		400.000		400.000
	Ist		422.456		
	Rest berech-net		0		
	Rest manuell				
	Forecast		422.456		422.456
Gesamt-kosten [€]	Plan	514.669	2.108.214	1.052.117	3.675.000
	Ist	524.319	1.901.438	878.133	3.303.890
	Rest	0	301.984	213.565	515.549
	Forecast	524.319	2.203.422	1.091.699	3.819.440

Tabelle 7-3: Projektkosten zum Zeitpunkt Projektende

7.2 Ergänzung Target Costing: Vollkosten vs. periodengenaue Teilkosten

Wenn die Produktentstehungskosten – wie von vielen Autoren vorgeschlagen – als Zuschlagssatz den Selbstkosten gemäß der Vollkostenrechnung zugerechnet würden, dann wäre das Ergebnis verfälscht. Die folgende beispielhafte Berechnung zeigt auf, welcher Effekt dann entstünde, wenn die Produktentstehungskosten nicht separat und periodengerecht ausgewiesen würden.

Basierend auf den Daten des Use Cases betragen die allowable costs zum Projektende 0 €, siehe Abschnitt 5.5.2.2 „Target Costing Sheet – Cockpit-Blatt". Schlägt man anstatt dessen die gesamten Produktentstehungskosten den Produktselbstkosten zu, dann beträgt der NPV mehr als 1,7 Mio. €, siehe Tabelle 7-4. Dieses Ergebnis kommt alleine dadurch zustande, dass die Produktentstehungskosten nicht periodengerecht verrechnet werden.

NPV für das Produkt Dynamische Bogenbremse										
Periode	0	1	2	3	4	5	6	7	8	9	10
Produktentwick-lungskosten	0	0	0	0	0		0	0	0	0	0
Absatz	0	0	0	130	130	130	130	130	130	130	130
Selbstkosten	9.055	9.055	9.055	9.055	9.055	9.055	9.055	9.055	9.055	9.055	9.055
Marktpreis	14.000	14.000	14.000	14.000	14.000	14.000	14.000	14.000	14.000	14.000	14.000
CashFlow	0	0	0	642.895	642.895	642.895	642.895	642.895	642.895	642.895	642.895
Abgezinster CashFlow	0	0	0	372.046	310.038	258.365	215.304	179.420	149.517	124.597	103.831
Abgezinster kumulierter CashFlow	0	0	0	372.046	682.084	940.449	1.155.753	1.335.173	1.484.690	1.609.287	1.713.119

Tabelle 7-4: Vollkostenrechnung vs. periodengerechte Teilkostenkalkulation

7.3 Ergänzung Strategie: Kennzahlen

In den meisten Unternehmensbereichen wird seit vielen Jahren erfolgreich mit Kennzahlensystemen gearbeitet. Als Beispiel für ein Kennzahlensystem sei der Kennzahlenkompass des VDMA genannt. Dieser Kompass enthält Kennzahlen in Form arithmetischer Mittelwerte für den gesamten Maschinenbau Deutschlands über alle Fachzweige, Betriebsgrößen und Unternehmensformen hinweg. Abgebildet darin sind über 100 verschiedene Kennzahlen u.a. aus den Bereichen Finanzen, Vorräte, Personalstruktur, Umsatz, Tariflöhne und Kalkulationssätze. Dagegen enthält dieser Kennzahlenkompass lediglich zwei Kennzahlen, die den Produktentstehungsprozess beschreiben [VDMA-10]: Die erste dieser beiden Kennzahlen ist die F&E-Quote, laut Definition des VDMA das Verhältnis von F&E-Aufwendungen und Umsatz.

Nach [Meye-07] beträgt die Innovationsintensität im Jahr 2005 im verarbeitenden Gewerbe insgesamt 5,0% vom Umsatz; dabei ist die Innovationstätigkeit im Fahrzeugbau 8,3% und im Maschinenbau 5,2%. Selbst bei einer scheinbar so einfachen Kennzahl wie der F&E-Quote weichen die Angaben bei unterschiedlichen Autoren erheblich voneinander ab. Die vom VDMA ermittelte Kennzahl „F&E-Quote", also F&E-Aufwendungen / Umsatz betrug im Jahr 2005 4% [VDMA-07], S. 175. Diese Werte können also lediglich als Anhaltswerte für die tatsächlichen Aufwendungen im F&E-Bereich im Verhältnis zum Umsatz gesehen werden.

7.4 Ergänzungen: PLM

Das vorliegende Kapitel ergänzt die Ausführungen zum Product Lifecycle Management, um das Hauptkapitel 3 „Grundlagen" nicht zu überfrachten.

7.4.1 Prozesse im Fertigungsunternehmen

Aufgrund heterogener Prozess- und Systemlandschaften in Fertigungsunternehmen und den Bestrebungen jedes Systemherstellers, seinen Anteil an den erforderlichen Systemfunktionen für den Produktentstehungsprozess auszuweiten, wird immer davon auszugehen sein, dass in einem Fertigungsunternehmen unterschiedliche Systeme im Produktentstehungsprozess eingesetzt werden. Damit stellt sich die Frage nach der erforderlichen Integration unterschiedlicher Systeme in jedem Fertigungsunternehmen. Die vorliegende Arbeit streift diese Fragestellung lediglich, ohne abschließende Antworten geben zu können.

Mit der Einführung und der Weiterentwicklung von PLM sind gewöhnlich folgende Ziele verbunden:

- Die Produkte erlangen schneller ihre Marktreife („time-to-market").

- Der Produktionsanlauf wird beschleunigt („time-to-volume").

- Durch eine effiziente Rückkopplung mit dem Service soll die Qualität der Produkte auf die Erfordernisse der Kunden abgestimmt werden.

- Die Produkte werden innovativer, d.h. der Neuheitsgrad der Produkte wird erhöht.

- Ein effizientes Grunddaten- und Änderungsmanagement vermeidet unnötig anfallende Kosten aufgrund veralteter oder unvollständiger Information.

- Die Planbarkeit der Produktentwicklung wird durch Projektplanung mit Terminen und verfügbaren Ressourcen unterstützt.

- Andere Standorte, Entwicklungspartner, Zulieferer und Kunden werden über eine geeignete System-Infrastruktur in den Produktentstehungsprozess eingebunden.

Siehe hierzu u.a. [Star-05], S. 3f, [EiSt-09].

Der Produktentstehungsprozess ist keinesfalls auf den Entwicklungs- und Konstruktionsbereich eines Fertigungsunternehmens beschränkt, sondern umfasst oder tangiert alle relevanten Bereiche eines Fertigungsunternehmens.

Der Begriff PLM wird in vielfältigen Industrien verwendet und umfasst sowohl physisch vorhandene Produkte als auch Services. Schwerpunkt der Betrachtung der vorliegenden Arbeit sind physisch vorhandene Produkte, insbesondere Produkte, die in der Fertigungsindustrie entstehen. Eine mögliche Einteilung des Produktlebenszyklus liefert [Schn-06] für die Automobilindustrie, wenn er schreibt: „Der Lebenszyklus eines Fahrzeugmodells kann in (1) Produktplanungs-, (2) Konzeptentwicklungs-, (3) Serienentwicklungs-, (4) Serienproduktions- und Nachproduktionsphase eingeteilt werden." [Schn-06], S. 33.

PLM ist eingebettet in die vielfältigen Aktivitäten eines Unternehmens. Eine typische Betrachtung der Prozesse eines Fertigungsunternehmens neben dem PLM-Prozess liefert [Star-05], S. 119. Er erläutert die wichtigsten Prozesse eines Unternehmens Folgendermaßen:

- SCM (= Supply Chain Management): „SCM systems (..) manage all sorts of materials, information and finances across the supply chain."

- ERP (= Enterprise Resource Planning): „ERP systems (..) manage all sorts of company assets, inventories, capacity, schedules, forecasts, orders, etc."

- CRM (= Customer Relationship Management): „CRM systems (..) manage all sorts of customer information including customer requests and problems."

Die Darstellung von Prozessen im Umfeld der Produktentwicklung wird von unterschiedlichen Systemherstellern und von Anwendungsunternehmen differenziert gesehen. [Ohne-08] stellt aus Sicht des Systemherstellers SAP den Produktentstehungsprozess in den Zusammenhang der Unternehmensprozesse (Bild 7-1). Seine Betrachtung bezieht sich auf „any company that delivers products or services" Bild 7-1 enthält zwei wichtige Erkenntnisse, auf die im Verlauf der Arbeit zurückgegriffen wird:

- Die Produktentwicklung („Integrated product development") ist ein Prozess, der von vielen Funktionen unterstützt wird („Innovate", „Design", „Source", „Make" und „Sell").

- Das zur Verfügung stellen („Product delivered as a service") beginnt mit „Source" und überschneidet sich bei den Funktionen („Source", „Make" und „Sell") stark mit dem Produktentstehungsprozess.

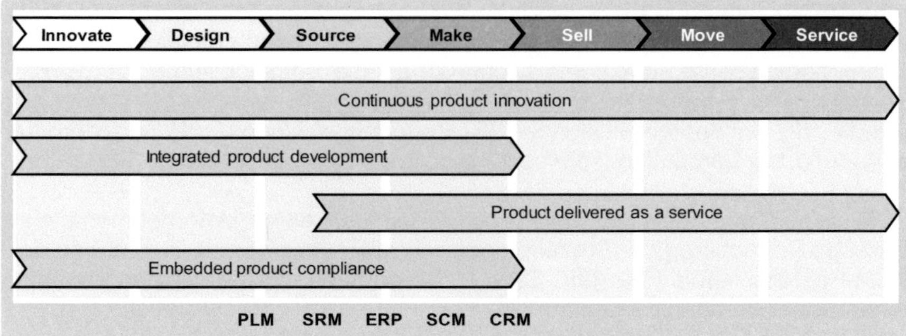

Bild 7-1: Integrierte Produktentwicklung (Anlehnung [Ohne-08])

Bild 7-2 stellt eine qualitative Betrachtung der Prozesse PLM, ERP und CRM im Produktentstehungsprozess dar. Erläuterungen hierzu:

- PLM beschreibt den Prozess der Neuproduktentwicklung und zwar von der Marktevaluierung über die eigentliche Produktentwicklung bis zum Einfließen in Produktion und Service. Die Auslaufsteuerung und -umsetzung ist Bestandteil von PLM für ein Produkt; deshalb läuft der PLM-Prozess bis zum Serienauslauf.

- Die SCM-/ERP-Aktivitäten Beschaffung, Produktion, Auslieferung usw. setzen später ein als PLM und enden früher; im Zeitraum der Serienauslieferung wird hier mit großer Intensität gearbeitet.

- CRM schließlich setzt noch später ein; dieser Prozess wird im Rahmen der Arbeit nicht betrachtet.

- Die im oberen Bereich des Bildes 7-2 dargestellten Begriffe „as designed" „as planned", „as built / as manufactured" und „as maintained" beschreiben die unterschiedlichen Reifegrade von Produkten über den Entwicklungsprozess. Diese Reifegrade werden in den Lebenszyklusobjekten, z.B. in der Produktstruktur oder in CAD-Dokumenten sichtbar. Siehe hierzu auch [Abra-06], S. 19, der anstelle von „as maintained" den Begriff „as used" verwendet. [Star-05], S. 119 benennt vergleichbare Reifegrade.

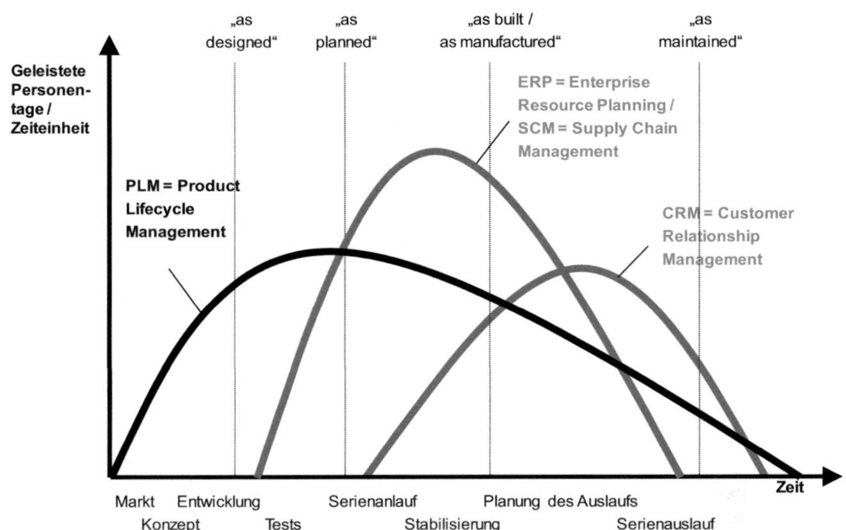

Bild 7-2: Prozesse eines Serienfertigers – beispielhafte Darstellung

Das Prozessmodell in Bild 7-3, das die Verknüpfung zwischen PLM und SCM verdeutlicht, lehnt sich an eine Darstellung der Firma Heidelberger Druckmaschinen AG an, [Heid-09c]. Neben den o.g. Sichtweisen von Systemherstellern zeigt Bild 7-3 also die Sichtweise eines Anwendungsunternehmens. Das Prozessverständnis dieses Anwendungsunternehmens aus dem Maschinenbau sieht Folgendermaßen aus:

- In den produkt- und techniknahen Bereichen gibt es im Wesentlichen zwei Hauptprozessketten: Die Prozesskette SCM (= „Supply Chain Management") und die Prozesskette PLM (= „Product Lifecycle Management").

- Die Prozesskette SCM startet bei der Kundenauftrags-Annahme in der Vertriebsniederlassung und endet bei der Installation der Maschine beim Kunden.

- Anregungen für Neuentwicklungen bzw. Produktverbesserungen sind entweder technologisch initiiert oder werden von den Kunden, also vom Markt an das Unternehmen gestellt. Aus diesen Anregungen werden neue und verbesserte Produkte konzipiert, entwickelt und in Serie umgesetzt.

- Entscheidend ist die **Verknüpfung** der beiden Prozessketten PLM und SCM: Die Ergebnisse der PLM-Prozesskette fließen während der Entwicklung, der Versuchstests und des Serienanlaufs von der PLM-Prozesskette in die SCM-Prozesskette ein. So wird beispielsweise die Fertigbarkeit von Teilen geprüft und mit der Teilefertigung begonnen,

Lieferantenanfragen werden gestartet und Teile eingekauft. Die Verzahnung der beiden Prozessketten findet also bereits deutlich vor der Beendigung der Neuentwicklung statt. D.h. während eines großen Teils des PLM-Prozesses erfolgt ein intensiver Austausch hin zur SCM-Prozesskette. Diese Verknüpfung findet nicht nur von der PLM-Prozesskette in die SCM-Prozesskette sondern auch umgekehrt statt. Beispielsweise führen Verfügbarkeiten von Teilen, das Vorhandensein von Fertigungs- und Montagemöglichkeiten oder auch tatsächliche Kundenaufträge, an denen bestimmte Weiterentwicklungen geprüft werden können, zu Rückflüssen in die PLM-Prozesskette.

- Die Notwendigkeit, die PLM- und die SCM-Prozesskette eng miteinander zu koppeln, führt dazu, die zugrunde liegenden IT-Systeme zu integrieren. [Kohl-07], S. 218: „Der Datenaustausch zwischen einem PDM-System und einem ERP-System kann sich deutlich schwieriger gestalten als zwischen CAD- und PDM-System, da beide einen Hoheitsanspruch auf die Daten für ihre Zwecke haben." Die Konsequenz der Heidelberger Druckmaschinen AG lautet, dasselbe IT-System – und zwar das System R/3 der Firma SAP – für die Belange von PLM und SCM einzusetzen. Über die Verschmelzung der PLM- und der SCM-Funktionen ist die Kopplung der beiden Prozessketten PLM und SCM gelungen.

Die in Bild 7-3 gewählte Darstellung der PLM-Prozesskette – ohne die Ansätze der Integration von PLM und SCM – ist in vergleichbarer Form in Unternehmen der Automobilindustrie anzutreffen. [BiLi-07a], S. 90ff beschreiben den Referenzprozess der Produktentwicklung in einem Unternehmen der Automobilindustrie als Abfolge der Teilprozesse „Definitionsphase, Konzeptentwicklungsphase, Serienentwicklungsphase und Weiterentwicklungsphase".

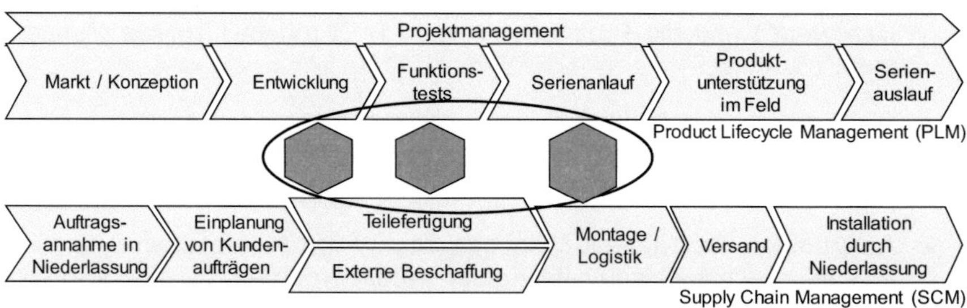

Bild 7-3: Maschinenbauunternehmen: PLM-/SCM-Prozess (Anlehnung [Heid-09c])

Das Prinzip der Integration der Prozessketten PLM und SCM ist nicht spezifisch für die Maschinenbaubranche, sondern wird durchaus auch in anderen Industrien angewandt. Als Beispiel hierfür sei das Möbelhaus IKEA genannt, siehe [BrKa-07], S. 1: „The key to IKEA's success is the integration of its product development and supply chain functions, which allows the company to design products that contribute the most to the bottom line throughout their lifecycles." Die Integration der Prozessketten PLM und SCM bei IKEA zeigt Bild 7-4. "High integration" der Prozessketten in dem bei [BrKa-07] beschriebenen Sinn bedeutet, "frequent interactions" und „shared decision making" zwischen den Bereichen Produktentwicklung und Supply Chain Group, siehe [BrKa-07], S. 8.

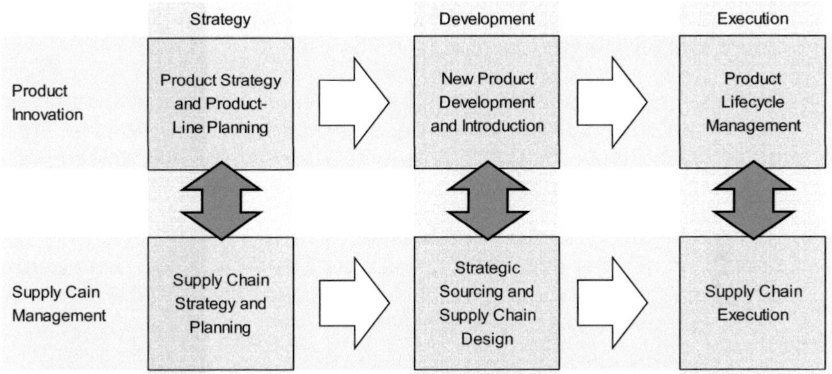

Bild 7-4: Integration der Prozessketten PLM und SCM (Quelle [BrKa-07])

7.4.2 Materialstamm

7.4.2.1 Zweck des Materialstamms

Hinweis:

Die Ausführungen ergänzen Kapitel 3.5.2 „Definition und Grundlagen zu PLM-Objekten".

Synonyme Begriffe für den Ausdruck „Materialstamm", die in anderen PLM-/ERP-Systemen gebraucht werden, sind beispielsweise Teilestamm oder Artikelstamm. Der Materialstamm erfüllt folgende Funktionen (siehe hierzu [Schö-99], [Kohl-07], [EiSt-09]), [Grup-95]):

- Festlegung von Komponenten in der Produktentwicklung: Wie heißt eine Komponente, welche eindeutige Nummer hat eine Komponente?

- Beschreibung der technischen Eigenschaften der Komponenten: Welche Produkteigenschaften wie beispielsweise Werkstoff, Abmessungen und Gewicht hat eine Komponente?

- Festlegung der Fertigungs- und Montageverfahren für Komponenten: Mit welchen Fertigungsverfahren werden Komponenten hergestellt? Welche Zwischenschritte sind erforderlich, um Teile zu fertigen? [Grup-

95], S. 88: „Bei maschineller Stücklistenverwaltung ist es vorteilhaft, auch für die Stücklistenstufe vom Fertigteil zum Werkstoff oder zum fremdbezogenen Rohteil eine Stückliste zu führen." Mit welchen Montagevorgängen und -Verfahren werden die Komponenten miteinander verbunden?

- Träger von Preis- und Kosteninformationen: Zugekaufte Komponenten kosten einen bestimmten Preis, der abhängig sein kann von unterschiedlichen Lieferanten, unterschiedlichen Bestellmengen, unterschiedlichen Einkaufszeitpunkten u.v.m.

- Verknüpfung mit Lagerorten und Lagerbeständen: Materialstämme können in unterschiedlichen Lagerorten gelagert werden. An den unterschiedlichen Lagerorten gibt es zu unterschiedlichen Zeitpunkten unterschiedliche Lagerbestände.

- Bestellmengen: Werden Komponenten zu bestimmten zyklischen Zeitpunkten in gleicher oder unterschiedlicher Menge benötigt, dann werden Bestellmengen hinterlegt – ebenso wie Mindestbestände, bei denen Bestellungen automatisch ausgelöst werden.

- Die Reifegrade von Materialstämmen werden über so genannte Statuswerte angezeigt, siehe Kapitel 7.4.4 „Änderungsmanagement".

- Am Materialstamm wird die Austauschmöglichkeit zu vorausgegangenen oder weiterentwickelten Teilen definiert. Die Ausführungen hierzu enthält ebenfalls Kapitel 7.4.4 „Änderungsmanagement".

- Zudem ist der Materialstamm der Knoten, um Produktstrukturen aufzubauen und damit die Verwendung in unterschiedlichen Produkten festzulegen, siehe Kapitel 3.5.3 „Produktstruktur / Stückliste".

7.4.2.2 Schichtenmodell

Die Bedeutung der Integration von PLM und SCM lässt sich an dem Objekt Materialstamm anhand der folgenden Ausführungen verdeutlichen (siehe Bild 7-5). Die unterste Schicht wird im PLM-Prozess festgelegt und im SCM-Prozess angewandt, während die beiden oberen Schichten im SCM-Prozess festgelegt werden.

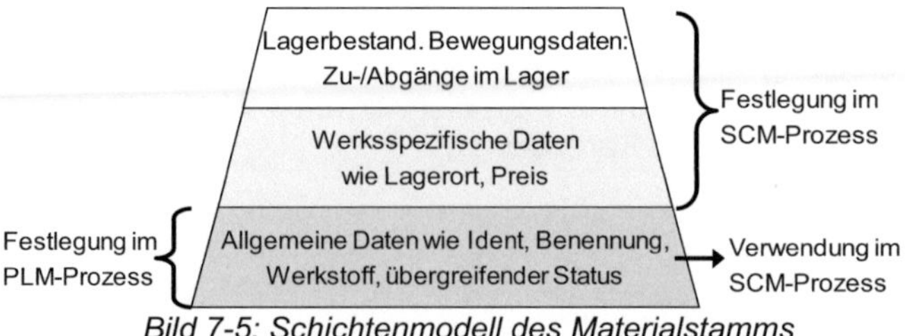

Bild 7-5: Schichtenmodell des Materialstamms

Grundsätzlich besteht ein Materialstamm aus Informationen in drei Schichten:

- Die **untere Schicht** des Materialstamms besteht aus allgemeinen, nicht verwendungsspezifischen Informationen. Diese Informationen kennzeichnen und charakterisieren den Materialstamm und werden nach deren Festlegung – mit Ausnahme des übergreifenden Status – i.d.R. nicht mehr verändert. Die meisten produktbezogenen Materialstämme eines Fertigungsunternehmens entstehen im Rahmen des Produktentstehungsprozesses und damit im PLM-Prozess. Dabei ist es zunächst unerheblich, ob Materialstämme in den Entwicklungsbereichen oder in Bereichen wie der Arbeitsvorbereitung angelegt werden. Die wichtigsten dieser Informationen sind:

    o Ident, also die Nummer des Materialstamms, siehe Abschnitt 7.4.2.3 „Materialnummer".

    o Benennung des Materialstamms, siehe Abschnitt 7.4.2.4 „Benennung".

    o Basismengeneinheit, auch als „Maß- oder Mengeneinheitsschlüssel" bezeichnet siehe [Grup-95], S. 71. Diese Basismengeneinheit enthält Auswahlwerte, beispielsweise Stück, Millimeter, Kilogramm oder Liter.

    o Stufencharakter, auch Teilecharakter genannt, siehe [Grup-95], S. 72. Damit können Verschlüsselungen vorgenommen werden, um zu unterscheiden, ob Materialstämme beispielsweise Einzelteile, Rohmaterial, Fertigungszwischenzustände oder Baugruppen sind.

    o Übergreifender Status, siehe Abschnitt 7.4.2.5 „Materialstammstatus".

- Die **mittlere Schicht** des Materialstamms sind Daten, die verwendungsspezifisch unterschiedlich sind. [Grup-95], S. 58 bezeichnet diese verwendungsspezifische Schicht als Daten unterschiedlicher Segmente: „Der gesamte Sachstamm (Anmerkung des Autors: In der hier verwendeten Terminologie als Materialstamm bezeichnet) wird häufig in die Segmente allgemeine Sachstammdaten, technische Daten der Konstruktion und Arbeitsvorbereitung, Sachstammdaten der Materialwirtschaft und des Einkaufs und Kalkulationsstammdaten unterteilt." Diese Segmente des Materialstamms dienen dazu, den Materialstamm in verwendungs- und damit anwenderbezogene Elemente zu unterteilen. **Lagerort** und **Preis** sind Beispieldaten für die mittlere Schicht des Materialstamms. So hat ein Materialstamm i.d.R. unterschiedliche Lagerorte im Unternehmen – beispielsweise im Zentrallager, in der Fertigung oder in der Montage. Bei innerbetrieblicher Verrechnung eines Teils hat der Materialstamm unterschiedliche Preise. So sind im Fertigungslager die Materialstämme mit den innerbetrieblichen Verrechnungspreisen versehen, die zwischen Fertigung und Montage gelten, im Lager des Service spiegelt der Preis hingegen wieder, was die Kunden für das jeweilige Ersatzteil bezahlen müssen. (Preise sind also nicht ausschließlich mit dem Verkauf eines Produkts verbunden.) Der wesentliche Unterschied zwischen den übergreifenden Materialstammdaten in der unteren Schicht und den Daten der mittleren Schicht besteht darin, dass die Materialstammdaten in der mittleren Schicht nur für ein jeweiliges Segment Gültigkeit haben.

- Die **obere Schicht** im Modell von Bild 7-5 beinhaltet die sogenannten Bewegungsdaten des Materialstamms. Für jedes unterschiedliche physische Lager von Fertigung, Montage, Service oder anderen Bereichen gibt es zu unterschiedlichen Zeitpunkten Zugänge und Abgänge von Komponenten und somit unterschiedliche Lagerbestände.

Die Darstellung in Bild 7-6 verdeutlicht die untere Schicht des Materialstamms am praktischen Beispiel eines PLM-Systems aus dem Maschinenbau [Heid-09c]. Die Bildschirmkopie zeigt vornehmlich Daten der unteren Schicht, wenngleich die sogenannten „beschaffungsrelevanten Daten" und die Materialstammsegmente einen Hinweis darauf geben, dass der Materialstamm die Basis für die SCM-Prozesskette bildet.

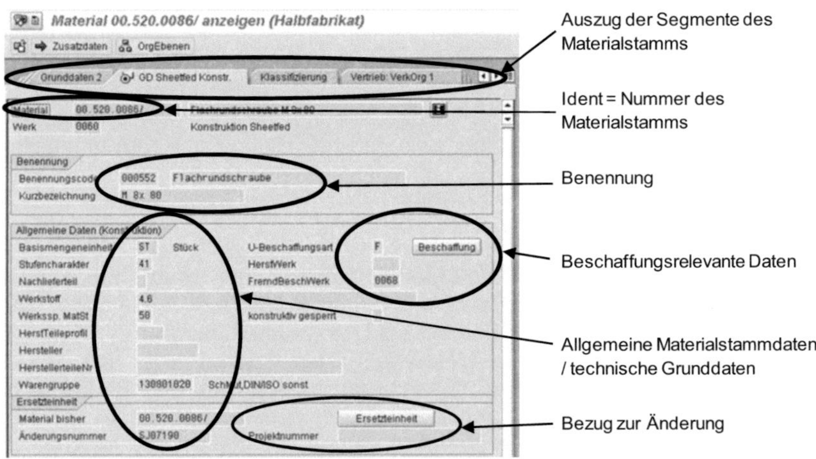

Bild 7-6: Bildschirmkopie eines Materialstamms (Quelle [Heid-09c])

7.4.2.3 Materialnummer

Die wichtigste Eigenschaft einer Materialnummer ist, dass sie eindeutig den mit ihr verbundenen Materialstamm identifiziert; die Materialnummer ist der Ident des Materialstamms. Das bedeutet, dass mit der Materialnummer genau ein Materialstamm bezeichnet wird. Dabei ist anzustreben, dass diese Materialnummer in allen Bereichen innerhalb und möglichst auch außerhalb des Unternehmens identisch verwendet wird. Wird eine Materialnummer im Produktentstehungsprozess geboren, dann ist genau diese Materialnummer auch in der Produktion, im Service und im Verkauf zu verwenden. Materialnummern sind also für die Entwicklung von Teilen, für deren Bestellung bei Lieferanten und deren Einlagerung, sowie für die Ersatzteilversorgung, für Zollpapiere u.v.m. eineindeutig.

Viele Unternehmen setzen für ihre Materialstamm-Benummerung so genannte sprechende Materialnummern ein. Damit können erfahrene Anwender anhand der Nummer beispielsweise erkennen, bei welchem Produkt oder sogar an welchem Verwendungsort eines Produkts der jeweilige Materialstamm eingesetzt wird. Neben den Vorteilen einer sprechenden Materialnummer hat dieses Verfahren auch Nachteile, siehe Tabelle 7-5:

Vorteile einer sprechenden Materialnummer	Nachteile einer sprechenden Materialnummer
• Einfache, weil einprägsame Identifikation eines Materialstamms. • Bessere Bestimmbarkeit des Einsatzortes eines Materialstamms. • Jeder Entwickler erhält einen logisch aufgebauten Nummernbereich für sein (Teil-) Projekt → Einfacheres Zurechtfinden.	• Intelligenz beim Materialnummernaufbau bedeutet Aufwand bei der Materialnummernvergabe. • Bei Mehrfachverwendungen von Materialstämmen liefert die sprechende Materialnummer falsche Ergebnisse.)* • Bestimmte Häufungen von Materialnummern lassen den Schlüssel „platzen" → Dann sind Ersatzlösungen zu schaffen.

Tabelle 7-5: Vor- und Nachteile einer sprechenden Materialnummer

)*: Diesen wichtigen Nachteil einer sprechenden Materialnummer benennt [Grup-95], S. 43: „Die Aussage der Produktzugehörigkeit ist bei Wiederverwendungsteilen falsch, da sie nur auf die erste Verwendung verweist."

Trotz der genannten gravierenden Nachteile sind sprechende Materialnummern in vielen Firmen der Fertigungsindustrie nach wie vor anzutreffen. Die leichtere Identifikation und das einfachere Zurechtfinden sind Hauptgründe hierfür. Eine Möglichkeit, die Vorteile der sprechenden Materialbenummerung zu erhalten, ohne die Nachteile in Kauf nehmen zu müssen, besteht in folgendem Ansatz:

Die sprechenden Bestandteile der Materialnummer werden aus der Materialnummer ausgelagert und über die Materialstammklassifizierung verschlüsselt. Mit dieser Vorgehensweise kann die Materialnummer nicht-sprechend gestaltet werden. Die Nachteile dieser Vorgehensweise allerdings sind:

• Zwar ist die Materialnummer in allen relevanten Bildschirmanzeigen von PLM-/ERP-Systemen sichtbar, die Klassifizierungsinformation dagegen muss erst durch die Anwender aufgerufen werden.

- Auch in anderen Systemen und Papierausdrucken ist die Materialnummer (und die Benennung) i.d.R. direkt sichtbar – anders als die Klassifizierungsinformation.

Damit bleibt vielfach die teilweise unbefriedigende Vorgehensweise der sprechenden Materialnummer auch bei Einsatz moderner IT-Systeme bestehen.

Wird ein Teil technisch weiterentwickelt, bleibt aber im Grundsatz unverändert, dann wird vielfach keine neue Materialnummer vergeben, sondern die Materialgrundnummer erhält einen Änderungsindex – auch dafür ein Beispiel, siehe Tabelle 7-6.

Die Grundnummer, d.h. der Teil der Materialnummer vor dem Änderungsindex, der in Tabelle 7-6 dargestellten Materialnummer lautet G2.011.128F/. Nach drei technischen Weiterentwicklungen des Teils ist der Änderungsindex der neuesten Materialnummer /03. Die Indizierung dient der Unterscheidung und der Abgrenzung der Teile, ohne dass deren inhaltliche Verbindung oder Verwandtschaft verloren geht.

Natürlich ist es prinzipiell möglich, bei jeder technischen Änderung des Materialstamms eine neue Materialnummer zu vergeben. In der praktischen Anwendung ist es allerdings zweckmäßig, die Grundnummer unverändert zu lassen und die Materialnummer zu indizieren. Mögliche Gründe für die Indizierung:

- Einfachere Identifikation des Teils für alle Unternehmensbereiche, also Entwicklung, Montage, Fertigung, Service, Einkauf. Teile, die sich konstruktiv weiterentwickeln, sind anhand ihrer identischen Grundnummer leichter zu identifizieren.

- Zu jedem Zeitpunkt ist immer nur genau ein Indexstand konstruktiv gültig. Diese firmenspezifische Regelung hat den Vorteil, dass es insgesamt verhältnismäßig wenige tatsächlich verwendete „aktive" Materialnummern gibt. Das Thema wird in Abschnitt 7.4.4 „Änderungsmanagement" beschrieben.

- Auch in der Produktion ist zu jedem Zeitpunkt immer genau ein Indexstand gültig. Die Umsetzung in der Produktion „hinkt" der konstruktiven Gültigkeit hinterher.

- Über die Indizierung ist es einfacher möglich, diese Gültigkeit von Teilen abzugrenzen. Auch hierzu enthält Abschnitt 7.4.4 weitere Ausführungen.

Materialnummer	Benennung
G2.011.128F/	Greifergehäuse
G2.011.128F/01	Greifergehäuse
G2.011.128F/02	Greifergehäuse
G2.011.128F/03	Greifergehäuse

Tabelle 7-6: Beispiel Materialnummer mit Änderungsindex (Quelle [Heid-09c])

Materialnummern beziehen sich auf Materialstämme. Abschnitt 7.4.3 „Dokument" stellt Grundlagen zur Benummerungssystematik von Dokumenten vor. Dabei werden auch die Konsequenzen derselben Benummerung von Dokument und Materialstamm dargestellt und bewertet.

7.4.2.4 Benennung

Die Benennung eines Materialstamms erfüllt mehrere Aufgaben. Zunächst muss eine Benennung kurz und prägnant das jeweilige Teil beschreiben. Zudem wird die Benennung von Teilen in technischen Dokumentationen wie dem Ersatzteilkatalog, auf Rechnungen, Lieferscheinen und Zollpapieren verwendet. Aus Gründen der Durchgängigkeit und der Fehlerminimierung ist anzustreben, ein und denselben Materialstamm für jeden dieser Verwendungszwecke gleich zu benennen, also für eine einheitliche Materialstammbenennung zu sorgen.

Es ist sinnvoll, Benennungen von Materialstämmen zu standardisieren. Standardisierung bedeutet, einander sehr ähnliche Teile möglichst gleich zu benennen. [Grup-95], S. 69: „Gleiche Sachen müssen mit der gleichen Bezeichnung versehen werden." Zudem sind Regeln zu beachten wie „Bei Teilen sollte sich die Benennung auf die Außenform und auf Eigenschaften / Merkmale beziehen, dagegen nicht auf die Verwendung." Also: „Sechskantschraube", anstatt „Schraube im Anleger".

Mit einer solchen Standardisierung werden zum einen Suchanfragen nach Materialstämmen erleichtert, zum anderen die Übersetzungsprozesse von Benennungen vereinfacht, da weniger Benennungen zu übersetzen sind. Eine mögliche Technik der Standardisierung von Benennungen besteht darin, so genannte Benennungscodes einzuführen, die ihrerseits mit Materialstämmen verknüpft werden. Einem Materialstamm werden Benennungen damit indirekt zugeordnet. Mit dieser Methode werden dieselben Benennungen damit mehrfach verwendet. Tabelle 7-7 zeigt hierfür ein Beispiel.

Benennungs-code	Benennung deutsch	Benennung englisch	Benennung französisch	Benennung spanisch
002788	Ölrohr	Oil tube	Tuyau d'huile	Tubo aceite
000029	Bolzen	Pin	Axe	Perno
000187	Dichtring	Gasket	Bague d'étanchéité	Junta anular

Tabelle 7-7: Beispiel für Benennungscodes (Quelle [Heid-09c])

7.4.2.5 Materialstammstatus

Die Betrachtung des PLM-Prozesses in Abschnitt 7.4.1 „Prozesse im Fertigungsunternehmen" verdeutlichte die Lebensphasen, die ein Produkt von dessen Entstehung bis zu dessen Ausphasen durchläuft. Dabei ist ein Produkt kein in sich geschlossenes System. D.h., nicht alle Teile oder Baugruppen eines Produkts entstehen und enden zusammen mit dem gesamten Produkt, sondern jedes Teil und jede Baugruppe hat ihrerseits selbst wieder Lebensphasen. Die Umsetzung dieser Lebensphasen im PLM-System erläutert der Abschnitt 7.4.4 „Änderungsmanagement". Die Auswirkungen der Lebensphasen auf das Objekt Materialstamm werden im vorliegenden Abschnitt beleuchtet.

Jedes PLM-Objekt, also auch der Materialstamm, durchläuft die in Abschnitt 7.4.1 „Prozesse im Fertigungsunternehmen" vorgestellten Lebensphasen des PLM-Prozesses. Um zu dokumentieren, an welcher Station sich ein jeweiliges Objekt befindet, erhält jedes Objekt einen so genannten Status. Der Status bildet den Reifegrad eines Objekts ab. Laut DIN EN 82045-1 ist der Reifegrad: „Vom Verwendungszweck abhängiger Vollständigkeitsgrad der Informationen zu einem Objekt (..)". Bei jedem Statuswert sind bestimmte Aktionen von bestimmten Anwendern erlaubt oder verboten. Ein Statuskonzept ist firmenspezifisch zu entwickeln und auf die Komplexität der Produktpalette abzustimmen. Im Allgemeinen ist davon auszugehen, dass komplexere Produkte komplexere Prozesse und damit ein umfangreicheres Statusnetz mit sich bringen. Bild 7-7 zeigt das Beispiel eines möglichen Statusnetzes. Das Bild verdeutlicht den Zusammenhang zwischen dem PLM-Prozess und dem Materialstammstatus. Die jeweiligen Materialstammstatuswerte stehen in den hellgrauen Kästchen. Die Statuswerte in Bild 7-7 haben folgende Bedeutung:

- **Angelegt:** Erster Statuswert, den ein Materialstamm automatisch bei seiner Anlage erhält. Dieser Status wird während der eigentlichen Entwicklungsphase vergeben – deshalb die Verbindung zwischen dem Teilprozess „Entwicklung" und dem Status „angelegt". Bei diesem Status sind Änderungen am Materialstamm noch zulässig, d.h. alle Attribute des Materialstamms können noch geändert werden.

- **Prototyp:** Die Komponente, die dieser Materialstamm beschreibt, wird für Prototypen (= Versuche) verwendet. Damit ist es wichtig, dass dieser Materialstamm sich inhaltlich nicht mehr ändert. Ab diesem Status beginnt also die Indexpflicht des Materialstamms. Da das Teil für Versuche verwendet wird, ist eine begrenzte Beschaffung (Einkauf oder Fertigung) erlaubt. Das Teil wird noch nicht nach Serienbedingungen hergestellt.

- **Produktionsvorbereitungsfreigabe:** Ab hier beginnt die eigentliche Planung nach Seriengesichtspunkten. Betriebsmittel und Vorrichtungen für selbst gefertigte Teile werden beauftragt, bei Einkaufsteilen starten konkrete Lieferantenanfragen.

- **Produktionsfreigabe:** Teile und Baugruppen werden von der Konstruktion vollständig für Serienfertigung und -Montage freigegeben. Die Montagen planen den konkreten Einsatz. Ab diesem Zeitpunkt kann die Serienmontage beginnen.

- **Konstruktiv ausgelaufen:** Das Teil wird konstruktiv nicht mehr verwendet. Möglicherweise gibt es ein Nachfolgeteil.

- **Serienbeschaffung gestoppt:** Ab diesem Status wird das Teil für die Serienproduktion nicht mehr beschafft. Die verfügbaren Bestände des Teils können allerdings noch in Serienmaschinen verbaut oder für Ersatzteilzwecke gelagert werden.

- **Ausgelaufen:** Das Teil wird in keiner Serienproduktion mehr verwendet. Das Teil hat höchstens noch Verwendung für Servicebelange (also im Ersatzteilgeschäft).

- **Obsolet:** Das Teil ist „tot". Beispielsweise erhält ein Teil dann diesen Status, wenn es in keiner Maschine verbaut ist. Möglicher Grund: Im Entwicklungsprozess wurde das Teil bereits frühzeitig in ein Nachfolgeteil geändert.

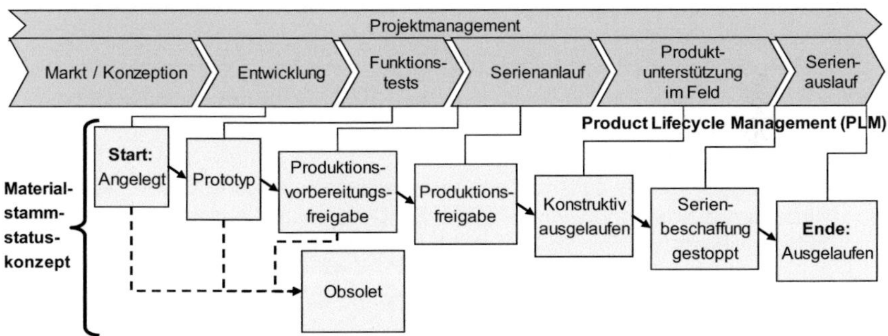

Bild 7-7: Produktlebenszyklus und Materialstammstatus (Anlehnung [Heid-09c])

Im Unterschied zu den anderen Attributen, die im PLM-Prozess entstehen, besteht das Wesen des Materialstammstatus darin, dass er sich ändert, wohingegen der Ident, die Benennung und andere allgemeingültige Materialstammattribute i.d.R. nicht verändert werden.

7.4.3 Dokument

7.4.3.1 Definition

[ArDe-05], S. 84 stellen das Dokumentenmanagement als „den (zentralen) Teil des Product Lifecycle Management dar, das der Verwaltung aller Unterlagen (also den Dokumenten – Anmerkung des Autors) dient, die im Verlauf der Lebensdauer eines Produkts entstehen oder verwendet werden." Die bisher beschriebenen PLM-Objekte Materialstamm und Produktstruktur, sowie die noch zu beschreibenden Objekte Technische Änderungen und Varianten bestehen aus numerischen Informationen, die in Tabellen in der PLM-Datenbank gespeichert sind. Im Unterschied dazu haben Dokumente zwei Bestandteile: Metadaten und Inhalt.

Definitionen (Quelle DIN EN 82045-1):

Dokument: *„Festgelegte und strukturierte Menge von Informationen, die als Einheit verwaltet und zwischen Anwendern und Systemen ausgetauscht werden kann."*

Metadaten für Dokumente: *„Daten zur Beschreibung von Dokumenten und deren Management."*

Inhalt: *„Themenbezogene Informationen in einem Dokument"*

Beispiele für Dokumente im PLM-Umfeld sind Lastenheft, Pflichtenheft (=Technische Umsetzung der Lastenheft-Anforderungen), Versuchsbericht, 3D-CAD-Modell, 2D- Zeichnung.

Eine aus PLM-Sicht mögliche Erläuterung des Objekts „Dokument" ist – angelehnt an die Terminologie, wie sie von dem Softwareanbieter SAP verwendet wird – die Folgende:

- Eine Datei, die in einem Verwaltungssystem abgelegt wird, von einem Programm bearbeitet wird (Word, CAD) und aus einem DIS und einem oder mehreren Originalen besteht.

- DIS = Dokumentinfosatz (Verwaltungssatz eines Originals in SAP).

- Dokument-Nutzdaten oder Dokument-Originale sind archivierbare Informationsträger (wie z.B. Spezifikation, CAD-Modell).

Bild 7-8 verdeutlicht den Zusammenhang zwischen Dokument-Metadaten und dem Inhalt des Dokuments (= Dokument-Original):

- In Bild 7-8 sind Dokument-Metadaten mit drei unterschiedlichen Dokumentarten abgebildet: CAL, DRW und MOD.

- Ebenso wie der Materialstammstatus zeigt der Dokumentstatus den Reifegrad des jeweiligen Dokuments.

- Zwei dieser Dokumentarten sind CAD-Dokumente (CAD = „X"): MOD = 3D-Modell und DRW = 2D-Zeichnung.

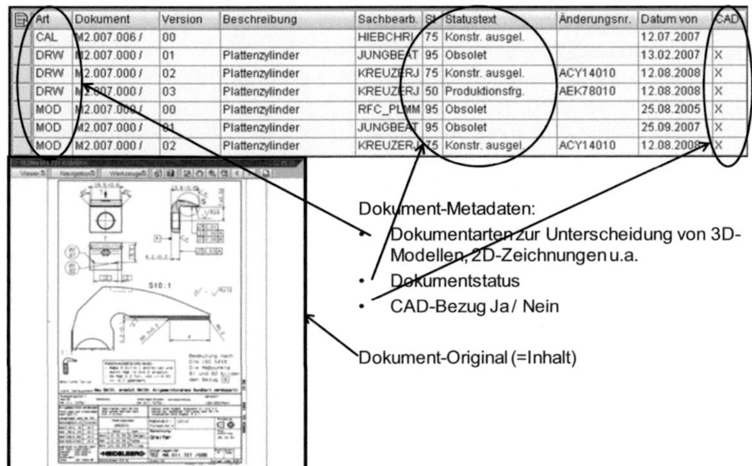

Bild 7-8: Metadaten und Originaldaten von Dokumenten (Quelle [Heid-09c])

7.4.3.1 Zuordnung Materialstamm – Dokument

Im PLM-Prozess kann es vielfältige Dokumente geben. Dokumente lassen sich über so genannte **Dokumentarten** gliedern.

Definition Dokumentart (Quelle [SAP-09]):

Bestandteil des Dokumentschlüssels, der die Dokumente nach charakteristischen Merkmalen und den sich daraus ergebenden organisatorischen Abläufen klassifiziert.

Im PLM-System gibt es Dokumente,

- die einen Bezug zu konkreten Komponenten haben (z.B. CAD-Modelle, FEM-Berechnungen, Teilespezifikationen) und

- Dokumente, die nicht notwendigerweise einen Bezug zu Komponenten haben (z.B. Versuchsberichte, Lieferantenbewertungen).

Während die Materialstämme die physischen Komponenten im PLM-Prozess verkörpern, beschreiben die komponentenbezogenen Dokumente unterschiedliche Facetten derselben Teile. So beschreibt eine Spezifikation die geforderten Eigenschaften, ein CAD-Modell u.a. die geometrischen Eigenschaften und eine FEM-Berechnung die Festigkeit derselben Komponente. Daraus folgt, dass es sinnvoll ist, Materialstämme und Dokumente eng aneinander zu koppeln, sowie die Benummerungslogik von Dokumenten und Materialstämmen aufeinander abzustimmen, siehe Bild 7-9:

- Mit einem Materialstamm können n Dokument-Metadatensätze verknüpft sein, beispielsweise ein Metadatensatz für das 3D-CAD Modell und ein Metadatensatz für die 2D-CAD Zeichnung.

- Im Falle von CAD-Modellen können die einem Dokument-Metadatensatz zugeordneten Originale das CAD-Ursprungsformat sowie diverse Neutralformate (pdf, tiff, STEP, u.a.) sein.

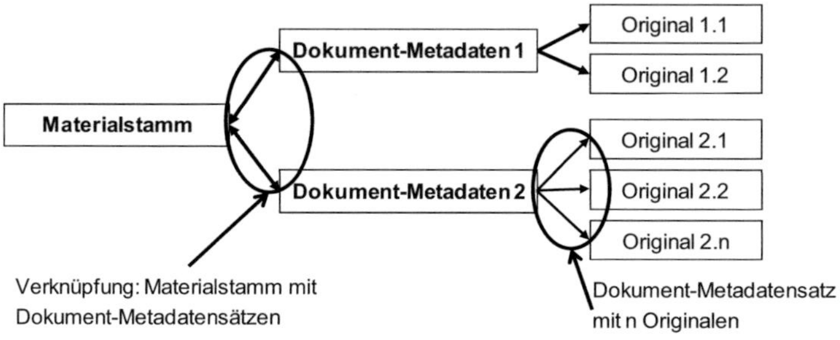

Bild 7-9: Zuordnung von Materialstamm und Dokument

Zusätzlich zur Verknüpfung von Materialstamm und Dokument ist es sinnvoll, die Benummerungslogik der beiden Objekte aufeinander abzustimmen. [Grup-95], S. 43: „Die Sache und ihre Unterlagen sollten nach Möglichkeit die gleiche Nummer haben." Üblicherweise ist der Ident eines Dokuments gegenüber dem eines Materialstamms um einige Bestandteile erweitert (Bild 7-10). Erläuterung:

- Sinnvollerweise entspricht der Materialstammident einem Teil des Dokument-Idents – in Bild 7-10 ist dies die Dokument-Nummer.

- Über die Dokumentart wird ausgedrückt, ob das Dokument ein 3D-CAD-Modell, eine Spezifikation oder dergleichen ist.

- Es ist ggf. erforderlich, zusätzlich zu der im Materialstamm enthaltenen Indexführung, Dokumente zu versionieren. Damit kann ermöglicht werden, dass demselben Materialstamm Dokumente mit unterschiedlichen Versionen zugeordnet werden.

- Ein evtl. weiterer Ident-Bestandteil könnte der „Dokumententeil", also der Teil eines Dokuments sein.

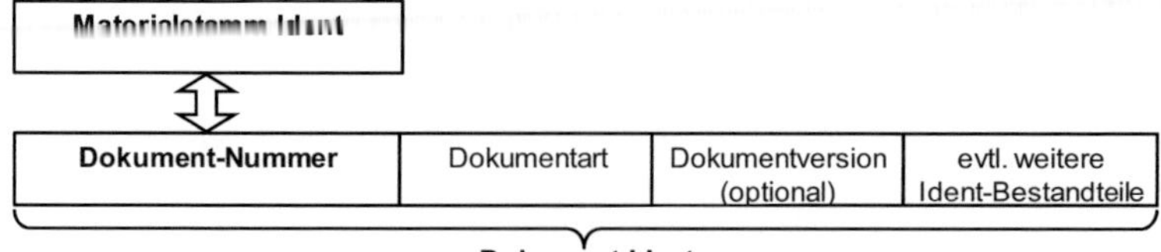

Bild 7-10: Identifizierung von Materialstamm und Dokument

7.4.3.2 Statuskonzept

Der Lebenszyklus von Dokumenten muss ebenso wie derjenige von Materialstämmen mittels eines Statuskonzepts unterstützt werden, siehe Abschnitt
7.4.2.5 „Materialstammstatus". Auch der Dokumentstatus erlaubt, verbietet
oder forciert Aktionen von Anwender(gruppen). Die Statusnetze der Dokumente sind dabei abhängig von der Dokumentart. Zudem sind die Statusnetze
komponentenbezogener Dokumentarten an das Materialstammstatusnetz der
Materialstämme anzulehnen. Es muss firmenspezifisch festgelegt werden, ob
mehrere Dokumentversionen gleichzeitig gültig sein dürfen oder ob zu jedem
Zeitpunkt jeweils nur eine Dokumentversion gültig sein darf. Ebenso wie mit
dem Materialstammstatus sind mit den Statuswerten der Dokumente Zugriffs-
rechte verbunden. D.h., dass Anwender(gruppen) statusabhängig Zugriff auf
Dokumente erhalten.

7.4.4 Änderungsmanagement

7.4.4.1 Definition

Jede Neuentwicklung oder Weiterentwicklung sowie jede Produktpflegemaßnahme muss konstruiert, in Produktion umgesetzt und in Serie eingesteuert
werden. [Wild-06a] betont in seiner Präambel die entscheidende Bedeutung
des Änderungsmanagements im Produktentstehungsprozess. Mit Hilfe der
technischen Änderungen werden alle anderen PLM-Objekte wie Materialstämme, Dokumente, Produktstrukturen, Varianten und auch Arbeitspläne geboren, durchlaufen die Lebensphasen des PLM-Prozesses und gehen schließlich aus der Serie. Das Änderungsmanagement wird also als wesentlicher Teil
des PLM-Prozesses gesehen. Dass das Änderungsmanagement durchaus
auch als eigenständiges IT-System mit Schnittstellen zu den PLM-/ERP-
Systemen im Unternehmen realisiert werden kann, beschreiben [AbVe-06].

Die technische Änderung verknüpft die PLM-Objekte miteinander und bringt
sie in die richtige zeitliche Reihenfolge. [ArDe-05], S. 141 definieren in Anlehnung an DIN 199-4 das Änderungsmanagement Folgendermaßen:

Definition Änderungsmanagement (Quelle [ArDe-05]):

*„Das Änderungsmanagement ist die Organisation, Durchführung und Doku-
mentation eines Änderungsvorgangs, der Summe aller Änderungsmaßnah-
men im Rahmen des Änderungsvorlaufes und der Änderungsdurchführung."*

7.4.4.2 Anforderungen an das Änderungsmanagement

Vor der Umsetzung und nach der Umsetzung einer Änderung ist ein Produkt
jeweils in einem auslieferungsfähigen Zustand. Wenn dies nicht gegeben ist,
dann ist eine Änderung unvollständig. Alle Komponenten, die Umfang einer
Änderung sind, müssen zu genau einem Termin in dem Produkt verbaut sein;
siehe zur Verdeutlichung die schematische Darstellung in Bild 7-11.

Bild 7-11: Zustand des Serienprodukts vor und nach einer technischen Änderung

Ein wirksames Änderungsmanagement erfüllt folgende Anforderungen:

- Jede Neu-/Weiterentwicklung und jede Produktpflegemaßnahme muss entwickelt, in Produktion umgesetzt und in Serie eingesteuert werden. Das prinzipielle Verfahren der Änderungsabwicklung ist dabei unabhängig davon, wie umfangreich die umzusetzende Maßnahme ist. Alle zu ändernden Objekte werden über dasselbe Verfahren dem Änderungsprozess unterzogen. Das heißt, dass das Verfahren anwendbar sein muss bei Kleinständerungen mit einer oder wenigen Komponente aber auch bei Änderungen, die neue Maschinenfunktionen, neue Baugruppen oder sogar komplette Produkte umfassen.

- Freigegebene Komponenten müssen von Komponenten unterschieden werden können, die sich im Entwicklungsstadium befinden. Diese Unterscheidung ist laut [Grup-95], S. 61 erforderlich, um in Gewährleistungsfällen eine klare Rekonstruktion des Freigabeablaufs zu ermöglichen. Zudem merkt er an, dass „die Aufbewahrungs- und Nachweispflicht der Teilefreigabe (..) zehn und mehr Jahre betragen" (kann). Komponenten, die im PLM-Prozess entstehen, müssen entwickelt, evtl. simuliert, getestet und schließlich freigegeben werden, bevor sie als Serienteile im Produktionsprozess eingesetzt werden können. Grundlage für die Umsetzung dieser Anforderung ist das Management des Reifegrads von Teilen und Stücklisten, siehe Abschnitt 7.4.2.5 „Materialstammstatus".

- Das Änderungsmanagement muss Einstellmöglichkeiten bieten, um unterschiedliche Umfänge, Dringlichkeiten und unterschiedliche beteiligte Bereiche optimal abzuwickeln.

- Der Service hat folgende Anforderung an das Änderungsmanagement: Es muss definiert werden können, wie im Servicefall mit geänderten Teilen umzugehen ist. Also: Kann das neue geänderte Teil anstelle des ursprünglich verbauten Teils verwendet werden oder nicht?

- Eine Änderung umfasst alle Komponenten, die gemeinsam geändert werden müssen, um wieder eine funktionierende Einheit zur Verfügung zu stellen. Mit einer Änderung muss es möglich sein, Komponenten zu klammern. Alle geklammerten Komponenten sollen ab demselben Zeitpunkt in den Serienprozess – genauer: in Serienmaschinen – einfließen. Vor und nach einer Änderung muss das Gesamtprodukt einen auslieferfähigen, baubaren und damit einen funktional konsistenten Zustand aufweisen. Eine technische Änderung umfasst also alle Komponenten, die erforderlich sind, um nach der Änderung wieder einen baubaren Zustand zu erhalten. Dabei sind in eine technische Änderung nicht mehr Komponenten aufzunehmen, als notwendig sind, um eine funktionierende Einheit zu erhalten. Auch [Wild-06a], S. 157 beschreibt die Bündelung von Komponenten zu einer Änderungen, erwähnt dabei allerdings nicht, dass die Bündelung dann erforderlich ist, wenn funktional zusammen gehörende Änderungen gemeinsam in die Produktion einfließen müssen.

Das Thema Bündelung von Komponenten zu einer Änderung illustriert Bild 7-12. Erläuterung hierzu – bezogen auf die Zielsituation:

- Teil 1 wird verkürzt, die Schraubenverbindung zwischen Teil 1 und 2 erhält einen größeren Durchmesser und erfordert damit eine größere Schraube, Teil 2 wird verlängert.

- Alle drei Teile (Teil 1, Teil 2 und die Schraubenverbindung zwischen diesen beiden Teilen) müssen gemeinsam geändert werden und dürfen nicht zu unterschiedlichen Zeitpunkten in die Produktion einfließen; ansonsten wäre das Produkt in einem funktional inkonsistenten Zustand.

- Die im Beispiel angedeutete weitere Änderung – nämlich der Einbauort unten – ist unabhängig von der obigen Änderung. Diese Änderung kann somit separat durchgeführt werden und braucht nicht mit den anderen Teilen geklammert zu werden.

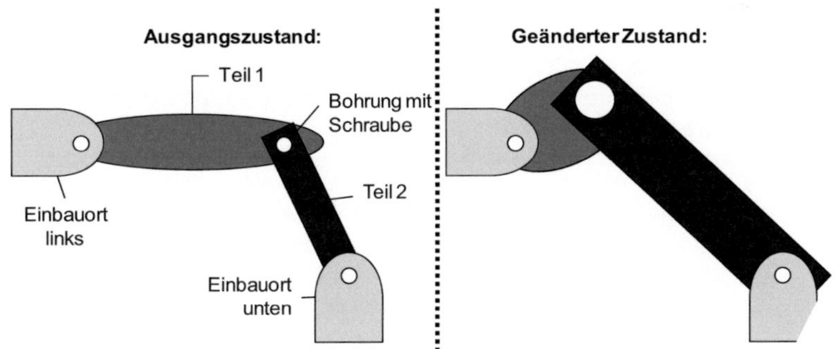

Bild 7-12: Technische Änderung mit mehreren Teilen – beispielhafte Darstellung

7.4.4.3 Ausgestaltung des Änderungsmanagements

Die Ausgestaltung und die Umsetzung des Änderungsmanagements erfolgt i.d.R. firmen- und produktspezifisch. Einfache, kurzlebige Produkte, die nach der Entwicklung ohne weitere Änderungen produziert werden, benötigen u.U. nur Teilaspekte des hier vorgestellten Änderungsmanagements. Die Arbeit stellt eine Änderungsmethode für komplexe, langlebige Produkte vor, die in ihrem Produktlebenszyklus häufig geändert werden, siehe Kapitel 2 „Untersuchungsgegenstand: (Sonder-)Maschinenbau". Die im Folgenden erläuterte dreistufige Änderungsmethodik dient dazu, die zuvor genannten Anforderungen an ein technisches Änderungsmanagement zu unterstützen. Erläuterung hierzu:

- **Vorbemerkung:** [Kohl-07], S. 275ff beschreibt Grundzüge des Änderungsmanagements, die mit Hilfe der SAP-Software R/3 umgesetzt werden. Die beiden oberen Stufen der Änderungshierarchie sind Standardobjekte von R/3. Die untere Stufe – „Ersetzteinheit" – ist eine firmenspezifische Erweiterung der Heidelberger Druckmaschinen AG.

- **Änderungseinheit:** Eine Änderungseinheit bildet die Klammer über alle Änderungen, die funktional zusammen gehören. Im Beispiel des Bildes 7-12 sind das die Teile 1 und 2 sowie die Schraube, die diese beiden Teile miteinander verbindet. Neben mechanischen Teilen zählen hierzu auch elektromechanische Teile, Software, u.a.. Wie jedes Objekt im PLM-System hat auch die Änderungseinheit einen Ident und eine Benennung. Alle Objekte – z.B. Materialstämme und Produktstrukturen –, die einer Änderungseinheit zugeordnet sind, fließen ab einem einheitlichen Zeitpunkt in die Produktion ein. Die Änderungseinheit trägt ein Datum mit der Aussage, wann die Änderungseinheit in der Produktion umgesetzt wird („gültig ab"-Termin). Für die Abwicklung unterschiedlicher Dringlichkeiten kann es Abwicklungsformen von Änderungen geben, z.B.:

  - **Kostenorientierte Änderungen** werden dann umgesetzt, wenn die Änderungskosten insgesamt am geringsten sind. Den „gültig ab"-Termin für Änderungen dieser Art legt die Produktion im Zusammenspiel mit dem Einkauf und damit in der Interaktion mit den Lieferanten fest. Bei dieser Art der Änderungsumsetzung werden Bestände und Abnahmeverpflichtungen berücksichtigt, Verschrottungs- und Nacharbeitskosten werden minimiert.

  - **Projekt- oder terminorientierte Änderungen** werden zu einem definierten Termin umgesetzt – und zwar zum beabsichtigten Einführungszeitpunkt des Produktentwicklungsprojektes, das mit der projektorientierten Änderung verknüpft ist. Die Terminierung dieser Änderung wird also vom Management vorgegeben.

  - **Sofortänderung:** Ausgelieferte Zustände, die Personenschäden oder andere schwerwiegende Probleme verursachen können, müssen sofort geändert und unmittelbar in der Produktion umgesetzt werden können. [Wild-06a], S. 156 nennt diese Art der Änderung „Sofortänderung".

- **Änderungspaket:** Änderungspakete unterteilen die Änderungseinheit in sinnvolle Arbeitsumfänge. Ein Änderungspaket ist genau einer Änderungseinheit zugeordnet. Änderungseinheiten können aus mehreren Änderungspaketen bestehen. Änderungen werden häufig nach organisatorischen Kriterien unterteilt, z.B. Konstruktion Mechanik / Elektrik. Die Unterteilung in Änderungspakete hat keinen Einfluss auf die terminliche Umsetzung der Änderung, d.h. alle Änderungspakete haben denselben „gültig ab"-Termin.

- **Ersetzteinheit:** Ersetzteinheiten stellen die Beziehung einer oder mehrerer Komponenten zu ihrer oder ihren technischen Nachfolgern dar. Zur technischen Änderung gehören laut [Grup-95], S. 103 das Entfernen, das Ersetzen oder das Hinzufügen einer Stücklistenposition, sowie die Änderung der Mengenangaben. In variantenbehafteten Stücklisten ist auch die Änderung der Varianten Inhalt einer technischen Änderung. Im einfachen Fall beschreiben die Ersetzteinheiten, welche Komponente durch welche andere Komponente in allen Stücklistenverwendungen ersetzt wird (1:1-Beziehung in Bild 7-13). Im komplexen Fall beschreiben sie, welche Komponenten durch welche anderen Komponenten in welchen Verwendungen ersetzt werden (n:m-Beziehung). Ersetzteinheiten geben damit die Änderungsvorgänge an Komponenten wider, sie ermöglichen die Beschreibung der Änderungsvorgänge mit Austauschbarkeit und Änderungsbeschreibung. Damit unterstützen die Ersetzteinheiten die Weiterbearbeitung der Änderung in der Produktion und stellen schließlich wesentliche Informationen für den Ersatzteil-Service bereit. Das Attribut **Austauschbarkeit** von Komponenten zeigt an, wie sich der neue Komponentenzustand zum alten Zustand in Bezug auf die Austauschbarkeit verhält. Unterschieden wird dabei laut Bild 7-14:

  o Teil ist austauschbar (Wert Attribut Austauschbarkeit: 0)

  o Teil ist rückwärts austauschbar (Wert Attribut Austauschbarkeit: 1)

  o Teil ist nicht austauschbar (Wert Attributs Austauschbarkeit: 2)

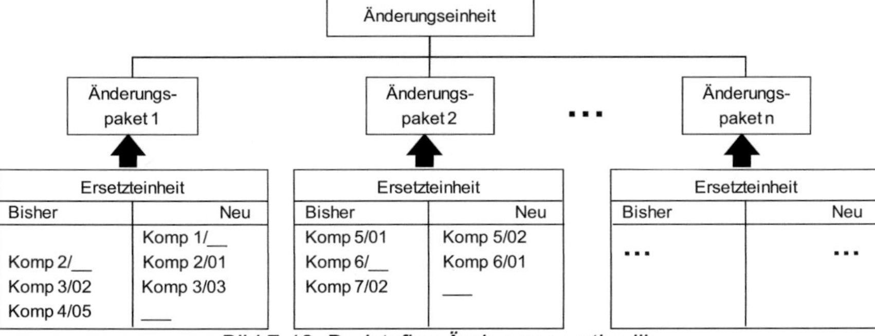

Bild 7-13: Dreistufige Änderungsmethodik

Alle Änderungen, die mit Austauschbarkeit 0 oder 1 versehen sind, führen dazu, dass die bisherigen Komponenten („Material bisher" in Bild 7-14) im Ersatzteilfall nicht bevorratet werden müssen. Die bisherigen Komponenten, die sich noch in den jeweiligen Ersatzteillagern befinden, werden im Ersatzteilfall verkauft. Wenn keine bisherigen Komponenten mehr am Lager sind, dann können anstelle dieser Komponenten die neuen Komponenten („Material neu") verkauft werden. Dieses Prinzip funktioniert natürlich auch über mehrere Ersetzungen hinweg. Lediglich diejenigen Komponenten müssen bevorratet werden, die mit Austauschbarkeit 2 (nicht austauschbar) geändert wurden. Im Beispiel von Bild 7-14 sind das die Materialstämme F2.005.101 /02, /03 und /05.

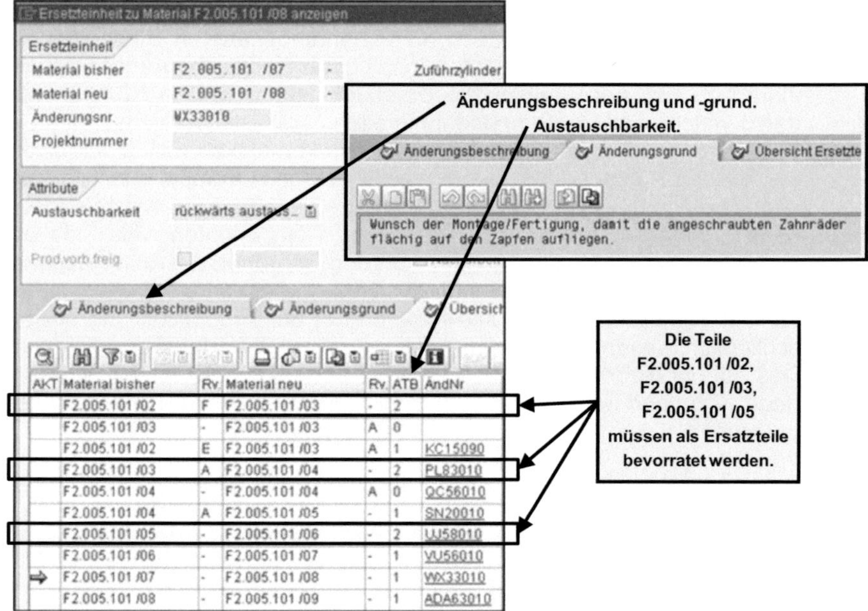

Bild 7-14: Abbildung der Ersetzteinheit im PLM-System (Quelle [Heid-09c])

Das im Umfeld Änderungsmanagement abschließende Bild 7-15 bringt den Prozess der technischen Änderung mit dem gesamten PLM-Prozess in Zusammenhang. Wie Bild 7-15 zeigt, sind die vier benannten Hauptschritte der Umsetzung der technischen Änderung in den PLM-Phasen Entwicklung, Funktionstests und Serienanlauf angesiedelt.

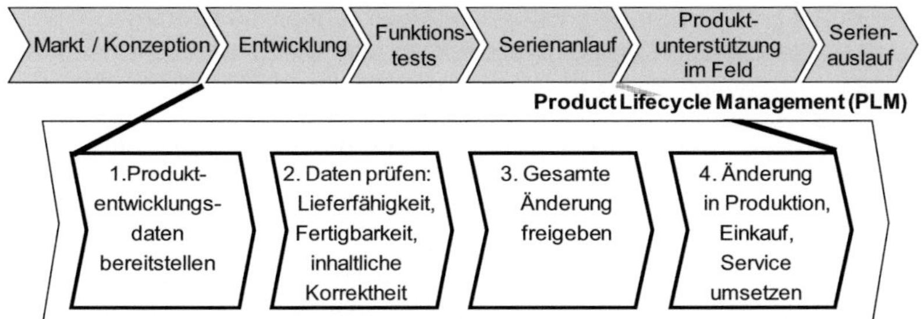

Bild 7-15: Zusammenhang zwischen PLM-Prozess und technischen Änderungen

7.4.5 Varianten

7.4.5.1 Variantentabellen

Nicht alle möglichen Kombinationen von Varianten in Produktstrukturen sind technisch sinnvoll und damit zulässig. Zudem sollen beispielsweise aus Marketinggründen nur bestimmte Kombinationen von Varianten verkauft werden. Es bedarf also eines Instruments, mit dem die Kombinationen, die tatsächlich als verkaufbare Konfigurationen angeboten werden, explizit beschrieben werden. Beispiele:

- Im Automobilbereich sind bestimmte Motorausführungen nur für bestimmte Modellreihen zulässig.

- Bei Bogenoffsetmaschinen kann eine sinnvolle und damit zulässige Konfiguration darin bestehen, dass eine Maschine acht Druckwerke und eine Wendung nach dem vierten Druckwerk hat. Dagegen ist eine 8-Farbenmaschine mit Wendung im 7. Werk möglicherweise keine sinnvolle Kombination. Eine Maschine mit vier Druckwerken und einer Wendung im fünften Druckwerk ist eine unmögliche Kombination und somit auch nicht erlaubt.

Das Instrument, um systematisch die zulässigen Kombinationen von Varianten abzubilden, heißt in der SAP-Terminologie **„Variantentabellen"**. [Kohl-07], S. 193: „Variantentabellen beschreiben gültige Kombinationen von Merkmalswerten". Die Darstellung in Tabelle 7-8 zeigt eine typische Variantentabelle. Erläuterung hierzu:

- Üblicherweise werden in einer Variantentabelle die zulässigen Kombinationen explizit aufgeführt; nicht dargestellte Kombinationen sind somit nicht erlaubt.

- Die oberen beiden Zeilen beinhalten die Variantenmerkmale und die möglichen Merkmalsausprägungen (= „Werte") für diese Merkmale.

- Die Zeilen darunter (# 1 bis # 4) enthalten über die Kreuze in jeweils einer Zeile eine zulässige Kombination von Merkmalen und Ausprägungen.

Datum: 08.04.2009	Merkmal I			Merkmal II		Merkmal III		
Gültige Variantenkombination	Wert 1	Wert 2	Wert 3	Wert 1	Wert 2	Wert 1	Wert 2	Wert 3
# 1	X	X		X		X		
# 2			X		X		X	
# 3		X		X	X	X		
# 4		X	X					X

Tabelle 7-8: Variantentabelle

7.4.5.2 Konfiguration

Um das gewünschte Produkt im Sinne eines Kundenauftrags genau zu spezifizieren, ist es erforderlich, für jedes Merkmal des Produkts genau eine Ausprägung auszuwählen. Über diese Auswahl wird genau ein vollständiges Produkt bestimmt.

Definition Konfiguration (Anlehnung an [ArDe-05], S. 209f und an ISO 10007):

„Die Konfiguration ist die Summe der funktionellen und physischen Merkmale eines Produkts, wie sie in seinen technischen Dokumenten beschrieben und im Produkt selbst umgesetzt sind."

Diese Beschreibung heißt Konfiguration. Die Sprachen des Kunden und desjenigen, der die Varianten technisch beschreibt, können unterschiedlich sein. Der Kunde spricht dabei eine „einfachere" Sprache; er beschreibt lediglich die Ausführungen, die direkt relevant für die Ausgestaltung des jeweiligen Produkts sind. Andere – technische – Merkmale und Ausprägungen werden aus Merkmalen und Ausprägungen abgeleitet, die der Kunde angibt.

Bild 7-16 zeigt anhand zweier Teilprozesse im Umfeld Varianten die Notwendigkeit der engen Verzahnung der Prozesse PLM und SCM, siehe hierzu die Ausführungen in Kapitel 7.4.1 „Prozesse im Fertigungsunternehmen". Erläuterungen zu Bild 7-16:

- Der linke, grau hinterlegte Teilprozess entstammt dem PLM-Prozess, während der rechte, weiß hinterlegte Teil dem SCM-Prozess zuzuordnen ist. Er mittlere Bereich arbeitet beiden Prozessketten zu.

- Die im mittleren Teil des Bildes festgelegten Variantengrunddaten werden sowohl für den Aufbau gültiger Stücklisten (PLM) als auch für die Erstellung eines gültigen Kundenauftrags zugrunde gelegt.

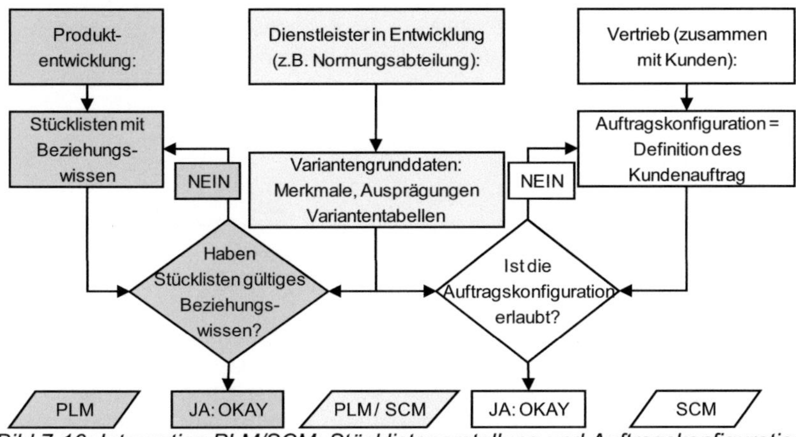

Bild 7-16: Integration PLM/SCM: Stücklistenerstellung und Auftragskonfiguration

Zum Abschluss des Kapitels sollen noch zwei Abgrenzungen vorgenommen werden. Unter Varianten wird im Kontext dieser Arbeit nicht verstanden:

- Abbildung unterschiedlicher terminlicher Zustände. Diese Abbildung erfolgt über das Änderungsmanagement, siehe Abschnitt 7.4.4.

- Konstruktionsalternativen, d.h. unterschiedliche technische Realisierungen, die während der Entwicklung von Produkten betrachtet werden. Dieses Thema wird in der Arbeit nicht beleuchtet.

7.4.5.3 Ergänzungen zum Thema Varianten im Maschinenbau

Dieser Abschnitt ergänzt die Erläuterungen in Abschnitt 3.5.4 „Variante".

Standardmäßig kann mit einer Bogenoffsetmaschine (Bild 7-17) jede beliebige Farbe mit den drei Grundfarben Cyan, Magenta und Yellow erzeugt werden. Um eine höhere Brillanz des Druckbildes zu erzeugen, werden im Offsetdruck vier Farben verwendet; neben den genannten Farben noch Schwarz. Um spezifische, charakteristische Farben in hoher Brillanz drucken zu können, werden Sonderfarben verwendet. Beispiele sind eine lila Farbe für bestimmte Schokoladenverpackungen, ein spezifischer Rot-Ton für Zigarettenverpackungen oder Logo-Farben. Diese Sonderfarben werden in weiteren Druckwerken gedruckt.

Die Anzahl der Farben, die eine Maschine in einem Durchgang bedrucken kann, ist die erste Variante. Mit jedem Druckwerk wird genau eine Farbe gedruckt. Die in Bild 7-17 dargestellte Druckmaschine kann bis zu 10 unterschiedliche Farben drucken. Die zweite, in Bild 7-17 nicht zu erkennende, Variante, ist die so genannte Wendung in der Druckmaschine. Da die Papierbögen jeweils nur oben bedruckt werden, haben Druckmaschinen optional eine Wendung. Diese Wendung dreht das Papier in der Maschine auf die andere Seite und erlaubt somit das Bedrucken des Papiers von beiden Seiten. Da die Wendung nach dem fünften Druckwerk angebracht ist, kann die abgebildete Maschine fünffarbige Papierbögen beidseitig bedrucken.

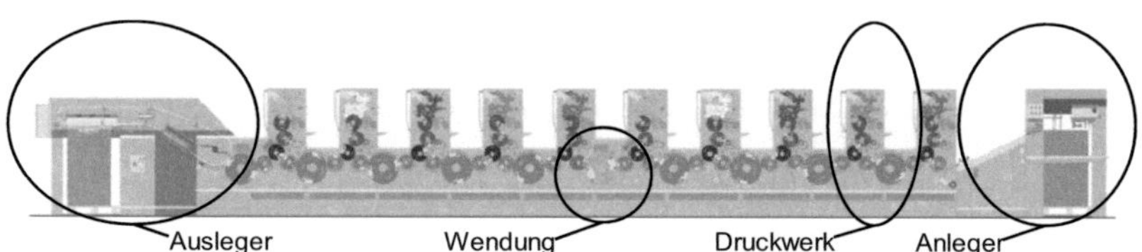

Bild 7-17: Bogenoffsetmaschine (Quelle [Heid-09c]), Wiederholung von Bild 4-2

Prinzipiell ist es möglich, unterschiedliche Varianten von Produkten durch unterschiedliche Produktstrukturen abzubilden. Diese Methode stößt allerdings rasch an ihre Grenzen. Bei komplexen Produkten mit hohem Variantenanteil sind nahezu unendlich viele Produktstrukturen aufzubauen, um alle denkbaren Kombinationen abzubilden. Zur Verdeutlichung dienen die beiden folgenden Rechenbeispiele:

Rechenbeispiel 1, um die Notwendigkeit des Variantenmanagements in der Fertigungsindustrie nachzuweisen:

Ein Produkt gibt es in zwei unterschiedlichen Farbausführungen – also Varianten –, entweder in rot oder in blau. Wenn diese beiden Varianten über unterschiedliche Produktstrukturen abgebildet werden, dann sind zwei unterschiedliche Produktstrukturen aufzubauen. Die Unterschiede dieser beiden Produktstrukturen bestehen darin, dass in einer Produktstruktur alle farbabhängigen Teile rot sind in der anderen Produktstruktur dagegen blau. Alle anderen Teile (Materialstämme) sind in beiden Produktstrukturen identisch.

Erweiterung der Annahmen: Eine typische Produktstruktur eines komplexen Produkts der Fertigungsindustrie hat eine durchschnittliche Anzahl von etwa 6 Stufen. Die Anzahl der Materialstämme pro Stufe beträgt 8. Damit hat ein solches Produkt mehr als 32.000 Produktstrukturpositionen („8 hoch 5"). Sind zwei Produktstrukturen aufzubauen (rot und blau), dann verdoppeln sich die Produktstrukturpositionen auf insgesamt mehr als 65.000.

Rechenbeispiel 2, um die Notwendigkeit des Variantenmanagements in der Fertigungsindustrie nachzuweisen (die genannten Annahmen sind praxisnah):

Die Anzahl der Produktstrukturstufen und der Materialstämme pro Stufe entsprechen denen im Rechenbeispiel 1. Weitere Annahmen dieses Beispiels sind:

- Es gibt 20 unterschiedliche Variantenmerkmale mit durchschnittlich 4 unterschiedlichen Merkmalswerten.

- Die durchschnittliche Anzahl der ODER-Kombinationen pro Zeile Beziehungswissenbaustein beträgt 2 ebenso wie die durchschnittliche Anzahl der UND-Kombinationen pro Beziehungswissenbaustein.

- Insgesamt ist 1% aller Produktstrukturknoten variantenbehaftet.

Diese Ausgangslage liefert die in Tabelle 7-9 ausgeführten Ergebnisse und Konsequenzen.

Berechnung	Rechnung	Erklärung der Rechnung
Anzahl Möglichkeiten pro Zeile Beziehungswissenbaustein	240	= Anzahl Merkmale * Anzahl Ausprägungen * (Anzahl Ausprägungen-1)
Anzahl Möglichkeiten in zweiter Zeile des Beziehungswissenbausteins	228	= (Anzahl Merkmale-1) * Anzahl Ausprägungen * (Anzahl Ausprägungen-1)
Anzahl Möglichkeiten Beziehungswissenbaustein	54.720	= (Anzahl Möglichkeiten 1.Zeile) * (Anzahl Möglichkeiten 2. Zeile)
Anzahl Möglichkeiten pro variantenbehaftetem Produktstrukturknoten	162.915	= (Anzahl Möglichkeiten Beziehungswissenbaustein) EXP (Durchschnittliche Anzahl Beziehungswissenbausteine pro variantenbehaftetem Produktstrukturknoten)
Anzahl variantenbehafteter Produktstrukturknoten	328	= (Anzahl Gesamtanzahl Produktstrukturknoten) * (Prozentualer Anteil variantenbehafteter Produktstrukturknoten)
Anzahl Möglichkeiten von Gesamt-Produktstrukturen	$>> 1*10^{(300)}$	= (Anzahl variantenbehafteter Produktstrukturknoten) EXP (Anzahl Möglichkeiten pro variantenbehaftetem Produktstrukturknoten)

Tabelle 7-9: Anzahl von Möglichkeiten bei ausmultiplizierten Varianten

7.4.6 Der Begriff „Integration" in der Produktentwicklung

[OvVa-07], S. 196f verstehen den Begriff „Integration" als die „informationstechnische Durchgängigkeit von Prozessketten in der Produktentwicklung". [OvVa-07] benennen folgende Aspekte der Integration: Produkt-, Prozess-, Wissens-, Anwendungs- und Informationsintegration. Gibt es unterschiedliche Systeme im Produktentstehungsprozess, dann müssen diese Systeme über Schnittstellen miteinander gekoppelt werden. Die ideale Integration besteht darin, keine Schnittstelle zu haben, sondern Daten und Information direkt zu verwenden, da an „jedem Übergang zwischen inkompatiblen Systemen die

Gefahr des Informationsverlustes (besteht)", siehe [OvVa-07], S. 198 und Bild 7-18.

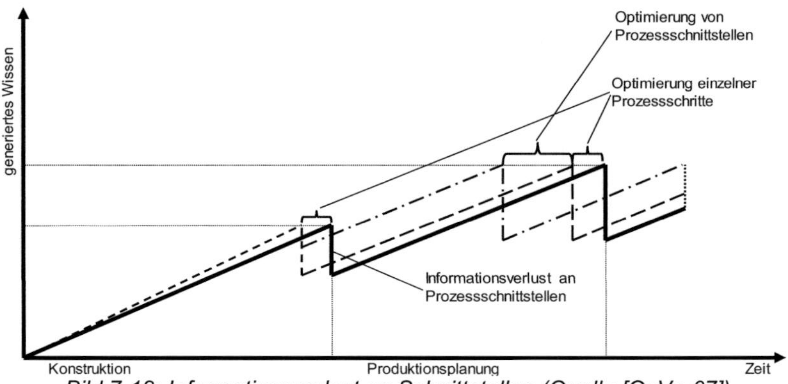

Bild 7-18: Informationsverlust an Schnittstellen (Quelle [OvVa-07])

8 Literaturverzeichnis

[Abra-06]   Michael Abramovici: Evolution des Product Lifecycle Manage-
              ments in einer veränderten Industrielandschaft. In: Product Life
              Live 2006. VDE Verlag, 2006, S. 13 - 21.

[AbVe-06]   Michael Abramovici, Jörg Versmold, Thomas Bauer: Entwicklung
              und Einführung einer pragmatischen Änderungsmanagement-
              Lösung. In: Industriemanagement, Zeitschrift für industrielle Ge-
              schäftsprozesse. GITO-Verlag, 6 / 2006, S. 27 - 30.

[AnGa-05]   Sandrine Angéniol, Mickaël Gardoni, Bernard Yannou, Roland
              Chamerois: Industrial need to improve cost integration in multi-
              criteria decision during design – case study at Airbus and Euro-
              copter. Proceedings of the 15th International Conference on En-
              gineering Design 2005 (ICED '05), Melbourne, Australia, 2005.

[Anna-07]   Marc A. Annacchino: The Pursuit of New Product Development.
              The Business Development Process. Butterworth-Heinemann,
              2007.

[ArDe-05]   Volker Arnold, Hendrik Dettmering, Torsten Engel, Andreas Kar-
              cher: Product Lifecycle Management beherrschen. Ein Anwen-
              derhandbuch für den Mittelstand. Springer-Verlag, 2005.

[BaMe-07]   Stefan Bauer, Harald Meerkamm: Decision making with interde-
              pendent objectives in Design for X. Proceedings of the 16th In-
              ternational Conference on Engineering Design 2007 (ICED '07),
              Paris, France, 2007.

[Behr-03]   Stefan Behrens: Möglichkeiten der Unterstützung von Strategi-
              scher Geschäftsfeldplanung und Technologieplanung durch
              Roadmapping. Logos-Verlag, 2003.

[BlLi-07a]   Lucienne Blessing, Udo Lindemann: Gestaltung von Produktent-
              wicklungsprozessen. In: Frank-Lothar Krause, Hans-Joachim
              Franke, Jürgen Gausemeier (Hrsg.): Innovationspotenziale in der
              Produktentwicklung. Hanser-Verlag, 2007. S. 89-95.

[BlLi-07b]   Lucienne Blessing, Udo Lindemann: Entwicklung und Herstellung
              von individualisierten Produkten. In: Frank-Lothar Krause, Hans-
              Joachim Franke, Jürgen Gausemeier (Hrsg.): Innovationspoten-
              ziale in der Produktentwicklung. Hanser-Verlag, 2007. S. 107-
              115.

[BoKi-04]   Abdelhalim Boussabaine, Richard Kirkham: Whole life-cycle cost-ing. Risk and risk responses. Blackwell Publishing, 2004.

[Brau-99]   Stephan Braun: Die Prozesskostenrechnung. Ein fortschrittliches Kostenrechnungssystem? Verlag Wissenschaft und Praxis, 1999.

[BrKa-07]   Bob Bruning, Matt Kaness, Kevin Lewis: Close Encounters. New ways of integrating your product development and supply chain to improve the bottom line. PRTM, 2007.

[DeSt-05]   Till Deubel, Michael Steinbach, Christian Weber: Requirement- and cost-driven product development process. Proceedings of the 15th International Conference on Engineering Design 2005 (ICED '05), Melbourne, Australia, 2005.

[EhKi-07]   Klaus Ehrlenspiel, Alfons Kiewert, Udo Lindemann: Kostengüns-tig Entwickeln und Konstruieren. Kostenmanagement bei der in-tegrierten Produktentwicklung. Springer-Verlag, 2007.

[Ehrl-07]   Klaus Ehrlenspiel: Integrierte Produktentwicklung. Denkabläufe, Methodeneinsatz, Zusammenarbeit. Hanser-Verlag, 2007.

[Ehrm-06]   Thomas Ehrmann: Strategische Planung. Methoden und Praxis-anwendungen. Springer-Verlag, 2007.

[EiBi-07]   Martin Eigner, Michael Bitzer, Holger Burr: Produktlebenszyklus mit Unterbrechungen. Abstimmungsbedarf zwischen Konstruktion und Produktion. In: ZWF – Zeitschrift für wirtschaftlichen Fabrik-betrieb. Hanser-Verlag, 9 / 2007, S. 582 - 586.

[EiSt-09]   Martin Eigner, Ralph Stelzer: Product Lifecycle Management. Ein Leitfaden für Product Development und Life Cycle Management. Springer-Verlag, 2009.

[ElSu-03]   Fredrik Elgh, S. Sunnersjö: An automated cost estimating system for variant design based on the method of successive calculus. Proceedings of the 14th International Conference on Engineering Design 2003 (ICED '03), Stockholm, Sweden, 2003.

[Ende-00]   Klaus Endebrock: Ein Kosteninformationsmodell für die frühzeiti-ge Kostenbeurteilung in der Produktentwicklung. Dissertation, Shaker-Verlag, 2000.

[Endi-01]   Martin Endig: Prozessintegration in integrierten Entwurfsumge-bungen. Dissertation, VDI Verlag, 2001.

[Enge-06]   Torsten Engel: Ein Beitrag zur unternehmensübergreifenden Integration von Informationssystemen. Dissertation, Shaker-Verlag, 2006.

[Fabi-05]   Sascha Fabian: Wettbewerbsforschung und Conjoint-Analyse. Bestimmung der Präferenzen von Managern mittels Conjoint-Analyse zur Erklärung ihres Verhaltens im Wettbewerb, insbesondere ihres Reaktionsverhaltens bei Konkurrenzaktionen. Dissertation, Deutscher Universitäts-Verlag, 2005.

[Fisc-08]   Jan O. Fischer: Kostenbewusstes Konstruieren. Praxisbewährte Methoden und Informationssysteme für den Konstruktionsprozess. Springer-Verlag, 2008.

[Fran-08]   Wolfgang Franz (Hrsg.): ZEW Branchenreport Innovationen. ZEW, 2008.

[Frei-08]   Michael Freitag: Jahr der Entscheidung. Unternehmen Daimler. In: Manager Magazin. Manager Magazin Verlagsgesellschaft mbH, 09 / 2008, S. 26-33.

[FrHe-02]   Hans-Joachim Franke, Jürgen Hesselbach, Burkhard Huch, Norman L. Firchau: Variantenmanagement in der Einzel- und Kleinserienfertigung. Hanser-Verlag, 2002.

[Frie-05]   Herwig R. Friedag: Die Balanced Scorecard als ein universelles Managementinstrument. Dissertation, Kovac-Verlag, 2005.

[FrKr-08]   Michael Freitag, Michael O.R. Kröher: Ökorennen. Auto der Zukunft. In: Manager Magazin. Manager Magazin Verlagsgesellschaft mbH, 06 / 2008, S. 28 - 34.

[FrLi-07]   Hans-Joachim Franke, Udo Lindemann: Komplexitätsmanagement. In: Frank-Lothar Krause, Hans-Joachim Franke, Jürgen Gausemeier (Hrsg.): Innovationspotenziale in der Produktentwicklung. Hanser-Verlag, 2007. S. 3-33.

[GaKr-07]   Jürgen Gausemeier, Frank-Lothar Krause, J. Wallaschek, Ewald Georg Welp: Mechatronik. In: Frank-Lothar Krause, Hans-Joachim Franke, Jürgen Gausemeier (Hrsg.): Innovationspotenziale in der Produktentwicklung. Hanser-Verlag, 2007. S. 35-60.

[GaLi-00]   Jürgen Gausemeier, Udo Lindemann, Gunther Reinhart, Hans-Peter Wiendahl: Kooperatives Produktengineering: Ein neues Selbstverständnis des ingenieurmäßigen Wirkens. HNI-Verlagsschriftenreihe; Band 79, 2000.

[GeDa-06]   Hans-Georg Gemünden, Henning Dammer: Arbeitstreffen im Rahmen der Industrie-Initiative zum Thema Multiprojektmanagement, 2006.

[GeFe-09]   Boris Gebhardt, Jörg Feldhusen: Wie PLM-fit ist mein Unternehmen? PLM-Best-Practice - ein Unternehmensleitfaden. In: CAD CAM. Zeitschrift Carl Hanser Verlag, Ausgabe Mai / Juni 2009. S. 16-19.

[GeGr-07]   Stefanie C. Braun, Udo Lindemann: A multilayer approach for early cost estimation of mechatronical products. DFG-Projekt "Kostenfrüherkennung mechatronischer Produkte mittels Analyse multiplanarer Vernetzungen". Proceedings of the 16th International Conference on Engineering Design 2007 (ICED '07), Paris, France, 2007.

[GeGr-09]   Stefanie C. Braun, Udo Lindemann: How to generate design rules for cost-efficient design of mechatronic products. Proceedings of the 17th International Conference on Engineering Design 2009 (ICED '09), Stanford, CA, USA, 2009.

[GeGr-09]   Michele Germani, Serena Graziosi, Maura Mengoni, Roberto Raffaeli: Approach for managing Lean Product Design. Proceedings of the 17th International Conference on Engineering Design 2009 (ICED '09), Stanford, CA, USA, 2009.

[Geis-09]   Klaus Geißdörfer: Total Cost of Ownership (TCO) und Life Cycle Costing (LCC). Einsatz und Modelle: Ein Vergleich zwischen Deutschland und USA. Dissertation, LIT Verlag, 2009.

[GeRi-07]   Hans-Georg Gemünden, Thomas Ritter: Der Einfluss der Strategie auf die technologische Kompetenz, die Netzwerkkompetenz und den Innovationserfolg eines Unternehmens. In: Thorsten Blecker, Hans-Georg Gemünden (Hrsg.): Innovatives Produktions- und Technologiemanagement. Festschrift für Bernd Kaluza. Springer-Verlag, 2001, S. 299-315.

[GiWe-03]   Dimitrios Giannoulis, Ewald G. Welp: Process based resource-oriented calculation of the relative costs of product concepts. Proceedings of the 14th International Conference on Engineering Design 2003 (ICED '03), Stockholm, Sweden, 2003.

[Glas-06]   Stephan A. Glaschak: Strategiebasiertes Multiprojektmanagement. Konzept, Unternehmensbefragung, Gestaltungsempfehlungen. Dissertation, Rainer Hampp-Verlag, Mering, 2006.

[GrGe-97]   Hans Grabowski, Kerstin Geiger: Neue Wege zur Produktentwicklung. Verlag Raabe, 1997.

[Grun-02]   Stefan Grunwald: Methode zur Anwendung der flexiblen integrierten Produktentwicklung und Montageplanung. Dissertation, Herbert Utz Verlag, 2002.

[Grup-95]   Bruno Grupp: Aufbau einer optimalen Stücklistenorganisation. expert-Verlag, 1995.

[GüUl-06]   Edeltraud Günther, Maik Ulmschneider: Life cycle costing (LCC) und Life cycle assessment (LCA) - eine Übersicht bestehender Konzepte und deren Anwendung am Beispiel von Abwasserpumpstationen. Diplomarbeit, 2006.

[Hach-06]   Rainer Hachmöller: Methoden zur Zielkostenerreichung bei innovativen Kaufteilen. Eine theoretische und empirische Analyse.TCW Transfer-Centrum GmbH & Co. KG, 2006.

[Hand-09]   Handelsblatt: Mut in der Krise. 02.12.2008, S. 1.

[Hans-02]   Lothar Hans: Grundlagen der Kostenrechnung, Oldenbourg-Verlag, 2002.

[Heid-09a]   Heidelberger Druckmaschinen AG: Elektronischer Ersatzteilkatalog der Maschine XL 75, Sherlock, 2009.

[Heid-09b]   Heidelberger Druckmaschinen AG: Darstellung der Maschine XL 105, 2009.

[Heid-09c]   Heidelberger Druckmaschinen AG: Interne unveröffentlichte Darstellungen: Schematische Darstellung einer Bogenoffsetmaschine, CAD-Modell der Dynamische Bogenbremse, QG-Prozess, PLM-Prozess, PLM-Objekte. 2009.

[Hein-95]   Andreas Heine: Entwicklungsbegleitendes Produktkostenmanagement. Gestaltung des Führungssystems am Beispiel der Automobilindustrie. Dissertation, Gabler, 1995.

[Herz-07]   Dagmar Herzog: Erfolgsrezepte für 50 Business Maps. Informationen vernetzen mit MindManager 6. Hanser-Verlag, 2007.

[HiKü-01]   Matthias Hirzel, Frank Kühn, Peter Wollmann (Hrsg.): Multiprojektmanagement. Strategische und operative Steuerung von Projekteportfolios. Frankfurter Allgemeine Buch, 2001.

[Hirz-01]   Matthias Hirzel: Herausforderungen des Multiprojektmanagements. In: Matthias Hirzel, Frank Kühn, Peter Wollmann (Hrsg.): Multiprojektmanagement. Strategische und operative Steuerung von Projekteportfolios. Frankfurter Allgemeine Buch, 2001. S. 11 - 21.

[HoAu-08]   Brian Hobbs, Monique Aubry: An Empirically Grounded Search for a Typology of Project Management Offices. In: Project Management Journal. PMI, Volume 39, Supplement 2008, S. 69-82.

[Holt-05]   Jon Holt: A Pragmatic Guide to Business Process Modelling. The British Computer Society, 2005.

[Horv-93]   Péter Horváth: Target Costing. Marktorientierte Zielkosten in der deutschen Praxis. Schäffer-Poeschel-Verlag, 1993.

[Hugl-95]   Ulrike Hugl: Qualitative Inhaltsanalyse und Mind-Mapping. Ein neuer Ansatz für Datenauswertung und Organisationsdiagnose. Dissertation, Gabler-Verlag, 1995.

[HuTh-09]   Mimi Hurt, Janice L. Thomas: Building Value Through Sustainable Project Management Offices. In: Project Management Journal. PMI, March 2009, S. 55-72.

[IlSc-09]   Ivalina Ilieva, Peter Schubert, Jivka Ovtcharova: Konzeption eines PPPM-Modells zur übergreifenden Verwaltung von Produktwissen. In: Industriemanagement, Zeitschrift für industrielle Geschäftsprozesse. GITO-Verlag, 1 / 2009, S. 57-61.

[Jaco-05]   Frank Jacob: Quantitative Optimierung dynamischer Produktionsnetzwerke. Dissertation, Shaker-Verlag, 2005.

[Jaku-07]   Karsten Jakuschona: Unternehmenswertsteigernde Planung und Entwicklung von Serienprodukten. Dissertation, VDI Verlag, 2006.

[Jörg-05]   Matthias A. J. Jörg: Ein Beitrag zur ganzheitlichen Erfassung und Integration von Produktanforderungen mit Hilfe linguistischer Methoden. Dissertation, Band 3/2005. Shaker- Verlag, 2005.

[Jörg-08]   Benno Jörg: Experiences by the Vibracoustic GmbH & Co. KG. Presentation about Innovation Management. Hold at the University of Mannheim, Germany, 2008.

[Kipp-00]   Helmut Kipphan (Hrsg.): Handbuch der Printmedien. Technologien und Produktionsverfahren. Springer-Verlag, 2000.

[KiSo-07]   Steffen Kinkel, Oliver Solm: Wie deutsche Maschinenbauer ihren Innovationserfolg sichern. In: ZWF - Zeitschrift für wirtschaftlichen Fabrikbetrieb. Hanser-Verlag, 9 / 2007, S. 572 - 578.

[KoGl-08]   Sabine Korte, Christoph Glauner, Axel Zweck (Hrsg.): Innovations- und Technikanalyse. IT in den Produkten des Maschinenbaus. VDI Technologiezentrum, 2008.

[Kohl-07]   Stephan Kohlhoff: Produktentwicklung mit SAP in der Automobilindustrie. Galileo Press, 2005.

[KuHu-06]   Jürg Kuster, Eugen Huber, Robert Lippmann, Alphons Schmid, Emil Schneider, Urs Witschi, Roger Wüst: Handbuch Projektmanagement. Springer-Verlag, 2006.

[Leye-06]   Petra Leyendecker: Priorisierung von Projekten. In Matthias Hirzel, Frank Kühn, Peter Wollmann (Hrsg.): Projektportfolio-Management. Strategisches und operatives Multiprojektmanagement in der Praxis. Gabler-Verlag, 2006, S. 79 - 92.

[LiBe-08]   Andreas Lindquist, Fredrik Berglund, Hans Johannesson: Supplier Integration and Communication Strategies in Collaborative Platform Development. In: Concurrent Engineering: Research and Applications. March 2008, S. 23 - 35.

[Lind-09]   Udo Lindemann: Methodische Entwicklung technischer Produkte. Methoden flexibel und situationsgerecht anwenden. Springer-Verlag, 2009.

[Lomn-01]   Gero Lomnitz: Multiprojektmanagement. Projekte planen, vernetzen und steuern. Verlag Moderne Industrie, 2001.

[Lyne-08]   Wolfgang Lynen: Mechanik allein genügt nicht mehr. Interview, Interviewdurchführung: Jürgen Sandhop. In: CAD CAM. Zeitschrift Carl Hanser Verlag, Ausgabe Januar / Februar 2008. S. 34.

[Mach-07]   Roman Macha: Grundlagen der Kosten- und Leistungsrechnung. Verlag Vahlen, 2007.

[Meye-03]   Jens Wilhelm Meyer: Produktinnovationserfolg und Target Costing. Dissertation, Deutscher Universitäts-Verlag, 2003.

[Meye-07]   Frieder Meyer-Krahmer: Innovation und Produktion in Deutschland. Vortrag anlässlich des VDMA-Kongresses "Intelligenter Produzieren", Stuttgart, 2007.

[Möll-02]   Klaus Möller: Zuliefererintegration in das Target Costing. Dissertation, Verlag Vahlen, 2002.

[Mond-99]   Yasuhiro Monden: Wege zur Kostensenkung. Target Costing und Kaizen Costing. Verlag Vahlen, 1999.

[MüMa-08]   Ralf Müller, Miia Martinsuo, Tomas Blomquist: Project Portfolio Control and Portfolio Management Performance in Different Contexts. In: Project Management Journal. PMI, September 2008, S. 28 - 42.

[Neug-09]   Michael Neugart (Interview): Krise - ja oder nein? In: Neujahrsumfrage der Zeitschrift Deutscher Drucker. Deutscher Drucker Verlagsgesellschaft, 15.01.2009.

[NiLi-05]   Alexandra Maria Nißl, Udo Lindemann: Integration of sourcing aspects into Target Costing. Proceedings of the 15th International Conference on Engineering Design 2005 (ICED '05), Melbourne, Australia, 2005.

[Nißl-06]   Alexandra Maria Nißl: Modell zur Integration der Zielkostenverfolgung in den Produktentwicklungsprozess. Dissertation, Verlag Dr. Hut, 2006.

[Oels-07]   Dietrich von der Oelsnitz: Von der Kunst der Loslassen-Könnens. Warum viele Manager die Wissensschöpfung vernachlässigen. In Zeitschrift Führung und Organisation, 76. Jahrgang 3 / 2007. c/o Schaeffer-Poeschel Verlag, 2007.

[Ohne-08]   Thomas Ohnemus: 7 Characteristics of a Winning Product Strategy. Introducing SAP's Integrated Product Development Approach. In: SAP Insider Jul-Aug-Sep-2008, Wellesley Information Services (WIS), 2008.

[Ovtc-06]   Jivka Ovtcharova: Product Lifecycle Management. Vorlesung im Wintersemester 2007 / 2008 an der Universität Karlsruhe. 2008.

[OvVa-07]   Jivka Ovtcharova, S. Vajna, C. Weber: Integration, In: Frank-Lothar Krause, Hans-Joachim Franke, Jürgen Gausemeier (Hrsg.): Innovationspotenziale in der Produktentwicklung. Hanser-Verlag, 2007. S. 195-204.

[Pons-08]   Dirk Pons: Project Management for New Product Development. In: Project Management Journal. PMI, June 2008, S. 82 - 97.

[Rahm-07]   Jochen Rahmfeld: Steuerung der frühen Phasen des Innovationsprozesses unter Verwendung des Werttreiberansatzes in der Nutzfahrzeugindustrie. Fortschritt-Berichte VDI. Dissertation, VDI Verlag, 2007.

[Rull-08]   Lydia Rullkötter: Preismanagement - Ein Sorgenkind? Die wichtigsten Problemfelder und Ursachen im Industriegüterbereich. In: Zeitschrift für Controlling & Management. Betriebswirtschaftlicher Verlag Dr. Th. Gabler, Ausgabe 2 / 2008, S. 92 - 98.

[Rupp-02]   Philipp Ruppert: Unternehmensstrategie und Markttheorie: Eine theoretische empirische Untersuchung unter besonderer Berücksichtigung der Portfolio-Methode. Dissertation, 2001.

[Salm-02]   Antti Saaksvuori, Anselmi Immonen: Product Lifecycle Management. Springer-Verlag, 2002.

[SAP-09]   SAP R/3: Online Hilfetext des SAP-Systems, 2009.

[Sche-06]   Thomas Scheidweiler: Die Logiken strategischen Managements. Zum Verhältnis zwischen Strategie und Umsetzung. Dissertation, Rainer Hampp-Verlag, 2006.

[Schi-02]   Markus Schichtel: Produktdatenmodellierung in der Praxis. Hanser-Verlag, 2002.

[Schn-06]   Arne Schneider: Die strategische Planung des Produktportfolios bei Automobilherstellern. Konzeption eines Instruments zur Bewertung des Cycle Plans. Dissertation, Nomos-Verlagsgesellschaft, 2006.

[Schn-95]   Peter Schnepf: Zielkostenorientierte Montageplanung. Dissertation, Hanser-Verlag, 1995.

[Scho-07]   Ralf Scholle: Engineering Data Management. Wenn die mentale Datenverwaltung nicht mehr reicht. In: CAD CAM. Zeitschrift Carl Hanser Verlag, Ausgabe Juni / Juli 2007. S. 52-55.

[Scho-98]   Kai Scholl: Konstruktionsbegleitende Kalkulation: Computergestützte Anwendung von Prozesskostenrechnung und Kostentableaus. Dissertation, Verlag Vahlen, 1998.

[Schö-99]   Josef Schöttner: Produktdatenmanagement in der Fertigungsindustrie. Prinzip, Konzepte, Strategien. Hanser-Verlag, 1999.

[ScKü-08]   Marcell Schweitzer, Hans-Ulrich Küpper: Systeme der Kosten- und Erlösrechnung. Verlag Vahlen, 2008.

[Send-07]   Ulrich Sendler: PLM-Projekt "Recaro 2010". Recaro Aircraft Seating setzt PLM mit Cimpa um. In: CAD CAM. Zeitschrift Carl Hanser Verlag, Ausgabe November / Dezember 2007, S. 42-45.

[Send-08]   Ulrich Sendler: Gebraucht wird eine "Bill of information". Die Antwort von PTC auf die Herausforderungen interdisziplinärer Produktentwicklung. In: CAD CAM. Zeitschrift Carl Hanser Verlag, Ausgabe August / September 2008, S. 40-43.

[Seur-01]   Stefan Seuring: Supply Chain Costing. Kostenmanagement in der Wertschöpfungskette mit Target Costing und Prozesskostenrechnung. Dissertation, Verlag Vahlen, 2001.

[Siem-08]   Siemens: Product Lifecycle Management. Erfolgreich in globalen Märkten. Download. Bestell-Nr.: U29707-J-Z401-1, 2008.

[SkKa-07]   Martin Sköld, Christer Karlsson: Multibranded Platform Development: A Corporate Strategy with Multimanagerial Challenges. In: The Journal of Product Innovation Management, Volume 24 Issue 6, Blackwell Publishing, November 2007, S. 554 - 566.

[SpKr-97]   Günter Spur, Frank-Lothar Krause: Das virtuelle Produkt: Management der CAD-Technik. Hanser-Verlag, 1997.

[Star-05]   John Stark: Product Lifecycle Management. 21st Century Paradigm for Product Realisation. Springer-Verlag, 2005.

[Stur-06]   Jürgen Sturm: Innovationen in Produkten und Prozessen durch fortschrittlichen Einsatz von IT. In: Lothar Dietrich, Wolfgang Schirra: Innovationen durch IT. Erfolgsbeispiele aus der Praxis. Springer-Verlag, 2006. S. 11-19.

[Trib-09]   Andy Tribute: Ist der Digitaldruck die einzige Lösung? In: Graphische Industrie Österreichs, 01.01.2009.

[UlEp-08]   Karl T. Ulrich, Steven D. Eppinger: Product Design and Development. McGraw-Hill Higher Education, 2008.

[VDMA-07]   VDMA Kennzahlenkompass, Ausgabe 2007. Information für Unternehmer und Führungskräfte. VDMA-Verlag, 2007.

[VDMA-10]   VDMA Kennzahlenkompass, Ausgabe 2010. Information für Unternehmer und Führungskräfte. VDMA-Verlag, 2010.

[Vest-00]   Frederick Vester: Die Kunst, vernetzt zu denken: Ideen und Werkzeuge für einen neuen Umgang mit Komplexität. Deutsche Verlags-Anstalt, 2000.

[Wage-08]   Eva Wagenbach: Kostenprognose zu jedem Zeitpunkt der Entwicklung. In: Economic Engineering, 4 / 2008, S. 70 - 71.

[WaRe-05]   Carl S. Warren, James M. Reeve, Philip E. Fess: Accounting 21e. Thomson South-Western, 2005.

[Weig-08]   Markus Weigt: Systemtechnische Methodenentwicklung. Diskursive Definition heuristischer prozeduraler Prozessmodelle als Beitrag zur Bewältigung von informeller Komplexität im Produktleben. Universitätsverlag Karlsruhe, Band 2, 2008.

[Weiß-02]   Jörg Weißkopf: Automatische Produktdatenklassifikation auf der Basis integrierter Unternehmensmodelle, Dissertation, Shaker-Verlag, 2002.

[Weus-04]   Arnulf Weuster: Unternehmensorganisation. Organisationsprojekte – Aufbaustrukturen. Rainer Hampp Verlag, 2004.

[Wild-06a]   Horst Wildemann: Änderungsmanagement - Leitfaden zur Einführung eines effizienten Managements technischer Änderungen. TCW Transfer Centrum, 2006.

[Wild-06b]   Horst Wildemann: Innovationen – Strategien für profitables Wachstum von Unternehmen. TCW Transfer Centrum, 2006.

[Wild-07]   Horst Wildemann: Entwicklungsprozess. Leitfaden für ein kundenorientiertes Redesign und Time to Market. TCW Transfer Centrum, 2006.

[Woll-01]   Peter Wollmann: Multiprojektmanagement im Kontext der Strategischen Planung. In: Matthias Hirzel, Frank Kühn, Peter Wollmann (Hrsg.): Multiprojektmanagement. Strategische und operative Steuerung von Projekteportfolios. Frankfurter Allgemeine Buch, 2001. S. 22 - 36.

[Zirk-10]   Stefanie Constanze Zirkler: Transdisziplinäres Zielkostenmanagement komplexer mechatronischer Produkte. Dissertation, 2010.

Reihe Informationsmanagement im Engineering Karlsruhe
(ISSN 1860-5990)

Herausgeber
Karlsruher Institut für Technologie
Institut für Informationsmanagement im Ingenieurwesen (IMI)
o. Prof. Dr. Dr.-Ing. Dr. h.c. Jivka Ovtcharova

Band
1 – 2005

Seidel, Michael
Methodische Produktplanung. Grundlagen, Systematik und
Anwendung im Produktentstehungsprozess. 2005
ISBN 3-937300-51-1

Band
1 – 2006

Prieur, Michael
Functional elements and engineering template-based product development process. Application for the support of stamping tool design.
2006
ISBN 3-86644-033-2

Band
2 – 2006

Geis, Stefan Rafael
Integrated methodology for production related risk management of
vehicle electronics (IMPROVE). 2006
ISBN 3-86644-011-1

Band
1 – 2007

Gloßner, Markus
Integrierte Planungsmethodik für die Presswerkneutypplanung in der
Automobilindustrie. 2007
ISBN 978-3-86644-179-8

Band
2 – 2007

Mayer-Bachmann, Roland
Integratives Anforderungsmanagement. Konzept und Anforderungs-
modell am Beispiel der Fahrzeugentwicklung. 2008
ISBN 978-3-86644-194-1

Band
1 – 2008

Mbang Sama, Achille
Holistic integration of product, process and resources integration in
the automotive industry using the example of car body design and
production. Product design, process modeling, IT implementation and
potential benefits. 2008
ISBN 978-3-86644-243-6

Band
2 – 2008

Weigt, Markus
Systemtechnische Methodenentwicklung : Diskursive Definition
heuristischer prozeduraler Prozessmodelle als Beitrag zur Bewältigung von informationeller Komplexität im Produktleben. 2008
ISBN 978-3-86644-285-6

Die Bände sind unter www.ksp.kit.edu als PDF frei verfügbar oder als Druckausgabe bestellbar.

Reihe Informationsmanagement im Engineering Karlsruhe
(ISSN 1860-5990)

Herausgeber
Karlsruher Institut für Technologie
Institut für Informationsmanagement im Ingenieurwesen (IMI)
o. Prof. Dr. Dr.-Ing. Dr. h.c. Jivka Ovtcharova

Band
1 – 2009
Krappe, Hardy
Erweiterte virtuelle Umgebungen zur interaktiven, immersiven
Verwendung von Funktionsmodellen. 2009
ISBN 978-3-86644-380-8

Band
2 – 2009
Rogalski, Sven
Entwicklung einer Methodik zur Flexibilitätsbewertung von Produk-
tionssystemen. Messung von Mengen-, Mix- und Erweiterungs-
flexibilität zur Bewältigung von Planungsunsicherheiten in der
Produktion. 2009
ISBN 978-3-86644-383-9

Band
3 – 2009
Forchert, Thomas M.
Prüfplanung. Ein neues Prozessmanagement für Fahrzeugprüfungen.
2009
ISBN 978-3-86644-385-3

Band
1 – 2011
Erkayhan, Şeref
Ein Vorgehensmodell zur automatischen Kopplung von Services
am Beispiel der Integration von Standardsoftwaresystemen. 2011
ISBN 978-3-86644-697-7

Band
2 – 2011
Meier, Gunter
Prozessintegration des Target Costings in der Fertigungsindustrie
am Beispiel Sondermaschinenbau. 2011
ISBN 978-3-86644-679-3

Die Bände sind unter www.ksp.kit.edu als PDF frei verfügbar oder als Druckausgabe bestellbar.